台灣原生植物全圖鑑

Illustrated Flora of Taiwan

全圖鑑

第一卷 蘇鐵科──蘭科（雙袋蘭屬）

呂福原 ◎ 總審定　曾彥學 ◎ 審定　鐘詩文、許天銓 ◎ 著

貓頭鷹

台灣原生植物全圖鑑第一卷：
蘇鐵科──蘭科（雙袋蘭屬）

作　　　者　鐘詩文、許天銓
總 審 定　呂福原
內文審定　曾彥學
系列主編　陳穎青
責任編輯　李季鴻
特約編輯　胡嘉穎
協力編輯　林哲緯、周詠鈞、趙建棣、謝佳倫
內容校訂　趙建棣
校　　對　李季鴻、林哲緯、胡嘉穎、陳以瑋
版面構成　張曉君、許盈茹、劉曜徵
封面設計　林敏煌
插畫繪製　林哲緯
影像協力　王永傑、王晉軒、林昇輝、林施妤、林哲緯、林毅瑋、洪儀秦、徐瑜婕、陳以瑋、郭舒喬、
　　　　　張瑀晴、張曉君、許茵茵、許盈茹、楊中漢、溫郁婷、廖于婷、趙庭萱、蘇建琪
特別感謝　古訓銘、鄭元春
總 編 輯　謝宜英
行銷業務　林智萱、張庭華

國家圖書館出版品預行編目(CIP)資料

臺灣原生植物全圖鑑. 第一卷, 蘇鐵科-蘭科
(雙袋蘭屬) / 鐘詩文, 許天銓作. -- 二版. --
臺北市：貓頭鷹出版：家庭傳媒城邦分公司
發行, 2017.3
416面；21x28公分
ISBN 978-986-262-317-6(精裝)
1.植物圖鑑 2.臺灣
　375.233　　　　　　　　　　105022113

出 版 者　貓頭鷹出版
發 行 人　凃玉雲
發　　　行　英屬蓋曼群島商家庭傳媒股份有限公司城邦分公司
　　　　　　104台北市民生東路二段141號11樓
劃撥帳號：19863813；戶名：書虫股份有限公司
城邦讀書花園：www.cite.com.tw購書服務信箱：service@cite.com.tw
購書服務專線：02-25007718～9（週一至週五上午09:30～12:00；下午13:30～17:00）
24小時傳真專線：02-25001990～1
香港發行所　城邦（香港）出版集團　電話：852-25086231／傳真：852-25789337
馬新發行所　城邦（馬新）出版集團　電話：603-90563833／傳真：603-90576622
印 製 廠　中原造像股份有限公司
初　　版　2016年2月　　二版 2017年3月　　二版二刷 2017年7月
定　　價　新台幣 2200 元／港幣 733 元
ISBN　978-986-262-317-6
有著作權‧侵害必究

貓頭鷹

讀者意見信箱　owl_service@cite.com.tw
貓頭鷹知識網　http://www.owls.tw
歡迎上網訂購：大量訂購請洽專線(02)2500-1919

目次

如何使用本書

本書為《台灣原生植物全圖鑑》第一卷，使用最新APG IV分類法，依照演化順序，由蘇鐵科至蘭科雙袋蘭屬止，收錄植物共534種。科總論部分詳細介紹各科特色、亞科識別特徵，並以不同物種照片，清楚呈現該科辨識重點。個論部分，以清晰的去背圖與豐富的文字圖說，詳細記錄植物的科名、屬名、拉丁學名、中文別名、生態環境、物種特徵等細節。以下介紹本書內頁呈現方式：

❶ 科（屬）名與科（屬）描述，介紹該科共同特色
❷ 以特寫圖片呈現該科的識別重點

---

❶柏科 CUPRESSACEAE

常綠或落葉，喬木或灌木。葉十字對生、輪生或螺旋著生，於幼株上呈針形，成熟株上呈鱗片狀或兩形兼具，但有時幼至成熟株全為針形。雌雄同株或異株。雄毬花鱗片十字對生、輪生或螺旋著生，單生於枝頂或葉腋，或密集著生於圓錐狀枝條上。雌毬花苞鱗與珠鱗除頂端外完全合生；苞鱗常呈短針形。木質毬果或漿果，種子1至數粒，常小而扁，常具2狹翅。

特徵 ❷

雄花有若干雄蕊集生成毯狀（刺柏）

葉單一，鱗片狀，十字對生。（台灣扁柏）

葉亦針形，輪生者。（刺柏）

成熟之毬果木質化（台灣扁柏）

毬果核果狀（刺柏）

雌毬花單生或數個生於小枝頂端（香杉）

❸ 本種植物在分類學上的科名

❹ 本種植物的中文名稱與別名

❺ 本種植物在分類學上的屬名

❻ 本種植物的拉丁學名

❼ 物種介紹，包括本種植物的詳細形態說明與分布地點。

❽ 本種植物的生態與特寫圖片，清晰呈現細部重點與植物的生長環境

❾ 清晰的去背圖片，以拉線圖說的方式說明本種植物的細部特色，有助於辨識

128・胡椒科 **❸**

❹ 蘭嶼椒草

屬名	椒草屬 **❺**
學名	*Peperomia rubrivenosa* C. DC. **❻**

❼ 莖及葉背明顯被疏生毛。株高8〜15公分。葉3〜5枚輪生，倒卵形至橢圓形，長1〜2.5公分，先端鈍至圓，基部銳尖，兩面疏生毛，三出脈。單性花，雌雄同長在一花序上，花基部有一圓形苞片，雄蕊2枚，近無柄。

產於菲律賓。台灣分布於蘭嶼及中、北部低海拔山區，生長於潮濕之林內或溪溝，喜生在有苔蘚之岩壁或大樹上。

常成群叢生

開花植株

葉被疏毛 **❽**

花序 **❾**

紅莖椒草

屬名	椒草屬
學名	*Peperomia blanda* (Jacq.) Kunth

莖直立，高10〜30公分，紅色，基部分枝，肉質，有毛。葉對生或三葉輪生，倒卵形，兩面有毛，葉面深綠，葉背淺褐色或灰色，三出脈，葉長1.5〜5公分。

環太平洋分布。常生於山谷、溪邊或林下。

莖紅色，花序甚長。

推薦序

台灣地處歐亞大陸與太平洋間，北回歸線橫跨本島中部，加以海拔高度變化甚大，植被自然分化成熱帶、亞熱帶、溫帶及寒帶等區域，小小的一個島上，孕育了多達4,000餘種的維管束植物，是地球上重要的生物資科庫。

台灣的植物愛好者眾，民眾從圖鑑入門，識別植物，乃是最直接途徑；坊間雖已有各類植物圖鑑，但無論種類之搜集或編排之系統性，均尚有缺憾。有鑑於此，鐘詩文君，十年來披星戴月，奔走於全島原野與森林，親自觀察、記錄、拍攝所有植物的影像，並賦予正確的學名，已達4,000餘種，且加以詳細描述撰寫，真可謂工程浩大，毅力驚人。

這套台灣原生植物的科普圖鑑，每個物種除描述其最易識別的特徵外，並佐以清晰的照片，既適合初學者，也是專業研究人員不可或缺的參考書；作者更特別貼心的為讀者標出每一物種與相似種的差異，讓初學者更易入門。本書為了完整性及完備性，作者拍攝了每一種植物的葉及花部特徵，並鑑之分類文獻及標本，以力求每一物種學名之正確性。更加難得的是，本圖鑑有許多台灣文獻上從未被記錄的稀有植物影像，對專業研究人員來說也是極珍貴的參考資料。

在我們生活的周遭，甚或田野、海邊、山區，到處都有植物，認識觀察它們，進而欣賞它們，透過植物自然美，你會發現認識植物也是個身心安頓的良方。好的植物圖鑑，可以讓你容易進入植物的世界，《台灣原生植物全圖鑑》完整呈現台灣原生的各種植物，內容詳實，影像拍攝精美，栩栩如生，躍然紙上，故是一套值得您永遠珍藏擁有的圖鑑。

歐辰雄

國立中興大學森林學系

教授　歐辰雄

作者序

在小學二年級之前，南投中寮的小山村，就是我孩提時代的縮影。

那時，我常常在山上悠晃，小西氏石櫟的種子，是林子內隨手可得的玩具，無患子則撿拾作為吹泡泡及洗衣服之用，當然了，不虞匱乏的朴樹子，便權充竹管槍的子彈，消磨在與玩伴的戰爭中；已經忘記最初從哪聽聞，那時，我已嫻熟於採摘魚藤，搗碎其根部後放置水中毒魚，不時帶回家中給母親料理。

稍長，舉家移居台中太平，彼時，房屋周遭仍圍繞著荒野，從小自由慣了的我，成天閒逛戲耍，有時或會採擷荒草中的龍葵及刺波（懸鉤子台語）生食；而由住家望出，巷外濃蔭的苦苓樹，盛花期籠罩著霧紫的景象，啟蒙了我的園藝想像，那時，我已喜愛種植花草，常一得閒，便四處搜括玫瑰或大理花；而有了腳踏車之後，整個後山就形同我的祕密花園，流連忘返……。——回憶起我的童年，竟是如此縈繞著植物，密不可分；接續其後，半大不小的國中時代，少年的我仍到處探尋山林谷壑的神祕，並志讀森林系，心想着日後隱於山中，鎮日與草木為伍；這段時期，奠定了我往後安身立命的依歸。

及長，一如當初的理想，進入森林系，在其中，我僅僅念通了一門學科——樹木學，這門課，也是我記憶中唯一沒有蹺課的科目；課堂前後經歷了恩師呂福原及歐辰雄老師的授課，讓我初窺植物分類學的精奧與妙趣，也自許以其為志業。歐老師讓我在大三時，自由往來研究室；在這之前，我對所有的植物充滿了興趣，已開始滿山遍野的植物行旅，但那時，如何鑑定名稱相當困難，坊間的圖鑑甚少，若有，介紹的植物種類也不多，心中時常充滿了許多未解的疑問，於是我開始頻繁的，直接敲歐老師的門請教；敲了那扇門，慢慢的，等於也敲開了屬於我自己的門，在研究室，我不僅可請教植物相關問題，也開始隨著老師及學長們於台灣各山林調查採集，最長的我們曾走過十天的馬博橫斷、九天的八通關古道，而大小鬼湖、瑞穗林道、拉拉山、玫瑰西魔山、玉里、中橫、雪山及惠蓀，也都有我們的足跡，這段求學期間的山林調查，豐富了我植物分類的根基。

接著，在邱文良老師的引薦下，我進入了林試所植物分類研究室，在這兒，除了最喜愛的學術研究外，經管植物標本館也是我的工作項目之一，經常需要至台灣各地蒐集標本。在年輕時，我是學校的田徑隊，主攻中長跑，在堪夠的體力支持下，我常自己或二、三人就往高山去，一去往往就是五、六天，例如玉山群峰、雪山群峰、武陵四秀、大霸尖山、南湖中央尖、合歡山、秀姑巒山、馬博拉斯山、北插天山、加里山、清水山、塔關山、關山、屏風山、奇萊、能高越嶺、能高安東軍等高山，可說走遍台灣的野地。長久下來，讓我對台灣的植物有了比較全面性的認知，腦中隱然形成一幅具體的植物地圖。

2006年，我出版了《台灣野生蘭》一書，《菊科圖鑑》亦即將完稿，累積了許多的植物影像及田野資料，這時，我想，我應該可以做一個大夢，那就是完成一部台灣所有植物的大圖鑑。人

生，總要試試做一件大事！由此，就開始了我的探尋植物計畫。起先，我列出沒有拍過照片的植物名單，一一的將它們從台灣的土地上找出來，留下影像及生態記錄。為了出版計畫，台灣植物的熱點之中，蘭嶼，我登島近廿次；清水山去了六次；而浸水營及恆春半島就像自己家的後院一般，往還不絕。

我的這個夢想，出版《台灣原生植物全圖鑑》，想來是個吃力也未必討好的工作，因為完成這件事的難度太高了。

第一，台灣有4,000餘種植物，如何將它們全數鑑定出正確的學名，就是一件極為困難的事情。十年來，我為了植物的正名，花了許多時間爬梳各類書籍、論文及期刊，對分類地位混沌的物種，也慎重的觀察模式標本，以求其最合宜的學名，這工作的確不容易，也相當耗費時力。

第二，要完成如斯巨著，必得撰述大量文字，就如同每種都要為它們一一立傳般，4,000餘種植物之描述，稍加統計，約64萬餘字，那樣的工作量，想來的確有點駭人。

第三，全圖鑑，當然就是所有植物都要有生態影像，並具備其最基本的葉、花、果及識別特徵，這是此巨著最大的挑戰。姑且不論常見之種類，台灣島上存有許多自發表後，百年或數十年間未曾再被記錄的、逸失的夢幻物種，它們具體生長在何處？活體的樣貌如何？如同偵探般，植物學家也需要細細推敲線索，如此，上窮碧落下黃泉，老林深山披荊斬棘，披星戴月的早出晚歸，才有可能竟其功啊！

多年前蘇鴻傑老師曾跟我說過：「一個優秀的分類學家，要有在某個地點找到特定植物的能力及熱忱」；也曾說：「找蘭花是要鑽林子，是要走人沒有走過的路」。老師的話我記住了；也是這樣的信念，使得至今，我的熱忱依然強烈，也繼續的走著沒人走過的路。

鐘詩文

作者簡介

中興大學森林學博士，現任職於林業試驗所，專長為台灣植物系統分類學與蘭科分子親緣學，長期從事台灣之植物調查，熟稔台灣各種植物，十年來從未間斷的來回山林及原野，冀期完成台灣所有植物之影像記錄。

目前發表期刊論文共64篇，其中15篇為SCI的國際期刊，並撰寫Flora of Taiwan第二版中的菊科：千里光族及澤蘭屬。發表物種包括蘭科、菊科、木蘭科、樟科、山柑科、野牡丹科、蕁麻科、茜草科、豆科、繖形科、蓼科等，共22種新種，3新記錄屬，30種新記錄，21種新歸化植物及2種新確認種。

著作共有：《台灣賞樹春夏秋冬》、《台灣野生蘭》、《台灣種樹大圖鑑》之全冊攝影，以及貓頭鷹出版的《臺灣野生蘭圖誌》。

《台灣原生植物全圖鑑》總導讀

一、植物分類學，是一門歷史悠久的科學，自17世紀成為一門獨立的學科後，迄今仍持續發展。傳統的植物分類學，偏重於使用植物之解剖形態特徵，而現今由於分子生物工具的加入，使得植物分類研究在近年內出現另一層面的發展，即是利用分子系統生物學，通過對生物大分子（蛋白質及核酸等）的結構、功能等等之研究，闡明各類群間的親緣關係。由於生物大分子本身即是遺傳信息的載體，以此為材料進行分析的結果，相對於傳統工具，更具可比性和客觀性。本套書的被子植物分類，即採用最新的APG IV系統（Angiosperm Phylogeny IV；被子植物親緣組織分類系統第四版），蕨類及裸子植物的分類系統則依據最近研究之成果排序。被子植物親緣組織（APG，Angiosperm Phylogeny Group）是一個非官方的國際植物分類學組織，該組織試圖將分子生物學的資訊應用到被子植物的分類中，企圖尋求能得到大多學者共識的分類系統。他們所提出的系統，大異於傳統的形態分類，其主要是依據植物的三個基因編碼之DNA序列，以重建親緣分枝的方式進行分類，包括兩個葉綠體基因（*rbc*L和*atp*B）和一個核糖體的基因編碼（nuclear 18S rDNA）序列；雖然該分類系統主要依據分子生物學的資訊，但亦有其它資料或訊息的加入，例如參考花粉形態學，將真雙子葉植物分枝，和其他原先分到雙子葉植物中的種類區分開來。由於這個分類系統不屬於任何個人或國家而顯得較為客觀，所以目前已普遍為世界上大多數分類學者所認同及採用，本書同步使用此一系統，冀期為台灣民眾打開新的視野。

二、本書在各「目」之下的「科」，係依照科名字母順序排列；種論亦以字母順序為主要原則，每種介紹多以半頁至全頁為一篇，除文字外，以包含根、莖、葉、花、果及種子之彩色照片完整呈現其識別特徵，並以生態照揭示其在生育地之自然生長狀態。

三、植物的學名、中名以《台灣維管束植物簡誌》、《台灣植物誌》（*Flora of Taiwan*）及《台灣樹木圖誌》為主要參考，形態描述除自撰外亦參據前述文獻之書寫。

四、書中大部分文字及照片由鐘詩文博士執筆及拍攝，惟蘭科、莎草科及穀精草科全由許天銓先生主筆及拍攝，陳志豪先生負責燈心草科之文圖，禾本科則由陳志輝博士、呂錦明博士及吳聖傑博士共同執筆及攝影，蕨類部分交由陳正為先生及洪信介先生合作撰述。本套書包含8卷，共收錄4,000餘種的台灣植物，每一種皆有清楚的照片供讀者參考，作者們從10萬餘張照片中，精挑約15,000張為本套巨著所用，除少數於圖片下署名者係由其他人士提供之外，未特別註明者，皆為鐘博士本人或該科作者所攝影。

五、本套書收錄的植物種類涵蓋台灣及附屬離島之原生及歸化的所有植物，並亦已儘量納入部分金門、馬祖及東沙群島的特殊類群。

第一卷導讀（蘇鐵科－蘭科（A－D））

依APG分類系統網站（APWeb）分群，本卷從裸子植物肇始，依序介紹被子植物基群（Basal angiosperms）的睡蓮目、木蘭目、金粟蘭目、金魚藻目、樟目、胡椒目。接著介紹單子葉植物的菖蒲目、澤瀉目至天門冬目的蘭科雙袋蘭屬為止。

裸子植物是一群較古老的類群，通常為大喬木，果實毬果狀。台灣的裸子植物包括了蘇鐵科、松科、羅漢松科、柏科及紅豆杉科，共19種，大多為中高海拔森林的主要組成份子。

被子植物基群是所有被子植物中最原始的類群，其中三個大科：樟科、馬兜鈴科及胡椒科種數最多，其它也包括成員多為木本植物的木蘭科、肉豆蔻科、番荔枝科、金栗蘭科、蓮葉桐科及五味子科，與皆為草本的三白草科和睡菜科，這其中不乏難以鑑定的種類，或稀有不易尋找者，我們經年在台灣山野中探勘，完整呈現它們的形貌。

續接的單子葉植物，其中最受矚目的可能是天南星科了，大多成員的花序外皆包被碩大華麗的佛焰苞，尤其是天南星屬及魔芋屬，美麗奇特的花形始終是許多尋花者的目標之一，我們提供了許多花部特寫來幫助讀者更清楚的區分它們。另外，百合目及天門冬目也是本卷中的焦點，其中包括了：百合科、石蒜科、菝葜科、秋水仙科、黑藥花科、天門冬科、仙茅科及鳶尾科；這一家族向來就以外型美觀著稱，本卷蒐羅了台灣已知的這類植物，可稱一覽無遺。

單子葉植物中有許多的水生成員，如澤瀉科、眼子菜科、水鱉科及水蕹科，這些水生植物由於低海拔的開發，其生育地遽減，族群日益稀少，許多已名列紅皮書中的瀕危物種。其中的海生植物，一如生活中尋常可見的草木般，皆具備根、莖、葉、花及果；由於生境關係，通常不易觀察到，故鮮有書籍介紹它們，我們遠征本島各地及離島海邊，拍攝了台灣產所有的海草（水鱉科的泰來藻屬、鹽藻屬，絲粉藻科、流蘇菜科、甘藻科），帶領讀者認識這群隨波逐流的民族。

本卷尚有另一個亮點，那就是真菌異營植物：水玉簪科、霉草科及無葉蓮科。這群植物體型大都非常迷你，樣態特殊詭奇，終年隱匿於土表下，僅在開花期才竄出地面，平時並不容易找尋。因此，在台灣植物分類學界及採集史中，它們一直是謎樣的類群。這群夢幻般的植物，在本卷中皆提供了清晰的生態照。

卷末的蘭科植物，此部分為許天銓先生執筆及拍攝照片，囿於篇幅，蘭科在本卷僅收錄字母開頭A－D的屬，其餘蒐羅於第二卷。蘭科是台灣所有植物中最大的一個科，形態多變，大多成員外觀皆相當優雅，並且其中亦不少難以鑑別的類群；在本卷中，作者利用大量照片及簡明的圖說，系統性的引領讀者進入這個領域，逐步熟悉蘭科精巧的細節。

APG分類系統第四版（APG IV）支序分類表

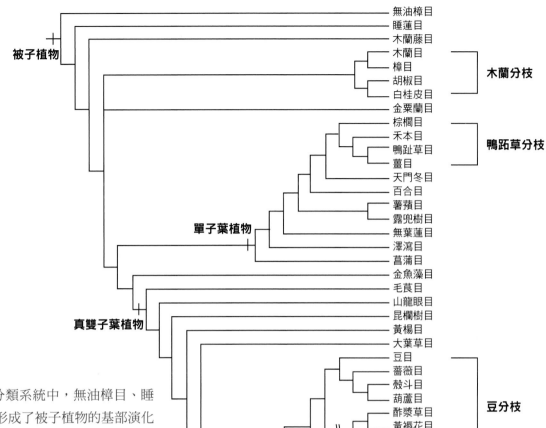

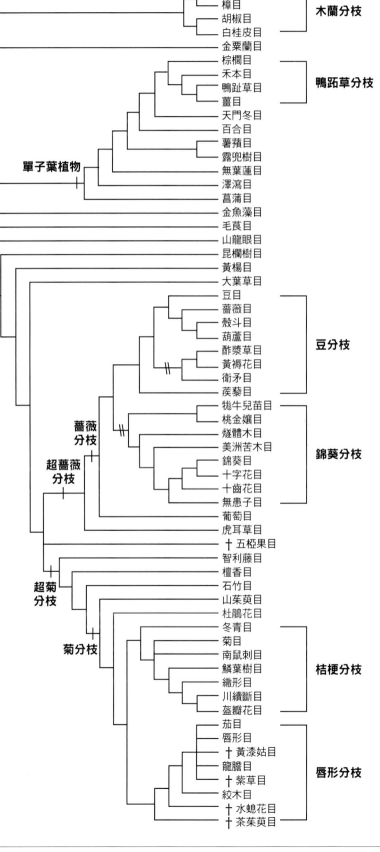

在APG IV分類系統中，無油樟目、睡蓮目及木蘭藤目形成了被子植物的基部演化級，而木蘭分枝、單子葉植物及真雙子葉植物則形成了被子植物的核心類群，其中金魚藻目是真雙子葉植物的姊妹群，金粟蘭目則未確定是否為木蘭類的姊妹群。

在單子葉植物中，鴨跖草分枝為其核心類群；而在真雙子葉植物中，薔薇分枝及菊分枝則是核心真雙子葉植物最主要的兩大分枝。其中，薔薇分枝的核心類群主要由豆類分枝（即APG II裡的真薔薇I）及錦葵類分枝（真薔薇II）組成，但 COM clade（衛矛目、酢漿草目、黃褥花目）由不同片段推演的結果不同，可能包含在豆分枝之中，或是與錦葵分枝成為姊妹群，推測COM clade有可能是遠古薔薇與菊分枝發生雜交所造成的結果；菊分枝的核心則由唇形分枝（真菊I）及桔梗分枝（真菊II）組成。

●圖中直線及名稱表示由該處為始的單系群為該類群，例如單子葉植物。

●雙斜線（\\）表示COM clade在不同基因組的結果中衝突的位置。

●†符號表示該目為本系統（APG IV）新加入的目。

蘇鐵科 CYCADACEAE

幹柱狀或塊莖狀。羽狀複葉,長達0.5~2.4公尺,厚革質而堅硬,雌雄異株,花叢生於頂端,小孢子囊穗(雄花)毬狀,由多數小孢子葉螺旋狀排列而成,花藥長在小孢子葉下,雌毬花由疏輪生的大孢子葉構成,大孢子葉(雌花)覆蓋金褐色毛,羽毛片狀;胚珠 2 或更多,著生於大孢子葉之下部邊緣。種子核果狀。

特徵

羽狀複葉,厚革質而堅硬,小葉排成二列

胚珠(種子)生於大孢子葉之下部邊緣

幹柱狀,葉叢生莖頂。

雌毬花由許多大孢子葉構成,大孢子葉(雌花)覆蓋金褐色毛,羽毛片狀。

雄花毬狀,由多數雄蕊以螺旋狀排列而成。

蘇鐵屬 CYCAS

特徵如科，台灣有1種。

台東蘇鐵 特有種

屬名	蘇鐵屬
學名	*Cycas taitungensis* C.F. Shen, K.D. Hill, C.H. Tsou & C.J. Chen

常綠灌木，一回羽狀複葉，葉長約2公尺，小葉線形，中部小葉長約20～27公分，小葉邊緣扁平，不反捲，背面無絨毛。雄花毬狀，由許多的小孢子葉集生，其下面著生多數之花粉囊。雌花序圓球狀，由許多的羽狀大孢子葉集生而成。種實略壓縮橢圓形，長4～5 公分，成熟時紅紫色。

特有種，產於台東紅葉村附近及海岸山脈南段山區。生於陡峭山坡或排水良好之礫石土地，海拔約400～800公尺。

雄毬花長圓錐形。野外植株甚少，為一稀有植物。

種子紫褐色，堅硬。

原生育地之植株

柏科 CUPRESSACEAE

常綠或落葉，喬木或灌木。葉十字對生、輪生或螺旋著生，於幼株上呈針形，成熟株上呈鱗片狀或兩形兼具，但有時幼至成熟株全為針形。雌雄同株或異株。雄毬花鱗片十字對生、輪生或螺旋著生，單生於枝頂或葉腋，或密集著生於圓錐狀枝條上。雌毬花苞鱗與珠鱗除頂端外完全合生；苞鱗常呈短針形。木質毬果或漿果，種子1至數粒，常小而扁，常具2狹翅。

特徵

雄花有若干雄蕊集生成毬狀（刺柏）

葉單一，鱗片狀，十字對生。（台灣扁柏）

葉亦針形，輪生者。（刺柏）

成熟之毬果木質化（台灣扁柏）

毬果核果狀（刺柏）

雌毬花單生或數個生於小枝頂端（香杉）

肖楠屬 CALOCEDRUS

常 綠喬木，小枝扁平。葉十字對生，鱗片狀。雌雄同株，毬花單生於枝頂；雄花有6～8對小孢子葉；雌花約有3對珠鱗。毬果長卵形；種鱗木質，扁平，基部之一對小，微反曲，上部有一對大，呈長橢圓卵形，各有1～2粒種子，另一對呈長條形，內無種子。

台灣肖楠 特有種

屬名	肖楠屬
學名	*Calocedrus formosana* (Florin) Florin

樹皮紅褐色，縱向溝裂。小枝扁平。葉十字對生，鱗片狀，表面深綠，背面蒼綠色。雄花生於幼枝頂端。毬果長橢圓形，長10～15公釐，果鱗4～6枚，僅於小枝兩側者結實。

產於台灣北部（如三峽、烏來等地區）和中部地區（埔里山區及中橫一帶尤多）海拔300～1,900公尺的山區。

數量不多，因價值高昂，為盜伐的目標之一。

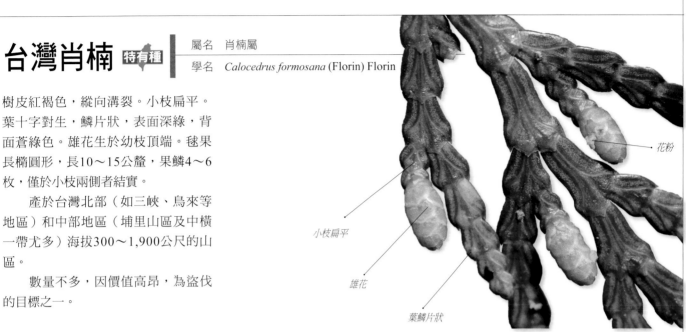

花粉

小枝扁平

雄花

葉鱗片狀

原生地的大喬木（楊智凱攝）

毬果長橢圓形

長滿雄花之枝幹

毬果成熟開裂，果鱗扁平，基部之一對較小些。

本種為重要造林木（楊智凱攝）

扁柏屬 CHAMAECYPARIS

常綠大喬木,小枝常扁平。葉對生,鱗片狀,兩型,上下一對成菱形,兩側一對成彎曲長三角卵形。雌雄同株;毬花單生於短枝頂端;雄毬花有小孢子葉3~4對;雌毬花球形,有珠鱗3~6對。毬果圓球形或橢圓球形,種鱗木質,盾形,種子具薄翅。

紅檜 特有種

屬名	扁柏屬
學名	*Chamaecyparis formosensis* Matsum.

小枝扁平,葉鱗片狀,先端尖銳,在小枝側面作覆瓦狀對生。雄花生於幼枝頂端。毬果橢圓形,長8~12公釐,果鱗盾形。種子褐色,邊緣具薄翅。

　　特有種。分布於全島中海拔山區,常形成純林,或和台灣扁柏、鐵杉、闊葉林等混生。可成超大之巨木,木佳價昂,為台灣早期主要砍伐的經濟用材。

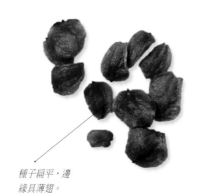

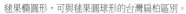
種子扁平,邊緣具薄翅。

毬果橢圓形,可與毬果圓球形的台灣扁柏區別。

葉鱗片狀,先端尖銳。(楊智凱攝)

樹形高大,常被喚為神木。

長滿雄毬花之枝條

未熟果

台灣扁柏 特有種

屬名　扁柏屬
學名　*Chamaecyparis taiwanensis* Masam. & Suzuki

常綠大喬木，樹皮灰紅色，長條片狀剝落。葉鱗片狀，先端與紅檜（見16頁）相比較鈍些。雄花卵圓形至長橢圓形。毬果圓球形，與紅檜毬果橢圓形易區別之。

　　特有種，分布於北部和中部的部分地區，海拔1,300～2,800公尺，形成純林或與紅檜混生。在早期，林務局公告的木材價格中，其價錢最高。

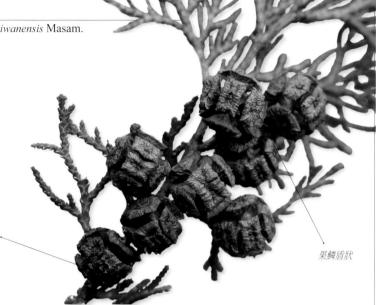

毬果球形

果鱗盾狀

幼果（楊智凱攝）

雄花枝（楊智凱攝）

毬果木質，熟時褐色。

樹皮長片狀剝落（楊智凱攝）

杉木屬 CUNNINGHAMIA

常綠大喬木。葉為鱗片狀鑽形及鑽形之兩形葉（老樹）；鱗片狀鑽形葉貼生於小枝，向上彎曲；鑽形葉生於幼樹小枝或老樹之萌芽枝，兩側略扁，先端尖銳。雄球花2～7個簇生於小枝頂端；雌球花單生於小枝頂端，苞鱗退化。球果長橢圓形；種鱗扁平，革質；種子扁平，兩側有狹翅，上下端凹。

香杉（巒大杉） 特有種

屬名	杉木屬
學名	*Cunninghamia konishii* Hayata

大喬木，樹幹通直，樹皮呈紅褐色或灰紅棕色，有縱向交叉的淺溝裂，呈縱向長條片狀剝落。雌雄同株，葉螺旋狀著生，線形或線狀披針形。雄花簇生枝端。雌花球狀，生於幼枝頂端，初生為綠色，果熟則轉為褐色。

特有種。分布於北部和中部海拔1,300～2,000公尺山區，常散生於紅檜森林內，偶爾形成純林。不普遍。

雄花簇生枝端

雌花初生為綠色，果熟轉為褐色。

本種可生長為大喬木。此為位於中橫公路128公里處的碧綠神木，樹高約50公尺。

刺柏屬 JUNIPERUS

喬木或灌木;小枝近圓形。葉3片輪生,硬,扁平,向前漸尖,先端尖銳;鱗葉上下交互對生,貼生於枝上,菱形。雄毬花頂生或腋生,單一;雌毬花圓球形,有4~8對對生或3片輪生之珠鱗。毬果漿果狀。

台灣有3種。

清水圓柏(清水山檜) 特有種

屬名	刺柏屬
學名	*Juniperus chinensis* L. var. *taiwanensis* R.P. Adams & C.F. Hsieh

匍匐灌木或小喬木。葉兩型,幼葉線形,對生或三葉輪生,銳頭,表面凹,下面有稜;普通葉鱗狀,長約1.5公釐,寬約2公釐,十字對生。雄花單生,雄蕊多數,花粉囊2~6個。

特有變種,分布於花蓮縣清水山、塔山、嵐山等地的石灰岩礫石地區;為文化資產保護法指定公告之珍稀植物。

植株偃伏於地面

雄花著生於枝條末端

刺柏

屬名	刺柏屬
學名	*Juniperus formosana* Hayata

葉3枚輪生,線狀披針形,先端刺尖,長10~16公釐,表面略凹,具2條白色氣孔帶。果實球形,肉質。

台灣另有一生於太魯閣低海拔之刺柏變種,名為綠背刺柏(*J. formosana* var. *concolor* Hayata)。

台灣分布於中部海拔2,300~3,000公尺山區,常與紅檜混生。

毬果肉質

4~5月開花

綠背刺柏見於太魯閣低海拔地區

雄毬花腋生,呈橢圓形。葉3枚輪生,具白色氣孔帶。

香青（玉山圓柏）

屬名	刺柏屬
學名	*Juniperus squamata* Lamb.

葉全為針刺形，3枚輪生，長5～10公釐。果實卵圓形，熟時紫黑色，無白粉，內有種子1粒。

分布從喜馬拉雅山西部至中國大陸中部和南部地區。台灣產於高海拔3,000公尺以上山區，為台灣針葉樹中生育海拔最高的樹種，偶成純林。

本種可生長為喬木

雄花生於枝條末端，葉長通常小於1公分。

毬果成熟紫黑色

台灣杉屬 TAIWANIA

葉披針形，常彎曲成鐮刀狀，邊緣有細鋸齒。雌雄同株；雄花圓筒狀生於枝頂，雄蕊多數；雌花毬狀，每心皮3彎曲生胚珠，著生於苞鱗的腹面中下部與苞鱗合生，上部分離。毬果種鱗的腹面有種子3粒；種子扁平，兩側邊緣有狹翅。

台灣杉

屬名	台灣杉屬
學名	*Taiwania cryptomerioides* Hayata

大喬木，樹幹通直，高可達60公尺，樹形呈三角形，小枝柔而下垂。葉二型，幼枝葉線形，長可達2公分，硬而銳尖；老枝葉疏生，鱗狀三角形，尖銳。毬果球形或長橢圓狀卵形，有果鱗12～20枚，果鱗先端有尖突，全緣，內藏種子2枚。

台灣分布於中央山脈中海拔山區，散生或成純林。不普遍。

葉片鱗形

毬果長橢圓形

毬果生於枝條末端（楊智凱攝）

樹形通直圓滿，可為優良用材，為針葉樹五木之一。（楊智凱攝）

木材優良，為重要造林樹種。

松科 PINACEAE

喬 木，稀為灌木，具樹脂溝。葉線形或針狀，螺旋狀著生。雌雄同株；雄花毬狀，花粉囊2個，花粉粒黃色；雌花之珠鱗與苞鱗區別明顯，胚珠2個。果鱗木質。種子有翅或無翅。子葉2～16枚。

特徵

果鱗木質（台灣五葉松，楊智凱攝）

花粉黃色（霧鹿松）

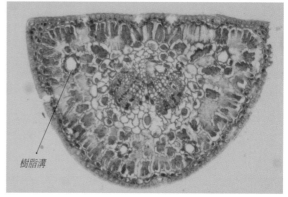

樹脂溝

松屬葉橫斷面可見樹脂溝

松屬的葉針狀（台灣五葉松，楊智凱攝）

線形葉（台灣黃杉，楊智凱攝）

種子具翅

冷杉屬 ABIES

葉 螺旋排列,略成二列,扁平,線形,密生。雄花下垂,雌毬花卵形至長橢圓形。毬果直立,長橢圓形;種鱗扁扇形。

背面觀。

腹面觀(含種子)。

台灣冷杉 [特有種]

屬名	冷杉屬
學名	*Abies kawakamii* (Hayata) Ito

大喬木。葉螺旋狀著生,線形扁平,先端鈍而略凹,表面深綠色,中肋下凹,背面具有兩道白色氣孔帶。雌雄同株,雄花序腋生,圓柱狀,為深黃色下垂穗狀花型;雌花序頂生,長橢圓形,幼時暗紅色。毬果向上直立,長橢圓形,長約7公分,直徑約4公分,成熟時暗紫色,種鱗闊扇形,帶有白蠟狀樹脂。種子有翅。

　　特有種。分布於海拔2,800～3,500公尺之高山地帶,常形成純林。

常形成大面積的純林

白蠟狀樹脂

毬果向上直立

開花期之植株,腋生的雄毬花(黃色),及頂生之雌毬花(紅褐色)。

油杉屬 KETELEERIA

常 綠喬木；小枝平展，輪生。葉線形，表面中肋隆起，螺旋狀著生，略成二列。雄毬花 4～8 個簇生。毬果直立，圓筒形，成熟時淡褐色，種子具斧形翅。

台灣油杉 特有種

屬名	油杉屬
學名	*Keteleeria davidiana* Beissn. var. *formosana* Hayata

喬木，樹高可達40公尺。葉長2～5公分，寬3～4公釐，線形，略反捲，先端鈍圓或微凹，中肋兩面隆起。雄花2～4枚生於枝條先端，黃褐色，長約1公分。雌花亦生長於小枝先端，單生。毬果直立，圓柱狀長橢圓形，長7～15公分，徑5～7公分。果鱗圓卵形。種子卵形、有翅，長約1公分。

　　特有種，分布於北部坪林海拔300～600公尺及台東大武山區海拔500～900公尺處，為文資法公告指定之珍貴稀有植物。

雄毬花（楊智凱攝）

雌毬花；單生於枝條頂端。（楊智凱攝）

種子，具斧形翅

毬果直立，長橢圓形。

雲杉屬 PICEA

常綠喬木，枝輪生，有葉枕。葉線形，橫切面4稜，生於柄狀突起之木質葉枕上。毬果下垂，種子有翅，種鱗倒卵形。

台灣雲杉 特有種

屬名	雲杉屬
學名	*Picea morrisonicola* Hayata

大喬木。葉針狀4稜形，長1～2公分，寬2～3公釐，先端銳尖，基部截斷狀。雄花腋生，黃色，雌花頂生於小枝上。毬果圓柱狀長橢圓形或長橢圓形，成熟時呈褐色，長7～9公分，徑2～3公分；果鱗倒卵形，先端圓，基部楔形，苞鱗短、卵狀披針形。種子有翅。

　　特有種。分布於海拔2,000～2,500公尺左右的山區，散落在山溝和山坡，常與鐵杉（見31頁）、台灣冷杉（見23頁）、台灣華山松（見26頁）、紅檜（見16頁）與台灣二葉松（見29頁）等針葉樹混生，海拔較低處則常與闊葉樹混生，有時成純林。

雄毬花 ◀

正常果實。　　蟲癭。

毬果，右為蟲癭。（楊智凱攝）

常生長於高海拔向陽坡地

未熟之毬果及雄毬花

松屬 PINUS

喬木，有長枝與短枝之分，長枝為一般之枝條，短枝長約2公釐，生長於長枝上。葉兩型：針葉2或5根成束，由短枝長出；鱗片葉生於長枝上，長三角形。雄毬花排成穗狀，生於幼枝基部；雌毬花單一或少數簇生，側生或近頂生。

台灣華山松

屬名　松屬

學名　*Pinus armandii* Franch. var. *masteriana* Hayata

樹皮呈淺龜裂或不規則縱裂。葉針狀，5枚一束。毬果長卵形，甚大，長可達15公分，徑約8公分，種鱗之鱗盾成扁三角形。種子無翅。

　　產於中國西南部和北部。台灣僅見於北部和中部海拔2,300～3,000公尺山區。

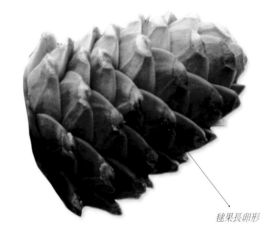

毬果長卵形

常與其它高海拔之針葉樹種混生

果枝（楊智凱攝）

霧鹿松（天龍二葉松）特有種

屬名　松屬
學名　*Pinus fragilissima* Businsky

樹冠較台灣二葉松稀疏。毬果成熟後果鱗平展，台灣二葉松（見29頁）果鱗則反捲；果鱗分布對稱，台灣二葉松則較不對稱，果實亦較細長。

　　霧鹿松是捷克學者布辛斯基（Businsky）1991年於南橫東段，霧鹿北方約1公里，海拔高度約930公尺南向山坡處，採集標本所發表的新種。

毬果長卵形

雌毬花

雄毬花

樹形開展，生長在公路沿線開闊向陽處。

馬尾松

屬名　松屬
學名　*Pinus massoniana* Lamb.

毬果卵圓形或圓錐狀卵形。

樹皮紅褐色，成不規則長塊狀裂。葉2或3針一束，長12～30公分，細長而柔軟。雌雄同株，雄毬花淡紅褐色，圓柱形，長1～1.5公分，雌毬花單生或2～4個聚生於新枝頂端，淡紫紅色。毬果卵圓形或圓錐狀卵形，長4～7公分，徑2.5～4公分。

　　分布廣泛，從中國西南部至東部及台灣。本種必須要解剖其松針觀其樹脂溝排列方式，形態上很難和近似種（如濕地松 *P. elliottii* 等）區分。

雌毬花，生長於枝條頂端。

針葉2至3根一束，細長而柔軟。

植株側視

台灣五葉松 特有種

屬名　松屬

學名　*Pinus morrisonicola* Hayata

大樹之樹皮龜甲狀裂。針葉5根一束，松針長4～9公分。毬果卵狀橢圓形，長10公分，徑4公分。果鱗頂端向外彎曲。種子有翅。

特有種。分布於全島海拔300～2,300公尺，常混生於闊葉樹林中。目前低海拔較少見，大多生長於高海拔或不易到達之處。

毬果，卵狀橢圓形。

生長於稜線上的植株，樹勢開闊而平展。（楊智凱攝）

雌毬花（楊智凱攝）

雄毬花著生於枝條頂端（楊智凱攝）

樹皮暗灰色，鱗片狀皺裂。

台灣二葉松 特有種

屬名	松屬
學名	*Pinus taiwanensis* Hayata

樹皮深灰褐或紅褐色，呈不規則開裂。葉針形，2根一束，長8～11公分，稍硬質，有脂溝4～7道，中生及外生，邊緣有細齒；毬果卵圓形，梗極短，成熟時黑褐色。

特有種。分布於全島海拔750～3,000公尺，常形成純林。

雄毬花（楊智凱攝）

主幹挺直，分枝平伸。

紅褐色且不規則開裂之樹皮

毬果下垂，卵圓形。

黃杉屬 PSEUDOTSUGA

常綠喬木，幹直。葉線形，扁平，螺旋狀著生於枝條，無葉枕，左右各具一闊氣孔帶。雄毬花之花粉無氣囊；雌毬花之苞鱗明顯，先端三裂。毬果之種鱗腎形，先端三裂的苞鱗突出果鱗之外。

台灣黃杉 <特有種>

屬名	黃杉屬
學名	*Pseudotsuga wilsoniana* Hayata

葉線形，扁平，先端凹裂，有短柄，長1.5～3公分，寬1.5～2公釐。在枝上的生長略扭生成二列。雌雄同株，毬花數個集生於枝條近頂端。雄毬花花粉無氣囊，雌毬花苞鱗明顯，先端三裂。毬果長橢圓卵形，懸垂莖端生長，長5～10公分。苞鱗特長，露出部分向外伸出反捲，先端三裂。

　　特有種。分布於海拔800～2,500公尺之混合針葉林內。

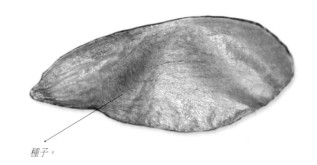

種子。

主產桃園大漢溪上游及台中大甲溪上游

成熟之毬果

葉線形，扁平。（楊智凱攝）

毬果，苞鱗向外伸出並反捲。（楊智凱攝）

鐵杉屬 TSUGA

葉 線形，扁平，螺旋狀著生，背面有2條白色氣孔帶。雌雄同株；雄毬花單生於葉腋；雌毬花單生於側枝頂端。毬果懸垂，果之種鱗薄，木質。

鐵杉

屬名	鐵杉屬
學名	*Tsuga chinensis* (Franch.) Pritz.

葉子扁平狀線形，葉背具2條白色氣孔帶，長10～16公釐。毬果有短柄，懸垂，果鱗先端圓，稍內曲，苞鱗不突出果鱗之外。

　　廣泛分布於中國西南部、中部和東部地區。在台灣分布於海拔1,500～3,000公尺，與其他樹種混生或形成純林。

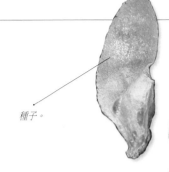

種子。

雌毬花與毬果。

雄毬花，著生於葉腋。

樹勢平展

雌毬花（楊智凱攝）

羅漢松科 PODOCARPACEAE

常 綠灌木或喬木。葉互生或對生。花雌雄同株或異株；雄毬花單生或簇生葉腋，圓柱形，雄蕊多數，2花粉囊，花粉有翅；雌毬花單一，有柄，腋生；胚珠1，由套被包圍，下方具1珠托。無木質毬果，種實球形，外有肉質假種皮，下方有肉質或非肉質之種托。

特徵

葉橢圓形（竹柏）

雄花柔荑狀（桃實百日青）

羅漢松屬之雌花，基部有一肉質種托。（桃實百日青）

種實球形，外有肉質假種皮，下方有肉質之種托。（桃實百日青，楊智凱攝）

葉線形（桃實百日青）

竹柏屬 NAGEIA

葉卵形，對生，無中肋，具多數平行脈。雄花柔荑狀。種實核果狀，球形；種托不明顯。

竹柏

屬名	竹柏屬
學名	*Nageia nagi* (Thunb.) Kuntze

中喬木。樹皮平滑，暗紫紅色，小片塊狀剝落。葉對生，革質，橢圓形，長4.5～5公分，寬1～2公分。雌雄異株，雌花長7～10公釐，雄花腋生，圓柱形。種實圓球形，徑1～1.7公分，有白粉，熟時暗紫色。

　　產於中國南部及日本。間斷分布於台北近郊、南投及恆春半島低海拔之闊葉樹林中，耐陰性極強，不普遍。

種實核果狀，外被白粉。

樹皮光滑，外皮常片狀剝落。

雄花柔荑狀

雄株正值花期

羅漢松屬　PODOCARPUS

葉
互生，線形或披針形，有中脈。雄毬花柔荑狀。種實球形，頂端微凸，下方有一肥厚的肉質種托。

蘭嶼羅漢松

屬名	羅漢松屬
學名	*Podocarpus costalis* C. Presl

灌木或小喬木。葉線形，長5～7公分，寬7～12公釐，先端圓鈍，基部楔形，邊緣反捲。雄花毬狀，長約3公分，單生於葉腋。種實橢圓形，種托肉質，熟時紅色。

　　產於菲律賓北部島嶼及台灣，台灣的野生族群僅見於蘭嶼及小蘭嶼海岸岩石地。不常見，為一珍稀植物。

葉先端圓鈍，葉較小，可以此特徵與近緣種之區別。

雄毬花

種實

種托

種實下方之肉質種托熟時呈紅色。（楊智凱攝）

生長於小蘭嶼臨海的山坡上，野生族群因盜採日漸稀少。

叢花百日青 特有種

屬名	羅漢松屬
學名	*Podocarpus fasciculus* de Laub.

喬木。葉線狀披針形,常微彎,長9～16公分,寬0.9～1.3公分,先端銳形。雄毬花1～5個簇生,長2～3公分,總梗長2～10公釐;種托紅色或紫色,長9～10公釐,其下托有二小苞片。種實卵圓形,長10公釐,徑7公釐,懸垂。

特有種,分布於中央山脈海拔1,500～2,500公尺之森林中。

未成熟之種托綠色
(余勝焜攝)

雄毬花有明顯的長梗。

雄毬花

葉革質,線狀披針形。(楊智凱攝)

大葉羅漢松

屬名	羅漢松屬
學名	*Podocarpus macrophyllus* (Thunb.) Sweet var. *macrophyllus*

葉線狀長橢圓形,長7～12公分,葉端銳形。種實卵圓形。

台灣分布於台北、宜蘭、恆春半島、龜山島及蘭嶼等地。

葉長7～12公分,寬7～10公釐;先端銳形。

雄毬花

肉質種托熟時常呈鮮紅色

小葉羅漢松

屬名　羅漢松屬

學名　*Podocarpus macrophyllus* (Thunb.) Sweet var. *maki* Sieb.

喬木。葉線形或披針形，長3～8公分，先端銳或略鈍，基部漸狹窄。雄花穗狀，殆無梗，3～5簇生葉腋。雌花梗長5～10公釐，單生葉腋。種托肉質，長7～9公釐，熟時鮮紅色，種實闊橢圓形，徑6～8公釐。

　　產於中國及日本。零星分布於台灣東部。

葉長3～8公分，寬
2.5～7公釐；先端
圓鈍，罕銳尖。

雄毬花簇生於葉腋（楊智凱攝）

成熟之雄毬花（楊智凱攝）

桃實百日青 特有種

屬名　羅漢松屬

學名　*Podocarpus nakaii* Hayata

中喬木。葉線形至線狀披針形，長5～10公分，寬0.8～1.2公分，先端鈍或銳尖，背面微被白粉，幼葉帶紅色。雄花圓柱形，1～2個簇生。種實卵圓形，頂端略歪斜，長約1.2公分，種托肉質，熟時紅色，總梗長0.5～1公分。

　　特有種，僅零星分布於台灣中部海拔1,000公尺以下闊葉樹林中，不常見。

成熟時種托鮮紅　　種實形狀如桃實

雄毬花

雌毬花，種實尚未成熟。

植株形態，分枝多而開展。

紅豆杉科 TAXACEAE

喬木。葉螺旋排列，線形，扁平，下表面氣孔帶淡黃綠色或白色。雌雄異株偶同株；雄花單一，或小穗狀著生於葉腋；雌花單一或頭狀，腋生，胚珠1～2，頂生於花軸上，被圍於杯形珠托內。種子堅果狀，包於紅色肉質假種皮內或種實核果狀。

特徵

葉螺旋排列，線形，扁平，下表面氣孔帶明顯。（台灣粗榧）

雄花頭狀者（台灣紅豆杉）

種實由假種皮包覆，成熟時紅色。（台灣穗花杉）

雄花穗狀者（台灣穗花杉）

雌花頭狀，腋生。（台灣粗榧）

穗花杉屬 AMENTOTAXUS

常綠小喬木。葉對生，線狀橢圓形或披針形，下表面中脈兩側各有1白色氣孔帶。雌雄異株；雄毬花穗狀，數個穗狀花序簇生於枝頂，小孢子葉盾狀，有4～5個花藥。雌毬花單生，有彎曲之柄；胚珠單生於毬花頂之中央，下方有6～10對苞片。假種皮全部包被種子，且有癒合種皮。

台灣穗花杉 特有種

屬名	穗花杉屬
學名	*Amentotaxus formosana* H.L. Li

葉對生，背面有2條白色氣孔帶，葉形為線狀橢圓形或披針形，呈鐮刀狀，長約5～8公分。雌雄異株，小孢子葉盾狀，有4或5個花藥，雄毬花懸垂，數個集成柔荑花序，外形如穗，數個柔荑花序簇生於枝頂。雌毬花下方有6～10對苞片，單生，有彎曲柄，胚珠單一，生於雌毬花頂部的中央。種實核果狀，具長柄，外有紅色假種皮，成熟時轉為暗紫色。

　　特有種，產於台灣南部，包括台東縣大武與屏東縣的姑子崙山、茶茶牙賴山、里龍山等地，海拔高度約在800～1,300公尺間，為文資法公告之珍貴稀有植物。

分布於南部山區之霧林帶（呂順泉攝）

種實外包覆
肉質紅色之
假種皮

雄毬花簇生於枝端（呂順泉攝）

葉對生，背面有二條白色氣孔帶。（許天銓攝）

三尖杉屬 CEPHALOTAXUS

常綠喬木或灌木，側枝對生。葉線狀披針形，對生或近對生，下表面中脈兩側各有1白色氣孔帶。 雌雄異株或同株；雄毬花6～11個聚生成頭狀，腋生；雌毬花成頭狀，腋生，有短柄，具數心皮，每心皮具二直立胚珠。種實1，由肉質假種皮包圍。

台灣粗榧 特有種

屬名	三尖杉屬
學名	*Cephalotaxus wilsoniana* Hayata

常綠中喬木，高達10公尺，樹皮光滑，枝條下垂，小枝對生；頂芽常3枚並列。葉線形，微彎曲成鐮刀形，長3～4公分，寬2.5～3公釐，下表面有白色氣孔帶2條。雄毬花4～12個成頭狀花序著生於葉腋，雌花芽與新葉芽並生於小枝之頂端。種實橢圓形，成熟時呈暗紫色，種實核果狀近於無柄。

　　特有種，分布於海拔650～2,700公尺之山區，少量單株散生於針闊葉混合林及針葉樹林中，部分聚生成小族群。在觀霧、東埔山、沙里仙溪、溪頭、翠峰、鞍馬山及北大武山等地區可見。

枝條下垂，葉線狀披針形。

成熟種實

葉背具白色氣孔帶

雄毬花腋生

雌花芽與新葉芽並生於小枝端

紅豆杉屬 TAXUS

喬木。葉線形，扁平，螺旋排列，下表面氣孔帶淡黃綠色。雌雄異株；雄毬花單一，腋生，小孢子葉6～14片，每片有3～6個花粉囊；雌花單一，腋生，胚珠頂生於花軸上，被圍於杯形珠托內。種子堅果狀，包於紅色肉質假種皮內。

台灣紅豆杉

屬名　紅豆杉屬
學名　*Taxus sumatrana* (Miq.) de Laub.

葉線狀披針形，扁平，略呈鐮狀，長1.2～3.5公分，寬2～2.5公釐，螺旋排列於小枝上，扭成不規則之二列，先端短漸尖，有尖頭，基部下延狀，背面氣孔帶淡黃色，不明顯。雄毬花單一，腋生，小孢子葉6～14片，每片有3～6個花粉囊，雌毬花1，腋生，胚珠1，頂生於花軸上，被圍於杯形珠托內。種實堅果狀，包於紅色肉質假種皮內。

　　原產於中國西南部、菲律賓、東印度、台灣。稀疏分布於1,500公尺以上的中高海拔山區之針或闊葉林中。

雄毬花腋生（楊智凱攝）

未成熟之種實（楊智凱攝）

種實包於紅色肉質假種皮內

葉下表面氣孔帶淡黃綠色

於野外生長的老株（楊智凱攝）

蓴科 CABOMBACEAE

地下蔓延之根莖十分發達。單葉，浮於水面的葉橢圓形，葉柄盾狀著生，沉於水中的葉掌狀深裂。花兩性，浮於水面；萼片3；花瓣3；雄蕊多數或6枚；心皮2～18枚，離生。

　　台灣有2屬。

特徵

花兩性，浮於水面；萼片3；花瓣3；雄蕊多數。（蓴菜）

單葉，浮於水面的葉橢圓形，葉柄盾狀著生。（蓴菜）

穗蓴屬浸於水中的葉掌狀深裂。（紅花穗蓴，許天銓攝）

蓴屬 BRASENIA

莖、葉柄和葉背有一層透明的膠質。葉橢圓形；葉柄長，盾狀著生。花紅紫色；萼片3；花瓣3；雄蕊12～30枚；心皮多數。果實聚集，瘦果狀，內有1～2種子。

蓴菜

屬名	蓴屬
學名	*Brasenia schreberi* Gmel.

多年生草本，水生，莖、葉柄和葉背有透明凝膠。單葉，互生，浮出水面的葉片長5～12公分，寬3～6公分，橢圓形，上面綠色，葉背綠色或紫色。花淡紅色，兩性花，小型，1～2公分，萼片3片，花瓣3片，雄蕊6～18枚。

　　廣泛分布於北美東部、亞洲和澳洲東部。台灣僅分布於宜蘭之雙連埤、崙埤池及中嶺池；雙連埤之野生族群已近消失，但附近農戶有栽培作為蔬菜食用。在日本（北海道）及中國（西湖、太湖）為著名之水生野菜。

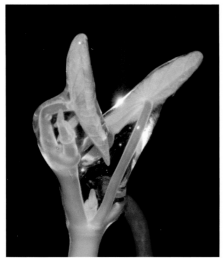

嫩芽，被覆透明膠質。

雌蕊
萼片
花瓣
雄蕊

花萼及花瓣各3枚

葉漂浮於水面，橢圓形，葉柄盾狀著生。

穗蓴屬 CABOMBA

葉對生或輪生，沉水葉2至5回叉狀裂。花很小，有3片萼片、3片花瓣和3～6枚雄蕊。除本書介紹物種外，另有白花穗蓴（*Cabomba caroliniana* A. Gray）曾歸化於宜蘭雙連埤，但該地野外族群目前已消失；其特徵為植株不帶紅暈，花白色。

紅花穗蓴（紅菊花）

屬名　穗蓴屬
學名　*Cabomba furcata* Schult. f.

沉水性草本，莖部多分歧，沉水葉對生或3片輪生，3～5回二叉狀掌裂，開花時具戟形的浮水葉。花腋生，花被片6枚，粉紅色，雄蕊6枚，雌蕊3枚。瘦果聚生，（台灣地區未有結果實的紀錄）。

　歸化植物，見於台灣一些河流及水生環境中。

葉3～5回二叉狀掌裂

植株，沉水型態。（許天銓攝）

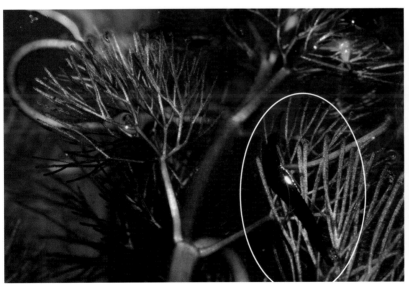

開花時長出戟形之浮水葉

花粉紅色，挺水而綻。

睡蓮科 NYMPHAEACEAE

多年生水生性草本，有圓柱狀的地下莖。葉盾形或心形，常漂浮於水面。 兩性花，單一，大而顯著，花梗從地下莖長出，花下位或半上位；萼片4～5枚，通常為綠色，離生或合生；花瓣很多，覆瓦狀，漸變雄蕊；雄蕊多數，插在花瓣上，花藥縱裂；雌蕊心皮3～35枚，離生或部分合生，柱頭多數，合生成盤狀，子房上位，1室。

　　台灣地區以前曾有記錄藍睡蓮（*Nymphaea stellata* Willd.）和子午蓮（*Nymphaea teragona* Georgi）二植物現野外應已絕跡；但另有多種引進栽培之睡蓮屬物種（*Nymphaea spp.*）有逸出歸化的情況。

特徵

多年生水生草本。葉盾形或心形，常漂浮於水面。（睡蓮 *Nymphaea* sp.）

柱頭多數，合生成盤狀。雄蕊多數，插在花瓣上，花藥縱裂。（台灣萍蓬草）

花梗從地下莖長出，花瓣很多，覆瓦狀。（齒葉夜睡蓮 *Nymphaea lotus*）

芡屬 EURYALE

葉 圓形，背面有銳刺；葉柄長，有銳刺，盾狀著生。萼片4，內面紫紅色，外面綠色，有銳刺；花瓣多數，紫紅色；雄蕊多數。漿果球形。

　　本屬僅1種。

芡

屬名	芡屬
學名	*Euryale ferox* Salisb.

大型浮葉草本，全體被有長與短的棘刺，葉徑可達130公分，上表面綠色，下表面紫色。花單生，多為閉鎖型，少有突出水面綻放的。果實圓球狀，果皮肉質且被有長刺，成熟後瓣裂，可釋出種子。種子具有假種皮，假種皮泡囊狀，適合漂流傳播。

　　分布東亞至印度北部及喀什米爾。台灣目前的植株多為栽培，以往台北及南投有標本採集紀錄，近年野生族群僅見於花蓮壽豐一帶。其種仁可食用，鮮用或曬乾。

果實球形，
具長刺。

果實與幼葉，幼葉表面強烈皺褶狀。

芡為台灣原生最大型的浮葉植物

萍蓬草屬 NUPHAR

地下莖厚。葉浮於水面，闊橢圓形，全緣，有一缺刻深裂至中央。萼片4～6，花瓣狀；花瓣10～20片，黃色；雄蕊多數。漿果卵圓形。除本書介紹物種外，引進栽培的日本萍蓬草（*Nuphar japonica* DC.）亦曾有歸化紀錄；其特徵為浮葉或有時挺水，先端尖，花柱黃色。

台灣萍蓬草

屬名　萍蓬草屬
學名　*Nuphar pumila* (Timm) de Candolle

水生植物，葉闊橢圓形，浮於水面，具一長柄，柄長隨水位而伸長，葉長8～12公分，寬7～9公分，葉基為鏃狀心形，缺裂深3～4公分，葉尖圓，上表面光滑，下表面邊緣處被毛。花黃色，單生，萼片5，長約2公分，花瓣多數，長約0.6公分，雄蕊多數，長約1公分，花柱長0.1～0.2公分，頂端10淺裂，紅色。果長約1.7公分，闊卵狀球形。

　　台灣目前水生池多有栽植，然野外僅餘桃園市極少數池塘有少數之野生植株。為漸瀕危之植物。

柱頭盤狀10淺裂

花金黃色，高挺出水面。

雄蕊

花瓣多數

萼片，花瓣狀，5枚。

野生的台灣萍蓬草

五味子科 SCHISANDRACEAE

常綠灌木、喬木或木質藤本。單葉，互生或簇生，常有透明腺點，無托葉。花單性或花兩性，單或叢生於葉腋，花被片少至多數，大小形狀均相似；雄蕊少至多數，部分或全部合生成球狀；心皮多數，聚生在一短花托上。聚合果成球狀或穗狀或蓇葖果木質化。

特徵

五味子屬果實成穗狀（阿里山五味子）

八角屬的花被片（花萼及花瓣不易區別）少至多數，大小形狀均相似。（白花八角）

南五味子屬聚合果成球狀（菲律賓南五味子）

五味子屬的雄花；雄蕊合生成球狀。（南五味子）

五味子屬的雌花心皮多數，聚生在一短花托上。（南五味子）

八角屬的蓇葖果木質化（東亞八角）

八角屬 ILLICIUM

單葉，互生，亦對生或叢生枝頂。花兩性，單或叢生葉腋；花各部多數，離生；花被片數輪；雄蕊一至數輪；心皮二輪。蓇葖果木質化。

心皮

雄蕊

花被片白色
或淡黃

白花八角

屬名　八角屬

學名　*Illicium anisatum* L.

葉叢生於小枝端，厚革質，長橢圓披針形，兩端尖銳，全緣而略反捲，長7～12公分，寬2～4公分，先端銳尖，基部漸狹，厚革質；側脈不明顯，表面呈有光澤綠色，背面顏色較淡，中肋顯著，於背面隆起。花被片白色或淡黃，狹長橢圓形或舌形，心皮7～9，雄蕊16～23。蓇葖果6～9枚，長1.3～1.6公分。

　　分布日本、韓國、琉球、台灣及菲律賓。生於潮濕的常綠闊葉林，海拔1,000～2,500公尺。

蓇葖果6～9枚（楊智凱攝）

葉革質，叢生於枝端。

台灣八角（紅花八角）　特有種

屬名　八角屬

學名　*Illicium arborescens* Hayata

單葉，互生，長橢圓形或倒卵狀橢圓形，長8～15公分，寬3～5公分，先端漸尖，全緣，側脈不明顯。花被片淡紅色，大約15～20片，杯狀圓形，雄蕊多數，排成三列，心皮12～16枚。蓇葖果叢呈扁平八角形，7～16枚，先端漸銳尖且向上翹起，每一心皮內僅含種子1枚；種子略呈長卵形，基部略凹陷。

　　特有種。產全島潮濕常綠闊葉林中，生於海拔300～1,500公尺山地。

花被片杯狀圓形，
色澤嬌豔。

蓇葖果（楊智凱攝）

開花枝，花著生於葉腋，下垂。

東亞八角

屬名	八角屬
學名	*Illicium tashiroi* Maxim.

本種與白花八角的植株及葉相似，區別在於本種蓇葖果較多，為11～13枚。花被片白色，狹長橢圓形或舌形。

分布琉球南部。產全島海拔1,000～2,700公尺之潮濕常綠闊葉林。

花被片細長，白色。

蓇葖果11～13枚聚生（楊智凱攝）

大雪山八角 特有種

屬名	八角屬
學名	*Illizium x tasueshanensis* F.Y. Lu, L.R. Chiu, K.Y. Ho & L.F. Chang

花形介於紅花八角與白花八角之間，可能是兩者之雜交種，花被片淡紅色，外輪花被片趨於白色，往內層顏色轉為紅色，大約11～18片。目前尚未看到植株結果枝。

本種為張良芳（2009）於其碩士論文中提出新種植物，至今尚未正式發表。本書為求完整，加入本種的敘述並引用該論文的學名，但不做正式的處理。

花被片卵形，由內而外呈漸層的淡紅色，相當清麗。（許天銓攝）

開花枝，葉革質，卵形；花腋生，下垂。（許天銓攝）

南五味子屬 KADSURA

葉 革質至紙質。花常單生於葉腋；花被片8～15枚。果序球狀。

南五味子

屬名	南五味子屬
學名	*Kadsura japonica* (L.) Dunal

葉疏鋸齒緣，長橢圓形，長6～11公分，寬2～6公分。花單性，雌雄異株，花朵單生於葉腋，呈下垂樣，花徑約1.5公分，雌花花梗較長，約2～4公分，雄花梗僅及1.5公分許；花被8～13片，黃白色或淡黃色，雄花具雄蕊25～30枚，藥隔甚寬闊，雌花心皮40～50枚，呈頭狀排列。漿果熟時紫紅色。

分布韓國、日本、琉球和台灣。產全島中低海拔山區。

雄花

雄蕊

柱頭（白色
透明狀）

雌花

果序球狀，漿果熟時顏色轉深。

雌株，雌花花梗較雄花長。

菲律賓南五味子

屬名	南五味子屬
學名	*Kadsura philippinensis* Elmer

常綠藤本植物。葉橢圓形至長圓狀卵形，先端漸尖至銳尖，基部鈍至銳尖，全緣或上半部具不明顯齒狀緣，長7～11公分，寬4.5公分；葉柄可達3公分長。成熟的果實近球形，徑約2.5公分；果梗長5公分。種子2～3，種皮褐色。

分布菲律賓和台灣。台灣產於蘭嶼與綠島。

果序球狀

雄花

葉近全緣或前半部具不明顯疏鋸齒緣

五味子屬 SCHISANDRA

木質藤本。葉紙質，有透明腺點。花數朵簇生於葉腋；花被片7～12枚。果序穗狀。

阿里山五味子 特有種

屬名	五味子屬
學名	*Schisandra arisanensis* Hayata

纏繞性藤本，全株光滑無毛。葉長橢圓形，長5～9公分，疏鋸齒緣。雄蕊多數，花絲甚短；雌花花被片7～12枚，心皮多數。漿果疏生於伸長之花托上，排列成穗狀。

特有種。全島中海拔山區之林緣，路旁。

雄花

雌花

果序穗狀，漿果熟時鮮紅色。（余勝焜攝）

雌株，花著生葉腋，具長梗，下垂。（許天銓攝）

金粟蘭科 CHLORANTHACEAE

草本、灌木或喬木;莖之節處膨大。單葉對生,鋸齒緣,葉柄基部相連,有小托葉。花單或兩性,成穗狀、頭狀或圓錐花序;花被片在兩性花中缺;雄蕊1或3,基部相連;子房下位。核果卵或球形。

特徵

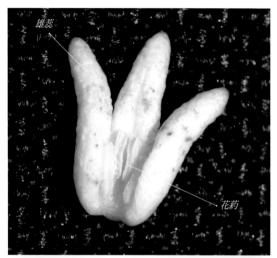

接骨木屬　花序成穗狀,花被缺;雄蕊1。(紅果金粟蘭)

核果卵或球形(寬葉金粟蘭)

金粟蘭屬　花假兩性,萼冠均缺,成單一或分枝之穗狀花序;無花被;雄蕊3,花絲合生成三裂片狀。(寬葉金粟蘭)

金粟蘭屬 CHLORANTHUS

多年生草本或灌木。葉闊卵狀菱形。花假兩性,萼冠均缺,成單一或分枝之穗狀花序;無花被;雄蕊3,花絲合生成三裂片狀。

寬葉金粟蘭

屬名	金粟蘭屬
學名	*Chloranthus henryi* Hemsl.

多年生直立草本,高40～65公分,莖於節上膨大,光滑。單葉對生,在近頂端處常成4枚輪生;葉柄長1～2公分;葉寬倒卵形,長12～15公分,寬6～8公分,基部銳形,先端漸尖,邊緣鋸齒;側脈6～9對,常二叉或總狀分叉。花序梗長2.5～4公分;苞片1。無花被;雄蕊3,白色,基部近離生,中間的藥隔2～2.5公釐,花藥2室;側邊的藥隔較短,花藥1室,先端銳尖,藥室基部癒合;子房卵形,不具花柱,柱頭頭狀。果無梗。

　　中國東南部。台灣產太魯閣附近之山區,生於半遮蔭之森林邊緣山徑。

花序穗狀,微彎,傾垂。

雄蕊先端銳尖

植株,葉兩兩對生於莖頂端。

花朵近觀,萼瓣均缺,白色部分為雄蕊之花絲。

果無柄,與台灣及己有區別。

台灣及己

屬名　金粟蘭屬
學名　*Chloranthus oldhamii* Solms.

高25～60公分。葉闊卵狀，長10～13公分，寬6～9公分。花白色，花柱明顯，雄蕊前端鈍。

中國東南部。分布於台灣全島低海拔森林中。

雄蕊，先端鈍。

花序呈現分枝穗狀，下垂。

果熟時色澤轉深

金粟蘭

屬名　金粟蘭屬
學名　*Chloranthus spicatus* (Thunb.) Makino

株高30～60公分。葉對生，厚紙質，橢圓狀倒披針形，長4～10公分，寬2～5.5公分，葉緣具鈍齒。穗狀花序10～18枝排成圓錐花序狀，生莖頂，花兩性，缺花被，雄總3枚，子房卵形。

分布中國東南部，但野生者較少見，現各地植株多為栽培。台灣野外偶見逸出。

穗狀花序排成
圓錐花序狀

花序頂生；花絲金黃，故名金粟蘭。

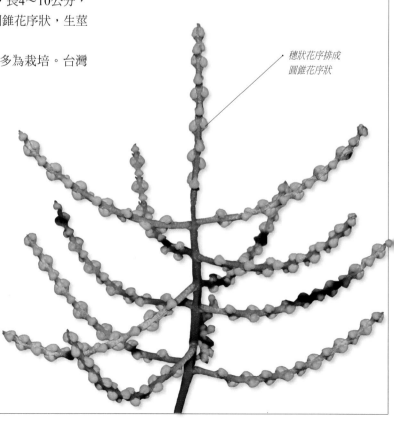

草珊瑚屬 SARCANDRA

灌木。葉披針形至狹長橢圓形。花序頂生，常由3個穗狀花序組成。花下方苞片三角形；花被缺；雄蕊1。核果近球形。

紅果金粟蘭（草珊瑚）

屬名	草珊瑚屬
學名	*Sarcadra glabra* (Thunb.) Nakai

葉長橢圓狀披針形，長6～15公分，寬2～5公分，柄長約1公分，粗鋸齒緣。穗狀花序2～3枝頂生，花黃綠色，雄蕊1。果紅色，卵圓形。

爪哇、菲律賓、斯里蘭卡、印度、日本、韓國和中國。台灣分布於海拔100～1,500公尺，北部的原始林尤多。

果熟時鮮紅

經常生長在林下蔭蔽處

花缺少花被片

葉粗鋸齒緣，穗狀花序頂生。

番荔枝科 ANNONACEAE

喬木、灌木或攀緣灌木。葉單一，互生，全緣，托葉無。兩性花，罕單性，單生、叢生或為圓錐花序；花萼3枚，離生或部分合生；花瓣6枚，成2輪排列，或無內輪；雄蕊多數，花絲短，花藥合生；雌蕊心皮一至多數，花柱短或無；子房上位，1室，胚珠 1 枚至多數。果為漿果。

特徵

有些花單生（瓜馥木）

花瓣6枚，排成二輪。雄蕊多數，心皮多數。（琉球暗羅）

漿果（恆春哥納香）

鷹爪花屬 ARTABOTRYS

攀緣灌木。萼三裂；花瓣6，二輪，基部內陷，且於雄蕊之上收縮；雄蕊多數，有時週邊有退化雄蕊；心皮4至多數，有胚珠2顆。果數個群集於一花托上。

鷹爪花

屬名	鷹爪花屬
學名	*Artabotrys odoratissimus* R. Br.

常綠蔓性灌木。葉長圓形或闊披針形，長10～16公分，先端漸尖或急尖，基部楔形。花1～2朵，生於木質鉤狀的總花梗上，淡綠色或淡黃色，芳香；萼片3，綠色，卵形；花瓣6，二輪，長圓狀披針形，長3～4.5公分；雄蕊多數，緊貼；心皮多數，長圓形，各具胚珠2顆，柱頭線狀長圓形。果實卵圓狀，長2.5～4公分，數個群集於果托上。

原產中國、印度、爪哇。台灣引進栽培，有逸出之記錄。

花黃綠色，香氣濃郁，常作為香水原料。

葉互生，長圓形或闊披針形。

果實多枚著生於果托之上

莖常具刺

瓜馥木屬 FISSISTIGMA

攀 緣灌木。葉有明顯側脈。花頂生，單一、簇生或排成圓錐狀；萼片3，較花瓣小，基部連合； 花瓣卵狀三角形；心皮多數，有毛。漿果卵球形或球形。

裏白瓜馥木

屬名	瓜馥木屬
學名	*Fissistigma glaucescens* (Hance) Merr.

常綠攀緣灌木，小枝無毛。葉近革質，橢圓形或長橢圓形，長10～20公分，寬2～5公分，兩端圓鈍，兩面無毛，葉背灰白色，側脈10～15對。花單一或兩朵頂生；花被片卵狀三角形，內外二輪，外輪較大，黃白色。果光滑無毛，徑約8公釐。

中國大陸、緬甸。台灣中、南部低海拔森林中。

葉背灰白，故名之裡白瓜馥木。

葉上表面光亮，脈之間明顯浮凸。　　果

瓜馥木

屬名	瓜馥木屬
學名	*Fissistigma oldhamii* (Hemsl.) Merr.

葉背淡綠色，被毛葉橢圓形，長7～14公分，寬2.5～3.5公分，先端鈍，基部鈍或漸狹，側脈10～15對。花單生或2～3朵叢生，花序及花梗被銹色絨毛，花瓣6枚，外輪卵狀三角形，長0.7～1.2公分，先端銳尖，黃綠色，內輪較小，紅綠色；雄蕊多數；離生心皮約有20枚。各離生心皮呈漿果狀，球形，7～12枚聚生，徑0.7～2公分，外被有銹色毛。

中國南部。台灣全島海拔1,100公尺以下森林中。

花瓣內外輪色彩不同

果熟時轉紅

葉背淡綠色，被毛。

未熟果

哥納香屬 GONIOTHALAMUS

灌木或小喬木。葉表面有光澤，葉脈稀疏。花腋生或腋外生，單一或簇生；萼片3；花瓣外輪3片，內輪3片，基部有短柄，上部連合成帽狀蓋住雄蕊。果實長橢圓球形或卵球形。

恆春哥納香

屬名	哥納香屬
學名	*Goniothalamus amuyon* (Blanco) Merr.

灌木或小喬木。單葉，互生，薄革質，橢圓形或倒披針形，全緣，長約14公分，寬約5公分，兩面平滑，側脈8～11對。花黃綠色，萼片3枚，小型；花瓣6片，排成二輪，外輪3片較大，內輪3片較小；萼片3，心皮12～25枚。

菲律賓。台灣產恆春半島闊葉林中。

花被脫落後，顯示出中央離生的心皮。

內輪花瓣上部連合成帽狀，蓋住雄蕊，常不開放。

外輪花瓣

果實卵球形

生長在台灣南端森林中

暗羅屬 POLYALTHIA

灌木或喬木。葉互生，革質。花序腋生或與葉對生；萼片3；花瓣綠或黃綠色，長披針形，內輪3片平或隆起；雄蕊多數；心皮數枚。核果呈漿果狀。

　　台灣有1種。

琉球暗羅

屬名	暗羅屬
學名	*Polyalthia liukiuensis* Hatusima

喬木；枝暗褐色，幼枝灰褐色。葉薄革質，葉脈明顯，中脈上面平，橢圓形，基部近圓形。花序有花1～6朵，生於樹幹或大枝條上。核果橢圓球形，成熟時黑色。

　　琉球、西表島、波照間島。蘭嶼生長在珊瑚礁岩之灌叢內。

葉脈明顯

花瓣6枚

花著生於樹幹或大枝條上

核果熟時由紅轉黑

木蘭科 MAGNOLIACEAE

喬木或灌木。枝條具環形托葉痕。單葉互生，螺旋著生。花單生，兩性，有柄；萼片與花瓣相似，雄蕊與心皮均多數，離生，螺旋排列。蓇葖果。

特徵

菁葖果，熟時開裂。（烏心石舅）

花單生，花甚大而美麗，萼片與花瓣相似。（辛夷 *Magnolia liliiflora*）

木蘭屬其雄蕊多數，花絲扁平。（烏心石舅）

將烏心石花瓣及雄蕊移去，可見其心皮多數，螺旋狀排列於一伸長之總柄軸上。（台灣烏心石，許天銓攝）

木蘭屬 MAGNOLIA

喬木。花頂生；花被片9～21枚，螺旋著生；雌蕊由多數至少數之離生心皮組成，每心皮有2胚珠。

烏心石舅 特有種

屬名	木蘭屬
學名	*Magnolia kachirachirai* (Kaneh. & Yamam.) Dandy

葉芽光滑，葉革質，披針形或長橢圓形，長10～12公分，側脈9～12
對。花單朵頂生，花被片白色，9～12枚，最外輪花被片寬度較小且
呈黃綠色，萼片狀；每花具心皮10～18，心皮先端彎曲；雄蕊多數，
花絲扁平，花藥向內開裂，花絲基部粉紅色。

　　特有種。散生於恆春半島及台東低海拔山區之森林中。

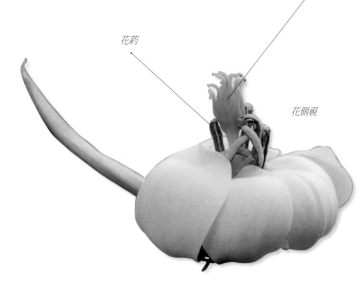

花藥　　　　　　　雌蕊

花側視

雄蕊多數，包圍心皮。

蓇葖果，熟時開裂。　　　　植株，花單生於枝端。　　　　未熟之蓇葖果

烏心石屬 MICHELIA

常綠喬木或灌木。花單生於葉腋；花被片6～21枚；雄蕊多數；雌蕊有柄，心皮多數，離生，每心皮有數枚胚珠。

台灣烏心石

屬名	烏心石屬
學名	*Michelia compressa* (Maxim.) Sarg. var. *formosana* Kaneh.

常綠大喬木，樹高可達20～30公尺，葉芽、花芽、嫩枝及葉柄均被金褐色毛。小枝具環狀的托葉遺痕。葉薄革質或革質，倒披針形至倒卵狀長橢圓形，葉長6～14公分，寬2～3公分；葉柄長1～2公分。花單朵頂生於特化之短枝上，狀似腋生，具濃香；花被片9～12枚，披針形至倒披針形，白色，基部略帶淡黃色；雄蕊多數。雌蕊有柄，略呈卵形，心皮25～30枚，呈螺旋狀排列，表面被金褐色毛。

　　台灣全島皆有產，平地至海拔2,300公尺山區。

台灣烏心石的花基部不為紅色

烏心石（*var. compressa*）花被片基部紅色，本花攝於琉球。

植株遠觀

蘭嶼烏心石 　特有種

屬名	烏心石屬
學名	*Michelia compressa* (Maxim.) Sarg. var. *lanyuensis* S.Y. Lu

其與烏心石（*M. compressa* var. *compressa*）相似，但前者的花被片全為白色，後者的花被片則為黃白色，且基部有紅斑。它也類似台灣本島產的台灣烏心石（*M. compressa* var. *formosana*），但前者的葉為厚革質（後者革質到薄革質），葉先端為圓至驟凸（後者驟凸至漸尖），長／寬比通常在2倍左右（後者3～4倍左右），可茲區別。

　　特有種。零星散布在海平面到海拔0～500公尺的蘭嶼島上。

花被片全為白色

蓇葖果

雌蕊被金毛

葉較台灣烏心石寬

肉豆蔻科 MYRISTICACEAE

常綠喬木或灌木，常有香味，樹枝有星狀毛，樹皮和髓心有黃色或紅色漿汁。葉互生，常排成二列，常有透明腺點，無托葉。花單性，雌雄異株，聚成叢狀、繖房狀或頭狀；花被常三裂；雄蕊2～30，花絲合成筒狀。果肉質，常2瓣開裂。

特徵

花單性，叢生、繖房狀或頭狀。（蘭嶼肉豆蔻）

花被常三裂；雄蕊2～30。（紅頭肉豆蔻）

肉豆蔻屬 MYRISTICA

葉 背面常呈粉綠色。花聚成聚繖、繖形或圓錐花序；小苞片生於花柄上部；花被壺形或鐘形；花葯12～30。

蘭嶼肉豆蔻

屬名	肉豆蔻屬
學名	*Myristica ceylanica* A. DC. var. *cagayanensis* (Merr.) J. Sinclair

常綠大喬木。葉革質，長橢圓形，長15～25公分，下表面灰綠色，側脈13～18對，背面側脈顯著隆起。花小，無花瓣，萼三裂，表面被金毛。果實卵狀橢圓形，表面被褐毛，長3～5公分，種子為鮮紅色假種皮包覆。

菲律賓。蘭嶼和綠島之森林中。

種子表面包覆鮮紅色假種皮

喬木，生長在蘭嶼及綠島之森林中。

花序密被金毛

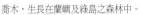
果實表面被褐色毛

紅頭肉豆蔻

屬名	肉豆蔻屬
學名	*Myristica elliptica* Wall. *ex* Hook. f. & Thomson. var. *simiarum* (A. DC.) J. Sinclair

喬木。葉長5～15公分，寬4～6公分，先端鈍或短漸尖，表面有光澤，葉背灰白色，側脈8～11對。花小型，無花瓣，萼片三裂，萼筒外被褐色毛，雄蕊12～16，花絲連成圓筒形之雄蕊柱，花葯背面緊貼於雄蕊柱。果實光滑，球形，長1.5～2.5公分。

分布於菲律賓。台灣僅生於蘭嶼，見於紅頭山、大森山及天池一帶。

圓錐花序，花萼筒外被褐毛。

僅生於蘭嶼

果實光滑無毛

蓮葉桐科 HERNANDIACEAE

喬木、灌木或藤本。單葉或三出複葉，互生，無托葉。花兩性或單性，聚成繖房或圓錐花序；花被片3～8，兩輪；雄蕊3～5。果具翅或包藏於膨大的總苞內。

特徵

花被片兩輪（呂宋青藤）

果由膨大的總苞包覆（蓮葉桐）

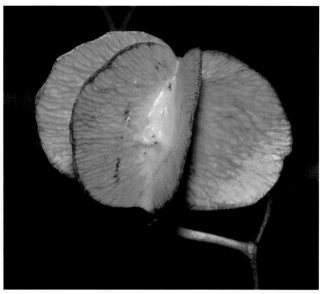

果具翅（呂宋青藤）

蓮葉桐屬 HERNANDIA

常綠喬木。單葉，全緣，有長柄。圓錐狀聚繖花序，有總苞，雌花位於花序中央，雄花位於兩側；雄花花被片6～8，雄蕊與花被片同數；雌花花被片8～10，退化雄蕊4或5。核果包被於膨大之苞片內。

蓮葉桐

屬名	蓮葉桐屬
學名	*Hernandia nymphiifolia* (C. Presl) Kubitzki

常綠喬木。葉全緣，有長柄，盾狀心形，有光澤。聚繖花序成圓錐狀排列，每聚繖花序由4片綠色披針形之小苞片包被。花白或乳白色；花被片二輪，3大3小；雄蕊3。總苞於結果時增厚，包覆核果，僅留頂端孔隙；此構造使果實能藉由海漂傳播。

　　分布東半球熱帶地區。台灣記錄於墾丁、澎湖、綠島及蘭嶼海岸，為恆春半島熱帶海岸林之組成樹種。

生態（許天銓攝）

花被二輪，大小各3枚。

葉盾狀，花序頂生，聚繖花序成圓錐狀排列。

結果期之植株

青藤屬 ILLIGERA

常 綠藤本。三出複葉。聚繖花序成圓錐狀。花兩性，5～6數，花絲基部有一對腺體。果具2～4翅。

呂宋青藤

屬名	青藤屬
學名	*Illigera luzonensis* (C. Presl) Merr.

常綠藤本。三出複葉。莖有稜，有短絨毛或近光滑。小葉卵至卵狀橢圓形，先端銳尖，基部鈍，圓或心形，兩面有白色黏毛；葉柄有黏毛。花被片12，雄蕊6，花絲基部有一對腺體。果具翅。

分布菲律賓（呂宋島和巴拉望）。台灣產於南部的原始林邊緣。

花被基部具白色腺體

果實具翅

常綠藤本，生於台灣南部的原始林邊緣。

三出複葉，聚撒花序成圓錐狀。

樟科 LAURACEAE

具有芳香之喬木或灌木或寄生藤本。單葉，互生，無托葉；羽狀脈或三出脈。總狀、圓錐或繖形花序；雄蕊排成四輪，每輪3枚，最內側或第四輪為退化雄蕊，基部有蜜腺，無孕性，花藥2或4室，瓣裂。漿果或核果，常有肉質果托。

特徵

樟科一部分的葉片為三出脈（小葉樟）

新木薑子屬的花序繖形。（白新木薑子）

完全雄蕊6枚

釣樟屬之雌花，本屬為繖形花序。（香葉樹）

花絲

第三輪雄蕊

楨楠屬之花型，第三輪雄蕊具一對心形有柄腺體。（豬腳楠）

第三輪花藥

腺體

樟屬的花型，藥四室，有雄蕊9，第一輪及第二輪內向，第三輪外向，花絲基部具2腺體。（樟樹）

有些為羽狀脈（華河瓊楠）

藥2室。

釣樟屬的花單性，常雌雄異株。（香葉樹）

木薑子屬之花型，花叢生，完全雄蕊9枚以上。（霧社木薑子）

瓊楠屬 BEILSCHMIEDIA

常 綠喬木。葉互生或對生，羽狀脈，細脈網狀。花兩性，總狀或圓錐花序。花被筒狀，花被片6，同型，花後脫落；完全雄蕊9，花藥2室，最內之3雄蕊具2腺體及外向藥。

瓊楠

屬名	瓊楠屬
學名	*Beilschmiedia erythrophloia* Hayata

小枝光滑，綠色。葉對生或近對生，革質，長7～11公分，寬3～4公分，兩面綠色，光滑；網脈細密，明顯，兩面凸起。果熟時紫黑色。

　　海南島及琉球。台灣中低海拔森林內。

網脈明顯，葉兩面綠色，光滑。

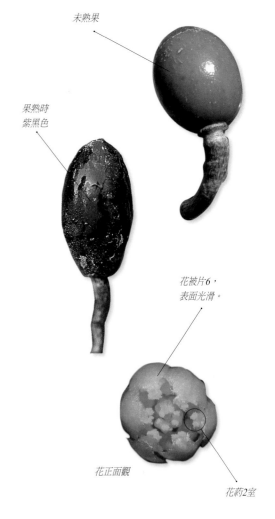

未熟果

果熟時紫黑色

花被片6，表面光滑。

花正面觀

花藥2室

葉表光亮，近革質。

華河瓊楠（網脈瓊楠）

屬名	瓊楠屬
學名	*Beilschmiedia tsangii* Merr.

葉互生或略近對生。頂芽與幼枝密被黃褐色柔毛。葉背色淡且被毛，網脈明顯。花被片密被短柔毛。果橢圓形。分布廣東、雲南及越南。台灣產於恆春半島。

葉背淡綠，被柔毛。
（許天銓攝）

葉柄具粗毛

頂芽密被黃褐色柔毛。（許天銓攝）

花序腋生，圓錐狀。

果橢圓形，熟時轉黑。（郭明裕攝）

花被片外被柔毛

花藥

無根藤屬 CASSYTHA

寄生纏繞草本，藉盤狀吸根吸附於寄主植物上。葉鱗片狀。花序頭狀、穗狀或總狀。花被片6，二輪；可孕雄蕊9，三輪，第三輪之花藥外向。果完全包被於增大之肉質花被內。

無根藤

屬名	無根藤屬
學名	*Cassytha filiformis* L. var. *filiformis*

纏繞寄生草本，莖光滑，綠色或黃白色。花序穗狀，側生；花梗光滑；花被片黃白色。果卵球形，先端具宿存之二輪花被片。
　　分布於熱帶。台灣沿海地區。

果實先端具宿存之花被片（許天銓攝）

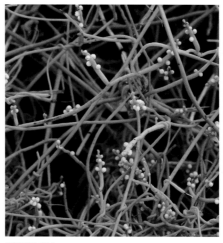

纏繞寄生草本

花小，花徑約2.5公釐。（許天銓攝）

亞毛無根藤

屬名	無根藤屬
學名	*Cassytha filiformis* L. var. *duripraticola* Hatus.

纏繞寄生草本，無特定寄主；形態與無根藤十分接近，惟各部尺寸略小。莖幼時密被褐色剛毛，成熟後毛漸疏但宿存。花序穗狀，亦被褐毛。花小，花被片黃白色，外輪三角狀卵形，內輪者較小。果卵球形，先端可見宿存之二輪花被片，
　　分布日本琉球至澳洲。台灣則產於金門及全島沿岸，數量較無根藤少些。

果可見宿存之2輪花被片

花被片6，內外輪不等大，藥2室，內向。　　寄生並纏繞於其他植物上（許天銓攝）　　莖被毛

樟屬 CINNAMOMUM

常綠喬木或灌木。葉互生或近對生，基部三出脈，離基三出脈，稀羽狀脈。花序圓錐狀。花被片6，花後脫落；有藥雄蕊9，三輪，第一及第二輪藥亦4室，第三輪花藥外向；退化雄蕊3。

野牡丹葉桂皮

屬名	樟屬
學名	*Cinnamomum austrosinense* H.T. Chang

葉三出脈，
葉背灰白。

全株殆光滑，惟新枝具白絨毛。葉厚革質，長橢圓形，葉長可達22公分，對生或近對生，三出脈，其兩側之脈直達葉尖，先端短銳尖，葉背灰白色。花序甚大，被絨毛。果長橢圓形，果托淺杯狀，邊緣具淺齒。

　　中國大陸華南一帶。台灣僅產於北部之烏來、福山及碧湖等地，散生於海拔700～1,000公尺之闊葉樹林中。

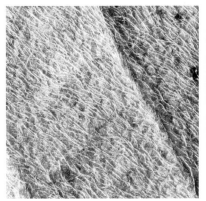

初生葉，葉背被絨毛。（許天銓攝）

開花枝，圓錐花序大而開展。

小葉樟 特有種

屬名	樟屬
學名	*Cinnamomum brevipedunculatum* C.E. Chang

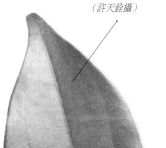

葉卵形，具三出脈。
（許天銓攝）

小枝被短柔毛。葉對生，或近對生，革質，卵形或卵狀橢圓形，先端尾狀，長4～6公分，寬2～3公分，三出脈明顯。花序被黃褐色絨毛。果球形，熟時藍黑色。

　　特有種，只發現在恆春半島低海拔地區的灌木叢。

開花之植株

果熟時紫黑色

陰香

屬名	樟屬
學名	*Cinnamomum burmannii* (Nees & T. Nees) Blume

與土肉桂（見77頁）十分接近，惟小枝常帶紅色暈。冬芽無芽鱗包覆，被白毛。花序腋生，繖形，被毛，具3～7朵花；花被兩面亦被毛。果熟時紫黑色；花被於基部宿存，呈牙齒狀淺裂。

　　原產印度、中國南部、中南半島至東南亞。在台灣廣泛栽培並逸出歸化。

繖形花序

果熟時呈現紫黑色

冬芽被白毛（許天銓攝）

果枝，小枝常帶紅暈。（楊智凱攝）

樟樹

屬名	樟屬
學名	*Cinnamomum camphora* (L.) J. Presl

大喬木，全樹具有芳香精油，高可達50公尺，樹幹通直，樹皮紅褐色或灰褐色，有縱向粗裂紋。葉互生，闊卵圓形或橢圓形，長5～9公分，寬3～4公分，全緣，表面有光澤綠色且光滑無毛，背面光滑或散生柔毛，略帶白粉狀。花被筒短，長約0.1公分；花被片6～8枚，卵形，外面光滑，內面有毛茸，先端鈍。果實熟時紫黑色，基部托著杯形，先端截斷狀的花被。

　　普遍分布於海拔1,000公尺以下闊葉林內；亦產中國長江以南、韓國、日本及越南。

花序

樟樹神木（許天銓攝）

果序，熟果紫黑。

開花枝

台灣肉桂（山肉桂） 特有種

屬名　樟屬
學名　*Cinnamomum insularimontanum* Hayata

常綠中喬木，樹皮平滑，略有肉桂香味，葉互生或略對生，長橢圓狀披針形，先端漸尖，主脈三條。冬芽光滑。聚繖花序腋生，花序梗細長；花被外表略光滑，內面被毛。核果長橢圓形，表面有黃白色腺點，宿存花被筒淺鐘狀。

　　特有種，產平地至海拔1,500公尺森林或灌叢中。

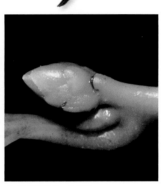

葉長橢圓狀披針形，光滑。

結果期之枝條。

聚繖花序

冬芽光滑無毛，具鱗片。

牛樟 特有種

屬名　樟屬
學名　*Cinnamomum kanehirae* Hayata

樹皮灰褐色，明顯深縱裂。花序開展先於新葉，葉為不明顯三出脈或羽狀脈，基部常圓鈍至略心形，較少呈寬楔形，背面分歧處有腺窩（蟲室）。花被兩面被毛。果壓縮球形。

　　特有種，生於平地至海拔1,800公尺森林。

花序

花藥

腺體

花被片

葉脈分歧處有腺窩

葉不明顯三出脈或羽狀脈。與牜樟比起來，葉較卵圓些。

牛樟果實呈圓形，牜樟呈橢圓形。

蘭嶼肉桂 [特有種]

屬名　樟屬
學名　*Cinnamomum kotoense* Kaneh. & Sasaki

葉近對生，卵形，光滑，長10～14公分，寬6～9公分，先端常銳尖，基部圓或鈍，三出脈，網脈顯著。花序生於莖頂，圓錐狀；花莖及花被外表被絨毛。結果時花被基部宿存且增厚，形成杯狀果托，包覆發育初期的果實。果橢圓形，長約14公釐，果托具圓齒狀邊緣。與錫蘭肉桂（*Cinnamomum verum*）易混淆，本種之花序較短，約2～4公分；錫蘭肉桂花序長可達10公分。

特有種。野生族群僅見於蘭嶼。

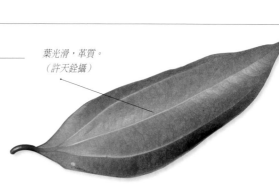

花被片外表被絨毛

開花枝

果枝，果序下垂

胡氏肉桂 [特有種]

屬名　樟屬
學名　*Cinnamomum macrostemon* Hayata

葉光滑，革質。
（許天銓攝）

葉近對生，革質，三出脈，卵狀橢圓形至長橢圓形，兩端漸尖，長6～15公分。冬芽芽鱗8～9枚，表面被白色及褐色毛。葉背略帶白色，光滑，除三出脈外僅在先端附近有1～2對側脈。

特有種。散生於台灣全島低至中海拔地區。

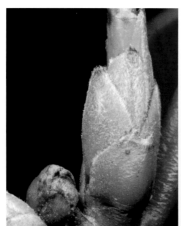

本種與土肉桂及台灣肉桂相似，惟本種之芽鱗及花被片均被毛，且土肉桂為裸芽。（許天銓攝）

開花期之植株（許天銓攝）

花序（許天銓攝）

冇樟

屬名	樟屬
學名	*Cinnamomum micranthum* (Hayata) Hayata

葉互生，闊卵形、卵形或橢圓形，下表面光滑，葉脈羽狀或不明顯三出脈。葉芽球形，主脈及側脈兩面凸起，背面分歧處有腺窩（蟲室）。聚繖狀圓錐花序頂生；花鐘狀，花被片外光滑，內面密被柔毛。果實橢圓形。種子堅硬。

中國南部、台灣和菲律賓。台灣分布於平地到海拔1,800公尺之闊葉林帶。

聚繖狀圓錐花序頂生

果實橢圓形

花鐘狀

土肉桂 特有種

屬名	樟屬
學名	*Cinnamomum osmophloeum* Kaneh.

冬芽光滑。葉對生至互生，富肉桂香味，革質，卵形至卵狀長橢圓狀形，長8～12公分，下表面粉白色，三出脈。花梗及花被具微毛，花小，淡黃白色。

特有種。北部和中部海拔400～1,500公尺的部分闊葉林。

果橢圓形

花被筒漏斗狀
（楊智凱攝）

開花枝

葉背粉白色，揉碎具肉桂芳香。

土樟

屬名	樟屬
學名	*Cinnamomum reticulatum* Hayata

葉緣常波浪狀，葉表之葉脈凹陷呈網格狀，葉背面除三出脈外尚有斜生側脈。花序繖房狀，花梗近光滑，著3～5花。花被內外被毛。果長圓形，果大可達1公分，果托杯狀。

　　特有種。生於恆春半島森林中。

開花枝

葉正面濃綠，細小的網脈略凹陷，葉脈三出。（許天銓攝）

葉背面灰白（許天銓攝）

藥4室

柱頭

花近觀

果長圓形

果托杯狀，先端截形。

香桂

屬名	樟屬
學名	*Cinnamomum subavenium* Miq.

小枝被褐色絨毛。葉近對生，長7～8公分，寬2～3公分，革質，長橢圓形至長橢圓狀披針形，先端尾狀至漸尖，基部銳尖至楔形，下表面被短柔毛，三出脈明顯，兩側脈幾達葉尖。花梗及花被具有絹毛。果實熟黑。

　　分布中國南部、緬甸、柬埔寨、越南、台灣、馬來西亞及印尼。台灣產於中部低中海拔山區森林中。

結果期之植株

果實

葉近對生

兩側脈幾達葉尖

葉尾尖頭

天竺桂

屬名　樟屬

學名　*Cinnamomum tenuifolium* (Makino) Sugim. forma *nervosum* (Meisn.) H. Hara

常綠中喬木，全株光滑，冬芽光滑，圓球形。葉對生或互生，革質，離基三出脈，長約6～10公分，背面淡白綠色。聚繖花序，腋生，花淡黃色，花被片外側略被短毛。果實熟時紫黑色；花被於基部宿存，呈牙齒狀淺裂。

　　韓國、日本、琉球群島、小笠原群島和台灣。台灣僅在蘭嶼發現。

葉背近白色
（許天銓攝）

芽苞形態

花被片外微被毛

未熟果，花被於基部宿存。

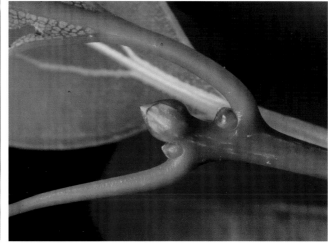

冬芽光滑，球形。

在蘭嶼稜線生長的天竺桂

花序光滑

厚殼桂屬 CRYPTOCARYA

常綠喬木。葉互生，稀對生，三出脈或羽狀脈。花兩性，圓錐花序；花被片6，完全雄蕊9，三輪，第三輪花藥外向，具2腺體，花藥2室；退化雄蕊3，有柄。果實全部為增大的花被包被。核果，有縱稜。

厚殼桂

屬名	厚殼桂屬
學名	*Cryptocarya chinensis* (Hance) Hemsl.

常綠喬木，枝條具毛，葉互生，偶對生，革質，背面蒼白色，離基三出脈。圓錐花序，被褐色毛；花被片6，完全雄蕊9。扁球形，具12～15縱紋。

中國南部、台灣和日本。

葉互生，離基三出脈。

具12～15縱紋

果實全部為增大的花被包被

花序被褐毛。

完全雄蕊9枚。

腺體

花序頂部

開花枝

土楠（海南厚殼桂）

屬名　厚殼桂屬
學名　*Cryptocarya concinna* Hance

葉先端與基部均銳尖，葉緣反捲，羽狀脈，側脈5～6對，葉背灰白色。果實卵形，幼時具12條縱紋，成熟轉黑色，表面漸無縱紋。

　　分布中國南部。間斷分布於台北、宜蘭一帶，及台東南部至恆春半島700公尺以下闊葉林中。

果實成熟時黑色，漸無縱紋。

果枝葉羽狀脈。

菲律賓厚殼桂（大果厚殼桂）

屬名　厚殼桂屬
學名　*Cryptocarya elliptifolia* Merr.

常綠中喬木，小枝光滑，頂芽被毛。葉卵狀橢圓形，革質，長9～11公分，寬4.5～6公分，細脈明顯網狀。果熟轉為紫色。

　　菲律賓。台灣僅產於蘭嶼。

果熟時紫黑色，果徑約2公分。

結果期之生態。

脈羽狀

葉卵狀橢圓形

腰果楠屬 DEHAASIA

喬木。葉互生，常叢生於枝端，羽狀脈。花序圓錐狀，腋生。花兩性，花被片殆不等；有藥雄蕊9，三輪，第三輪花藥外向。核果橢圓形，黑色，著生於肥大肉質之紅色果梗上。

腰果楠

屬名	腰果楠屬
學名	*Dehaasia incrassata* (Jack) Kosterm.

小枝粗壯，葉集生於枝條頂端。葉橢圓形或卵狀長橢圓形，長10～13公分，5～7公分，羽狀脈，側脈明顯。花序圓錐狀。果長圓形，長4.5公分，徑2.5公分，下著肥大紅色果梗，梗長3公分；果熟時黑色。

菲律賓、婆羅洲、馬來西亞、印尼、泰國。台灣僅產蘭嶼森林中。

葉橢圓至卵形，脈羽狀。

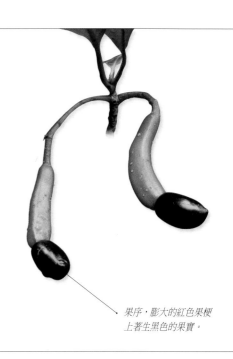

果序，膨大的紅色果梗上著生黑色的果實。

三蕊楠屬　ENDIANDRA

常綠喬木。葉互生，羽狀脈。圓錐花序。完全雄蕊3，花藥外向，2室；退化雄蕊3或無，或形成一肉質環。果實之果梗不增大，花被常完全脫落。

三蕊楠

屬名	三蕊楠屬
學名	*Endiandra coriacea* Merr.

花被片六裂

葉互生，長橢圓形或倒卵形，厚革質，光滑，兩面綠，先端短尾狀，長9～12公分，寬4.5～6公分，羽狀脈，側脈5～6對，網脈細密，兩面凸起明顯。圓錐狀聚繖花序頂生及腋生，花序疏被毛。花被片6，二輪。完全雄蕊僅3枚，退化雄蕊無或有3個，甚小或形成肉質環。核果橢圓形，長約3公分，熟時紫黑色。

菲律賓北部。台灣僅蘭嶼有發現。

開花枝

初果綠色，果長約3公分。

結果期之植株，果熟時紫黑色。

釣樟屬 LINDERA

葉三或五出脈或羽狀脈。花序近繖形，花雌雄異株或單性與兩性共存；總苞片4，交互對生；花被片6或無；雄花具雄蕊9，藥2室，完全內向；雌花具9～15退化雄蕊。核果，果杯甚淺。

天台烏藥

屬名　釣樟屬
學名　*Lindera aggregata* (Sims) Kosterm.

雌雄異株之常綠灌木；嫩芽被金黃色絹毛。果橢圓形。葉明顯三出脈，先端短尾狀漸尖，葉背常被白粉。
　　中國中部至南部、越南、菲律賓和台灣。台灣產中部海拔200～1,000公尺山區，其中以埔里附近山區尤多。

開花枝

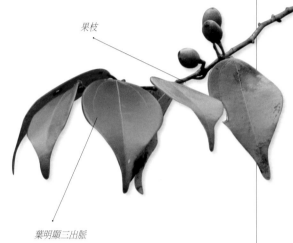

果枝

葉明顯三出脈

內茿子　特有種

屬名　釣樟屬
學名　*Lindera akoensis* Hayata

常綠灌木。小枝被褐毛。葉短於4公分，卵形，橢圓形至倒卵形；葉背淡褐色，脈上有毛。果球形，熟時紅色。
　　特有種。主要分布恆春半島山區。

倒卵形的葉片，
葉背色淡。
（許天銓攝）

退化雄蕊

雌花

雄花

果熟時鮮紅

生長在烈日曝曬稜線上的植株。

香葉樹

屬名	釣樟屬
學名	*Lindera communis* Hemsl.

常綠喬木。葉革質，表面光滑，背面常被黃色柔毛，偶近光滑，側脈4～5對，先端漸尖。花單性，雌雄異株，繖形花序；花黃色，雄蕊9。

　　中國中部和南部、越南、緬甸、阿薩姆、印度、琉球。台灣，全島從低地到海拔2,300公尺的闊葉林。

開花枝。（楊智凱攝）

於春天開花

雄花序

未熟果；果熟時紅色。

雌花序

鐵釘樹

屬名 釣樟屬
學名 *Lindera erythrocarpa* Makino

落葉小喬木；小枝被毛。葉倒披針形至倒披針狀長橢圓形，先端銳尖至鈍，基部漸窄，羽狀脈。果球形，熟時紅色。

　　中國大陸、韓國、日本南部。台灣產北部中海拔濕潤山區。

開花枝及幼葉，
葉背密被毛。

新生葉密生絹毛

結果植株

花序；花梗密生毛。

白葉釣樟（假死柴）

屬名	釣樟屬
學名	*Lindera glauca* (Sieb. & Zucc.) Bl.

落葉小喬木。新葉密生絹毛。葉與花同時發生，長橢圓形至長橢圓狀倒卵形，兩端銳尖，羽狀脈。果球形，黑色。

　　東亞至中南半島。在台灣零散分布於西部淺山丘陵之開闊草原及灌叢，新竹至台中一帶尤多。

未熟果

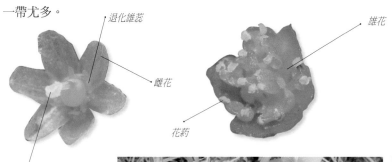

退化雄蕊　　　雄花

雌花

花藥

花柱

葉初發時酡紅

開花植株，葉與花同時萌發。

大香葉樹（大葉釣樟）

屬名	釣樟屬
學名	*Lindera megaphylla* Hemsl.

中喬木。葉單生，互生，多聚生小枝先端，長橢圓形至長橢圓狀披針形，長12～20公分，寬6～10公分，表面亮綠，背面粉綠色，先端銳尖或漸尖，羽狀脈，側脈9～12對。繖形花序，腋出，每一團花由大約20朵小花構成。花被片紫紅色，6枚，邊緣及外表具毛茸；雄花中有完全雄蕊9枚，花絲細長，有細毛，第三輪絲基部有綠色腺體一對，腺體有柄。

　　分布中國大陸及海南島。台灣產北部和中部之低中海拔灌叢中。

生於台灣北部及中部之低、中海拔山區。

開花枝

腺體。

花絲具毛　　　花藥瓣裂

雄花

木薑子屬 LITSEA

常綠或落葉，喬木或灌木。葉殆互生，羽狀脈，罕三出脈。花序近繖形；花單性，雌雄異株，由總苞所包；花被片6或無，早落；雄花雄蕊9或12，花藥完全內向或第三輪之一對側生，4室。雌花具退化雄蕊，柱頭盾形。果基部具杯斗。

長葉木薑子

屬名	木薑子屬
學名	*Litsea acuminata* (Blume) Kurata

常綠喬木；葉披針形，長約16公分，寬約3公分，表面光滑，背面灰白色，沿中肋側脈紅色，稍有毛，側脈約12對。花絲具毛狀物。

日本。台灣產全島中、低海拔闊葉樹林內。

葉披針形，葉緣常波浪狀起伏。

開花枝

果枝葉背灰白色

花序

銳脈木薑子（長果木薑子）

屬名	木薑子屬
學名	*Litsea acutivena* Hayata

常綠喬木；葉呈輪生狀，披針形，上表面平滑，葉背茶褐色，兩端銳形，長10～18公分，寬3～3.5公分，沿葉脈有毛。似長葉木薑子，但芽卵圓形及葉較寬，背面網明顯突起區別之。

中國南方、海南島及中南半島。台灣產於南部及東南部中、低海拔之闊葉樹林內。

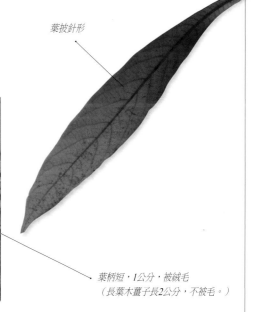
葉披針形

葉柄短，1公分，被絨毛（長葉木薑子長2公分，不被毛。）

芽卵圓形

成熟葉背茶褐色，沿葉脈有毛。

屏東木薑子 特有種

屬名　木薑子屬

學名　*Litsea akoensis* Hayata var. *akoensis*

常綠小喬木，枝、葉均被灰褐色短毛；葉倒卵狀長橢圓形，長12公分，葉背灰褐色而有毛。果實長1.4～1.8公分。本種在台灣數量甚多，分成許多分類群，此處根據葉形分為本種及下列二個變種。

　　特有種，產中南部之中、低海拔山區，甚為普遍。

花序；葉背灰褐色，有毛。（楊智凱攝）

開花枝

竹頭角木薑子 特有種

屬名　木薑子屬

學名　*Litsea akoensis* Hayata var. *chitouchiaoensis* J.C. Liao

為屏東木薑子之變種，其葉呈闊卵形，最長可達27公分，寬達17公分。

　　特有變種，主產高雄六龜、旗山及美濃低海拔闊葉林中。

葉背被灰褐色短毛

開花枝，葉闊卵形。產於美濃附近山區。

果橢圓形，熟時轉黑。

雄花序

雌花序

柱頭擴展，

花柱。

狹葉木薑子（林氏木薑子 佐佐木氏木薑子）

屬名　木薑子屬
學名　*Litsea akoensis* Hayata var. *sasakii* (Kamikoti) J.C. Liao

為屏東木薑子（見88頁）之變種，葉長橢圓形，長5～15公分，寬2～3.5公分。另也有將葉脈有粗毛，葉背較無毛者處理為林氏木薑子。

　　特有變種，生於中低海拔闊葉林，其中以台東及屏東山區（浸水營）尤多。

葉較屏東木薑子細長，呈狹橢圓形。

果枝，熟果黑色，葉背較無毛者，曾被命名為林氏木薑子

開花枝

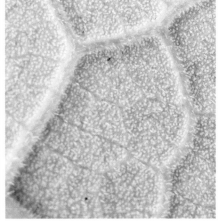
葉背具白色痂狀鱗片（許天銓攝）

果枝，果長橢圓形。

鹿皮斑木薑子

屬名　木薑子屬
學名　*Litsea coreana* H. Lév.

小喬木，幹皮呈斑駁狀，似鹿皮而名之；葉倒卵狀橢圓形至長橢圓形，長4～9公分，寬1～4公分，背面粉白，初有毛，後平滑。花絲具毛。果實紅褐色，球形。

　　日本、琉球、韓國。台灣全島低地。

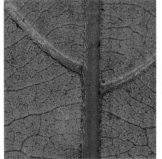
雄花序

果實成熟時紅色

葉背中肋及側脈被毛

開花枝

樹皮小鱗片狀剝落，脫落後呈鹿皮斑痕。（楊智凱攝）

山胡椒

屬名　木薑子屬

學名　*Litsea cubeba* (Lour.) Pers.

落葉性灌木至小喬木，葉及枝有芳香。葉膜質，柔軟，有別於本屬其他種類之革質或紙質葉片，披針形，長約5～10公分。葉片、花序及苞片幼時被白色柔毛，成熟後轉光滑。果實為泰雅族族人的食物調味料，味如胡椒，故名山胡椒，泰雅族語名為馬告。

中國中、南部，馬來西亞，印度和爪哇。台灣全島的森林邊緣。

總苞片及花被近光滑。

果枝

盛花期之植株

霧社木薑子

屬名　木薑子屬

學名　*Litsea elongata* (Wall. *ex* Nees) Benth. & Hook. f. var. *mushaensis* (Hayata) J.C. Liao

雌雄異株之常綠中喬木。莖、葉柄及葉背密被灰褐色長絨毛。葉互生，倒卵狀披針形，先端短尾狀銳尖，長10～13公分，寬2.5～3.5公分，薄革質，葉脈表面下凹，背面凸起。雄花花藥4室，花絲具毛。

中國南部、中南半島。主產全島海拔1,500～2,500公尺山區。

葉背有短柔毛，倒卵狀披針形。

雄花序

開花枝。

果枝

蘭嶼木薑子

屬名	木薑子屬
學名	*Litsea garciae* Vidal

常綠中至大喬木；植株、葉片及果實均為台灣產本屬植物中最大者。葉卵狀披針形，基部狹漸尖，長24～45公分，葉面殆平滑。總狀排列之繖形花序，花序梗粗大。花絲基部有一白色腺體。果實中期為白色，熟時轉為鮮紅色，扁球形，直徑2～3公分。

分布菲律賓、馬來半島和爪哇。台灣僅分布於蘭嶼熱帶雨林內。

葉卵狀披針形，表面光亮。

漿果扁球形，熟時轉為紅色。

總狀排列的繖形花序

果實未熟時白色，熟時轉為紅色。

花序近觀；①外輪雄蕊。②花被片。③腺體。④內輪雄蕊，基部具2白色腺體。

潺槁木薑子

屬名　木薑子屬

學名　*Litsea glutinosa* (Lour.) C.E. Rob.

常綠小喬木；嫩枝、葉柄及嫩葉被淡褐色柔毛，老葉僅背面中肋被毛；葉倒卵形；倒卵狀長橢圓形至橢圓狀披針形，長4～20公分，寬2～10公分，基部楔形至圓形，先端鈍至圓，側脈5～12對。雌雄異株，花淡黃，被毛。

　　台灣無原生族群，但可見於金門及馬祖各島；分布中國南部至東南亞。

花繖形排列，被毛

葉先端鈍至圓

小梗木薑子　特有種

屬名　木薑子屬

學名　*Litsea hypophaea* Hayata

常綠小喬木；葉倒卵形至長倒卵形，邊緣略反捲，下表面脈上有毛。

　　特有種，全島平地至海拔1,000公尺之向陽處。

果枝
（楊智凱攝）

葉正面
（許天銓攝）

葉背
（許天銓攝）

雌花

開花枝

葉背微觀（許天銓攝）

雄花

李氏木薑子 特有種

屬名　木薑子屬
學名　*Litsea lii* C.E. Chang

小喬木；小枝疏毛。葉革質，長橢圓形或披針形，長6～9公分，寬1.3～2.3公分，葉背中肋基部具白色長絨毛，葉柄細長，有毛，每邊小脈顯著隆起。果橢圓形，光滑。

　　特有種，主要分布於中南部中海拔山區。

開花枝

葉背具毛，葉長大都在10公分以內。

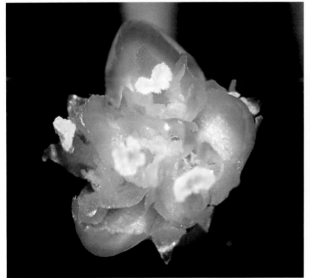

開花枝

雌花　　　　　　　　　　　　　　雄花

玉山木薑子 特有種

屬名　木薑子屬
學名　*Litsea morrisonensis* Hayata

小喬木，枝初有毛，後平滑，葉倒披針形，長9～15公分，寬2.5公分，先端漸尖，頂端鈍，葉背灰褐色或灰白色，與李氏木薑子（見93頁）相近，惟本種葉背具痂狀鱗片（乳狀突起物）。果長約1公分。

　　特有種，海拔1,800～2,800公尺之闊葉樹林或針闊葉樹混淆林內，如玉山、阿里山、塔山及清水山。

葉背具乳狀突起物

果枝

果序

雌花序

開花枝

橢圓葉木薑子（白背木薑子）

屬名　木薑子屬
學名　*Litsea rotundifolia* Hemsl. var. *oblongifolia* (Nees) Allen

常綠大灌木。葉菱形至倒卵形，葉背粉白，薄革質，銳頭鈍基。繖形花序殆3個簇生枝端葉腋，幾無總梗。

　　產惠蓀林場、蓮華池等海拔600～1,100公尺地區。

開花枝

葉背灰白

雌花序。

果枝。

楨楠屬 MACHILUS

常 綠灌木或喬木。葉互生，羽狀脈。花兩性，成腋生圓錐花序；可孕雄蕊9；退化雄蕊3。果實多扁球形；宿存花被反捲。

小西氏楠 特有種

屬名	楨楠屬
學名	*Machilus konishii* Hayata

大喬木。葉革質，長橢圓形或倒卵形，長約8公分，寬2.5公分，先端漸尖，表面平滑，葉側脈5～7對，葉背被白臘粉，中肋及側脈明顯被毛。花被片6，不等大，最外輪明顯較小，完全雄蕊9。果圓球形，熟時呈紫黑色，具宿存花被。

特有種。僅產於中南部及東部中海拔之森林中，數量不多。

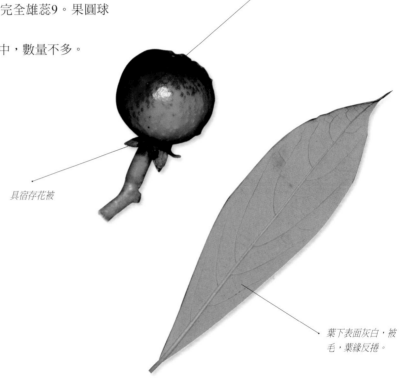

果圓球形

具宿存花被

葉下表面灰白，被毛，葉緣反捲。

冬芽

葉倒卵狀橢圓形，先端尾狀。

雄蕊。

腺體。

子房。

花序密被毛，花被片兩面有毛。

大葉楠 特有種

屬名	楨楠屬
學名	*Machilus kusanoi* Hayata

枝直徑通常大於5公釐，冬芽闊卵形，花序與新葉同時伸展，嫩葉常帶紅暈；芽鱗初時被毛，漸轉光滑。葉長15～25公分，側脈13～22對，為台灣產本屬葉片最大者。花莖及花被片均無毛。

特有種。全島中低海拔闊葉林中，常見於低海拔溪谷兩側較濕潤環境。

花被片內面略有毛。

葉片背面，邊緣略反捲。

盛花期之生態（楊智凱攝）

冬芽闊卵形（許天銓攝）

新葉抽出時花亦開放（楊智凱攝）

霧社楨楠（青葉楠）特有種

屬名	楨楠屬
學名	*Machilus mushaensis* F.Y. Lu

冬芽芽鱗被褐毛，為與香楠（見99頁）區別之唯一明確特徵。花序與新葉同時伸展，新葉呈青綠色，葉革質，長橢圓形或披針形，長12～22公分，寬2.5～6公分，先端銳尖或尾狀漸尖，側脈11～16對。漿果扁球形，徑8～11公釐，總梗深紅色。花莖被疏毛，花被片邊緣具白毛；完全雄蕊9（黃色），內輪無柄或短柄者為退化雄蕊（橘色）。

特有種。全島中海拔山區。

葉長橢圓至橢圓形，下表面略泛灰。

冬芽被褐毛

花被片兩面皆被毛

漿果扁球形

恆春楨楠 特有種

屬名　楨楠屬

學名　*Machilus obovatifolia* (Hayata) Kaneh. & Sasaki

葉聚生於小枝先端，倒卵形至倒卵狀長橢圓形，長3～5公分，寬1～1.5公分，兩面平滑，羽狀脈，網脈表面顯著。恆春半島南端之族群葉通常短而厚，先端圓形至鈍尖。恆春半島北端至台東大武地區之族群葉較長且薄，先端常為鈍尖至銳尖者，被發表為新變種大武楨楠（var. *taiwuensis* S.Y. Lu & T.T. Chen）。核果扁球形，徑12～15公釐，熟時黑色，基部具反捲之宿存花被。

特有種。恆春半島低海拔山區森林中。

大武楨楠葉背面
（許天銓攝）

恆春楨楠葉背面
（許天銓攝）

大武楨楠葉正面
（許天銓攝）

恆春楨楠葉
正面，葉先
端圓。（許
天銓攝）

大武楨楠，葉較長而薄，產於恆春半島北端至台東大武。

果略扁球形，熟時轉黑。

花

菲律賓楠

屬名	楨楠屬
學名	*Machilus philippinensis* Merr.

常綠大喬木，小枝細長。葉倒披針形，或長橢圓披針形，薄革質，羽狀脈，先端長銳尖，邊緣略波狀，光滑，背有微白粉。花莖及花被片兩面被金黃色毛。果球形，徑約7公釐，果托杯形，先端截形。

　　菲律賓。台灣南部從嘉義奮起湖至枋寮浸水營海拔500～1,600公尺山區。

花序及花被片兩面被金黃色毛。

花序

果枝，葉長約9公分，先端長銳尖。

假長葉楠 特有種

屬名	楨楠屬
學名	*Machilus pseudolongifolia* Hayata

大喬木。葉薄革質，倒披針形，先端漸狹狀漸尖，銳尖或鈍頭，下表面漸近光滑。花序光滑；花被片外面光滑或近光滑，內面有毛。

　　特有種，全島中海拔山區闊葉林中。

花序光滑，花被片外面光滑至近光滑，內面被毛。

盛花期之老株。

開花枝條，葉為倒披針形。

果枝

豬腳楠

屬名　楨楠屬
學名　*Machilus thunbergii* Sieb. & Zucc.

冬芽卵形，芽鱗具褐色緣毛，表面初被毛，漸轉光滑。葉厚革質，倒卵形、橢圓形至披針形，長5～13公分，寬2.5～6公分，先端鈍至突尖，下表面光滑或近光滑。花序光滑。花被片外面光滑，內面被毛。果梗鮮紅色；果球形，徑約1公分，熟時紫黑色。

　　中國大陸、日本、小笠原群島、琉球、韓國。台灣之生育範圍甚廣，為低海拔楠榕林帶及中低海拔楠櫧林帶主要構成樹種之一。

冬芽具褐色緣毛

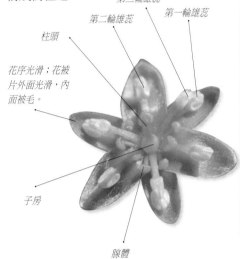

第三輪雄蕊
第二輪雄蕊
第一輪雄蕊
柱頭
花序光滑；花被片外面光滑，內面被毛。
子房
腺體

果梗鮮紅色，未熟果綠色。（楊智凱攝）

花枝，葉厚革質，倒卵形、橢圓形至披針形，先端鈍至凸尖。

香楠　特有種

屬名　楨楠屬
學名　*Machilus zuihoensis* Hayata

冬芽芽鱗表面近光滑，少許毛，新葉青綠色。葉紙質，長橢圓形至倒披針形，長10～14公分，先端銳尖至漸尖，葉面暗綠色，背面蒼綠色，側脈7～12對。花莖、花柄及花被片兩面均被毛。果梗紅色；核果球形，徑約7公釐，基部具反捲之宿存花被。

　　特有種。普遍生育於中低海拔之闊葉樹林中。

葉背面，紙質，長橢圓至倒披針形。

果梗紅色，核果球形。

花序、花被筒外及花被片兩面皆被毛。

冬芽表面近光滑，少許毛。（許天銓攝）

新木薑子屬 NEOLITSEA

小　喬木或灌木。葉互生或近輪生，三出脈。花序繖形，總苞片十字對生。花單性；花被片4；雄花雄蕊6，三輪，花藥4室，內向；雌花之退化雄蕊三輪。

台灣有11種。

高山新木薑子 特有種

屬名	新木薑子屬
學名	*Neolitsea acuminatissima* (Hayata) Kaneh. & Sasaki

常綠小喬木。小枝光滑；芽鱗外面被淡褐色伏毛，具短淡褐色緣毛。葉卵狀披針形，長6～9公分，先端漸尖至尾狀漸尖，兩面無毛，羽狀脈或稍三出脈，下表面粉白色，光滑。花被具褐色柔毛狀緣毛。核果橢圓形，長1公分。

特有種，產海拔1,500～2,400公尺山區，為本島樟科植物海拔分布最高之種類。

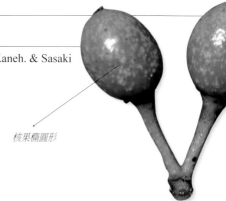

核果橢圓形

雌花序，可見退化雄蕊三輪及明顯之柱頭。

雄花序

葉卵狀披針形，羽狀脈。

常綠小喬木。為台灣樟科植物中分布海拔最高的種類。

銳葉新木薑子

屬名　新木薑子屬
學名　*Neolitsea acutotrinervia* (Hayata) Kaneh. & Sasaki

小枝被白色短柔毛；芽鱗外面被白色伏毛，具短淡褐色緣毛。葉倒卵形或倒卵狀倒披針形，下表面灰白色且被淡褐色伏毛及少量紅褐色伏毛。本種與變葉新木薑子（見107頁）及白新木薑子（見106頁）常混淆，本種的葉背被密伏毛，可以此鑑別。

　　日本。台灣產全島中高海拔山區，與針葉樹或其他闊葉樹混生。

核果長橢圓形，長約1公分。

小枝具灰白色短柔毛（許天銓攝）

葉背面，灰白色且被淡褐色伏毛及少量紅色伏毛。

花枝，葉長約9公分，寬2.5公分。

果枝

金新木薑子

屬名	新木薑子屬
學名	*Neolitsea aurata* (Hayata) Koidz.

常綠中喬木，小枝被褐色伏毛，漸變光滑無毛，芽鱗密被褐色毛。葉卵形至橢圓形，側脈2～4對，先端漸尖至長漸尖，下表面密被金黃褐色伏毛。花腋生，繖形花序；花鐘形；花被片4，卵圓形，外緣被有絨毛，內部光滑無毛。果橢圓狀球形，成熟時由亮綠色轉為暗褐色，長約0.9公分，直徑約0.5公分。

　　中國南部、日本南部、小笠原群島及琉球。台灣僅生於蘭嶼及綠島山區林緣或開闊地。

未熟果

果序

新葉被白絨毛

芽鱗被褐色毛

在台灣僅生於蘭嶼及綠島山區

葉背被金褐色伏毛

果枝

武威新木薑子 特有種

屬名	新木薑子屬
學名	*Neolitsea buisanensis* Yamam. & Kamikoti

常綠灌木至小喬木。冬芽橢圓狀披針形，芽鱗被毛。小枝密被黃褐毛，葉近輪生。葉柄密被黃褐毛。葉革質，具三出脈，倒卵形至橢圓形，稀為卵形，先端短尾狀銳尖或鈍頭；葉背灰白，初疏被褐色毛，成熟後光滑。雌雄異株，花梗及總苞明顯被褐色伏毛。果球形，徑約8公釐，熟時紅色。

特有種。恆春半島及附近闊葉林中。

果熟時鮮紅。

花梗及花被外面密被金黃色毛

小枝密被黃色毛

葉背面，灰白色，新葉背褐色毛，老熟脫落。

大武新木薑子 特有種

屬名	新木薑子屬
學名	*Neolitsea daibuensis* Kamikoti

小枝光滑；芽鱗光滑，略被緣毛。葉倒卵形或長橢圓形，葉先端銳尖或漸尖，初下表面灰白色，後變綠色，光滑無毛。花被部分被白色毛，無緣毛。

特有種，生於南部中海拔山區森林中。

葉先端尾狀漸尖

葉倒卵形至長橢圓形

生於南部中海拔山區（陳國章攝）

果熟黑色，橢圓形。（陳國章攝）

南仁山新木薑子 特有種

屬名	新木薑子屬
學名	*Neolitsea hiiranensis* T.S. Liu & J.C. Liao

常綠大灌木至小喬木。初生枝葉紅色，被毛極疏，迅速轉為光滑，葉近輪生，橢圓形，兩面光滑，短於5.5公分，先端鈍尖至漸尖。花黃色，簇生於小枝上。

特有種。分布於南仁山、恆春半島森林中。

雄花序

新葉為紅色

新枝，葉近輪生於枝端。

五掌楠

屬名	新木薑子屬
學名	*Neolitsea konishii* (Hayata) Kaneh. & Sasaki

小枝光滑。葉叢生於枝端，橢圓形或倒披針形，長11～18公分，下表面灰白且被極稀褐色伏毛。繖形花序簇生葉腋或側枝，苞片近圓形，每一花序具5～6朵花。果橢圓形，長約15公釐，成熟轉為黑色。

分布在琉球及台灣全島低海拔闊葉林中。

芽

繖型花序簇生於葉腋（陳志豪攝）

葉叢生於枝端，橢圓形或倒披針形。（陳志豪攝）

小芽新木薑子 特有種

屬名　新木薑子屬
學名　*Neolitsea parvigemma* (Hayata) Kaneh. & Sasaki

常綠灌木至小喬木。冬芽橢圓狀披針形，被褐毛。小枝光滑，葉常散生於上半段。葉背淺綠色，光滑，乾燥後網脈明顯突起。繖形花序腋生，每一花序有花5～7朵。果熟紅色。

　　特有種。僅分布於南部中央山脈山區。

葉卵狀橢圓形，略革質。

下表面灰白，無毛。

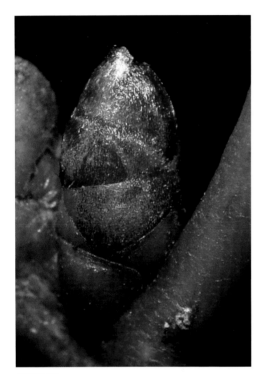

冬芽被褐毛

果熟時紅色

雌花序，花被裂片4，三角狀長橢圓形。（許天銓攝）

白新木薑子

屬名　新木薑子屬

學名　*Neolitsea sericea* (Blume) Koidz.

常綠小至中喬木，冬芽芽鱗被黃褐色絲狀毛。小枝有毛；新葉兩面密被淡金色伏柔毛；成熟葉上表面光滑，下表面密被白色長柔毛。果球形，熟時紅色。

　　分布於日本、琉球、韓國、中國，及台灣北部低中海拔及中南部中海拔地區。

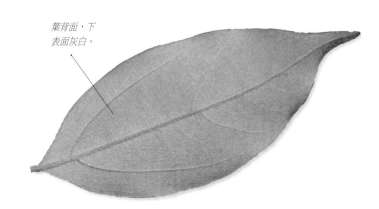

葉背面，下表面灰白。

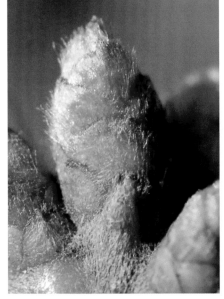

冬芽

雌花序。花被片4。

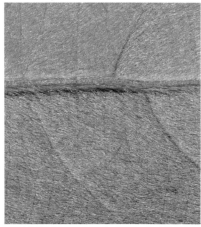

葉背，新葉時密被淡金伏毛。

果熟時紅色，球形。

雄花序。花被片黃色。

變葉新木薑子

屬名　新木薑子屬

學名　*Neolitsea variabilima* (Hayata) Kaneh. & Sasaki

喬木。小枝光滑；芽鱗被淡褐色伏毛。葉倒卵形或披針形，長10公分，寬4公分，表面光滑，嫩葉背面稍有毛及白色臘粉，第一側脈3～4對。核果橢圓形，長8公釐，熟時黑色，果梗長1公分。

日本。台灣中部之中高海拔森林中最為常見，數量甚多。

葉背面，灰白色，被白色臘粉。

花枝

果熟時紫黑色，橢圓形。

雄花序。花被片紅色。

蘭嶼新木薑子

屬名　新木薑子屬

學名　*Neolitsea villosa* (Bl.) Merr.

小枝密被淡褐色毛。葉卵狀長橢圓形至長橢圓形，下表面灰白並被褐毛，長10～15公分，寬4～6公分，三出脈，葉脈兩面隆起。果橢圓形，徑約1.2公分。

分布菲律賓。蘭嶼及綠島低海拔山區。

開花枝

雄花

葉近輪生於枝端

雅楠屬 PHOEBE

常綠喬木。葉互生，羽狀脈。花兩性或雜性，成圓錐花序；花被片6，二輪；完全雄蕊9，三輪，花藥4室，第一輪及第二輪不具腺體，藥內向，第三輪者花藥外向，具一有柄腺體於花絲基部；退化雄蕊3。果實被宿存且直立之花被片包夾。

台灣雅楠

屬名	雅楠屬
學名	*Phoebe formosana* (Hayata) Hayata

常綠大喬木，高可達15公尺以上。小枝綠色，被灰褐色毛。葉厚紙質，倒卵形、長橢圓形至披針形，長12～18公分，寬4～7公分，先端銳尖，羽狀脈，中肋及側脈表面稍凹，背凸起，背面粉白且被毛。圓錐花序腋生或近頂生，長10～15公分，具短柔毛；花被片黃綠色，兩面被柔毛。核果，長橢圓形，成熟轉暗紫色，長約1公分，宿存花被直立而緊夾於果實之基部。

　　產於中國安徽。台灣產全島低海拔闊葉林。

花序及花被片兩面皆被柔毛

核果成熟時轉暗紫色

圓錐花序腋生或近頂生

檫樹屬 SASSAFRAS

單葉，全緣或1～3淺裂，互生；羽狀脈或離基三出脈。兩性花、雜性花或單性花，雌雄異株。繖形或總狀花序；花被6枚，二輪，基部合生筒狀，花後增厚為果托；雄花雄蕊9枚，三輪；花藥2或4室，內向瓣裂；前二輪雄蕊無腺體，第三輪雄蕊基部具腺體2枚；兩性花雄蕊9枚，三輪；花藥2或4室，瓣裂；前二輪雄蕊無腺體，內向，第3輪雄蕊基部具腺體2枚，外向；雌花具退化雄蕊6或12枚，二或四輪；雌蕊心皮1枚，花柱1枚，柱頭盤狀。核果，具肉質膨大的淺杯狀果托。

台灣檫樹 特有種

屬名	檫樹屬
學名	*Sassafras randaiense* (Hayata) Rehder

落葉大喬木，花先於新葉開展，葉柄紅色，葉全緣或先端1～3裂，菱狀卵形，長10～15公分，寬3～6公分，葉背蒼白色。花被黃色，花被片6，完全雄蕊9，花柱位於中心。果卵球形，有棍棒狀肥大之果梗。

特有種，全島海拔900～2,400公尺闊葉林，如阿里山、太平山、觀霧及北橫。

落葉喬木，新葉未萌發前開花。

果梗棍棒狀肥大

花

圓錐花序，生於枝端葉腋。

果枝

馬兜鈴科 ARISTOLOCHIACEAE

草本或藤本。葉互生，常心形，全緣或淺裂，掌狀或羽狀脈。花兩性，放射狀或左右對稱；花被一輪，合生成管狀，花瓣狀；雄蕊 6 或 12，一或二輪，離生或貼生於花柱上；子房下位或近上位。蒴果。

　　本科分類處理大多依據呂長澤＜台灣產細辛屬植物之分類研究＞（2001）及楊珺嵐（2007）＜台灣馬兜鈴屬植物之分類研究＞。

特徵

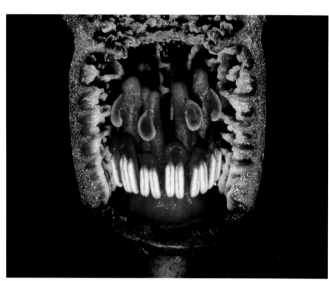

細辛屬之花：雄蕊12枚離生，不貼生於花柱。（神秘湖細辛）

馬兜鈴屬之花剖面：雄蕊貼生於花柱上。（瓜葉馬兜鈴）

花被一輪，合生成管狀。（瓜葉馬兜鈴，呂長澤攝）

馬兜鈴屬 ARISTOLOCHIA

花 左右對稱，腋生、單生或成束或排成短的總狀花序；花被管狀、彎曲，上部成一舌片或三淺裂；一般有6個雄蕊環繞花柱排列，且與花柱結合；子房下位有6室；果實是蒴果。

瓜葉馬兜鈴 特有種

屬名	馬兜鈴屬
學名	*Aristolochia cucurbitifolia* Hayata

纏繞藤本，具葉柄，柄長2～3公分，葉闊卵形，葉片長5～10公分，寬5～6公分，3～9深裂，掌狀脈，上表面光滑，下表面被短柔毛。萼筒管狀彎曲，前端開口呈喇叭狀，裂片紫紅色，間雜黃紋條帶；喉口間雜黃紫斑點及條紋。

　　特有種。在中部和南部低海拔地區的灌叢和疏林。

花管呈U形彎曲，外表面有毛。

葉掌狀3～9深裂

蜂窩馬兜鈴（高氏馬兜鈴）

屬名	馬兜鈴屬
學名	*Aristolochia foveolata* Merr.

纏繞藤本，葉形披針形，五出脈，葉基心形或耳狀，表面常有黃斑。上表面光滑，下表面密生毛。管狀花微彎，前端開口成匙狀。喉口具深紅斑塊，花被片具毛狀物。

　　馬來西亞、印尼、菲律賓。台灣南部海拔400～1,400公尺之森林中或林緣。

喉部具許多毛狀物。

果具6稜（郭明裕攝）

葉基心形，披針形。

台灣馬兜鈴（異葉馬兜鈴） 特有種

屬名　馬兜鈴屬

學名　*Aristolochia shimadae* Hayata

纏繞藤本；葉形變化大，低海拔的族群葉基常有耳狀突出呈三裂片狀，中高海拔的族群葉常為闊卵狀心形。葉面密生短絨毛，葉背亦密被淡褐色毛，尤以脈部居多。萼筒管狀彎曲，先端開口喇叭狀，裂片紫色，喉部黃色，雄蕊6枚，緊貼花柱外側，柱頭六裂。

　　特有種。台灣全島灌叢和森林中。

心形之葉片

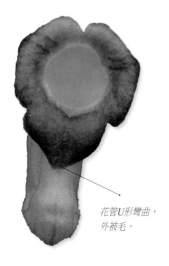

花管U形彎曲，外被毛。

葉有時呈三裂狀，上表面有短硬毛，下表面密生短毛。

果長橢圓形，具6稜。

港口馬兜鈴

屬名　馬兜鈴屬

學名　*Aristolochia zollingeriana* Miq.

葉片長5～7公分，寬4～6公分，葉闊卵形，有時葉耳，上表面光滑，下表面有毛，有5～7條掌狀脈，葉基心形，葉尖銳尖。二唇形，花管直或微彎，花被長約4～6公分，漏斗狀，基部膨大呈球形，瓣緣橢圓形，先端鈍形，具棕色條紋，頂端有淡紫色的舌狀花瓣，中間有2～3公分的長細管；花柱六裂。果長橢圓形，光滑，6稜。

　　分布於琉球、菲律賓和印度尼西亞。台灣僅分布於恆春半島最南端及蘭嶼近海之灌叢及林緣地帶。

花管直或微彎。

有果之蔓枝

葉闊卵形

裕榮馬兜鈴 特有種

屬名	馬兜鈴屬
學名	*Aristolochia yujungiana* C.T. Lu & J.C. Wang

葉片線狀披針形至長披針形，先端漸尖，長10～20公分，花被筒徑3～4公
釐，花萼裂片寬1.1～1.3公分，喉部深紫色，有時具黃斑。裕榮馬兜鈴與
台灣馬兜鈴主要差異，前者花萼筒喉部具紫斑，葉長披針形，後者花萼筒
喉部黃色，花萼裂片寬大。

　　目前僅發現於南投國姓鄉北山坑，海拔約400公尺。

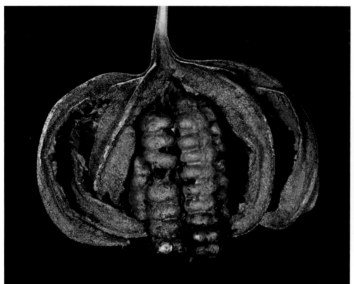

果6稜，熟時開裂。（洪裕榮攝）

葉基部耳狀，常三裂。

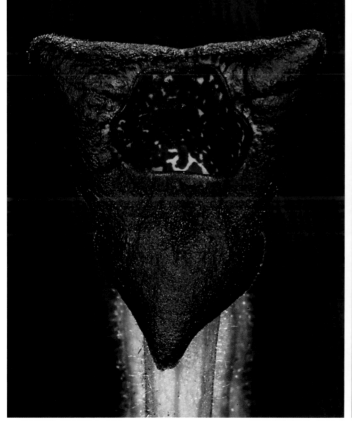

花喉部為黃色具紫斑（洪裕榮攝）

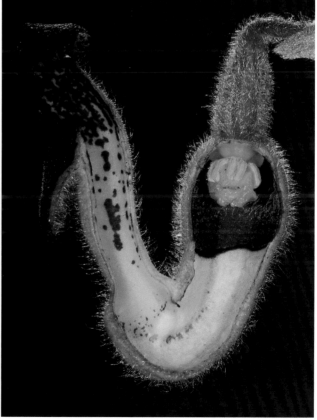

花剖面，花萼裂片寬約1.1公分，高約1.3公分。（洪裕榮攝）

細辛屬 ASARUM

草本；地下莖有毛或光滑。葉基生，卵形或三角形，基部心形，上表面常有白條紋，下表面綠或紫色。花單生，貼近地面，紫或褐色；花被筒通常鐘形，花萼裂片三枚；雄蕊12枚，二輪；子房下位或上位。蒴果。

白斑細辛 特有種

屬名	細辛屬
學名	*Asarrum albomaculatum* Hayata

葉近革質或紙質，卵狀三角形至廣卵狀，基部心形，葉上表面及葉緣被毛，深綠色，通常不具白色斑塊，下表面被毛。花色有多種，但通常為紫色；花被筒長約等於寬，上半部不膨大。花被筒內外壁均為紫色，內壁網格梯狀；內壁基部有白色縱脊12條。

特有種。於全台中海拔廣泛分布。

花被筒呈均一的圓筒狀（許天銓攝）

花正面（許天銓攝）

葉呈卵狀三角形至廣卵形

花萼筒剖面，顯示內部網格。（呂長澤攝）

罈花細辛 特有種

屬名	細辛屬
學名	*Asarum ampulliflorum* C.T. Lu & J.C. Wang

植株及花似大花細辛（見119頁）。花萼裂片短於花被筒長，基部瘤突為白色板狀或瘤突不發達；花被筒開口大於3.5公釐；口環不下延形成漏斗狀；內壁網格狀。花柱附屬物呈「Y」狀，柱頭二叉側生。

　　主要分布於拉拉山、塔曼山以至太平山一帶海拔約2,000公尺左右的山區，大致上是沿著東北區的邊界分布。多分布於針闊葉混淆林下，而在明池及思源埡口一帶可分布到較低海拔，但其植物體通常較粗壯且較高大。

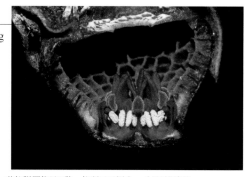

花柱附屬物呈Y狀，柱頭二叉側生。（呂長澤攝）

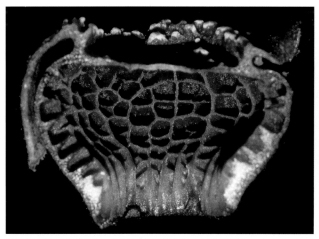

花萼筒剖面，上半部膨大，成罈狀，內部具網格。（呂長澤攝）

形似大花細辛，然花萼裂片短於花被筒長；花被筒開口大於3.5公釐。（呂長澤攝）

薄葉細辛

屬名	細辛屬
學名	*Asarum caudigerum* Hance

葉三角形，稀卵形，密生毛，漸光滑，基部略成耳狀；葉柄密生毛。花枝上有一對生葉，萼片先端長尾狀。花常為紅褐色，偶見白綠色之個體。雄蕊9～12枚，柱頭6；子房圓球狀，6室。

　　分布在琉球。台灣全島在中低海拔森林可見之。

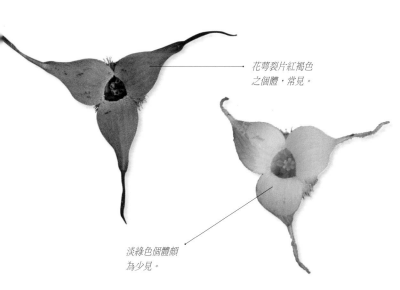

花萼裂片紅褐色之個體，常見。

淡綠色個體頗為少見。

全株生態

插天山細辛 特有種

屬名 細辛屬

學名 *Asarum chiatienshanianum* C.T. Lu & J.C. Wang

植株形態似大花細辛。花萼裂片平展或微波浪狀，顏色多樣；花被筒外觀長筒狀，明顯長大於寬，花被筒內壁網紋為不規則棋盤狀，約具有15條縱脊，柱頭為水滴狀，著生於花柱外側，花柱附屬物為角狀，常二叉；內外輪雄蕊皆向外開裂。

　　本種主要分布在由宜蘭礁溪經台北桶後、哈盆、烏來到桃園小烏來、北插天山一帶，海拔約500～1,300公尺的山區。

植株形態似大花細辛

花正面觀

花萼裂片形態及顏色多樣。

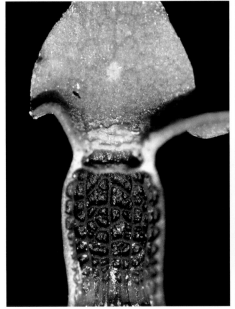

花被筒內壁網紋為不規則棋盤狀（呂長澤攝）

花被筒長筒狀（呂長澤攝）

花柱附屬物為角狀，常二叉。柱頭水滴狀。（呂長澤攝）

鴛鴦湖細辛 特有種

屬名	細辛屬
學名	*Asarum crassusepalum* S.F. Huang, T.H. Hsieh & T.C. Huang

葉三角狀長橢圓形至三角狀卵形，長約3.7公分，寬2.3～2.9公分，上表面有白點，下表面紫色。花直徑1～2公分；花被筒外表光滑，圓錐狀或圓筒狀，長大於寬；外壁密佈紫褐色斑點。花萼裂片與花被筒間有瘤狀附屬物。內壁具突起梯形網格。

特有種。僅分布於新竹鴛鴦湖一帶。

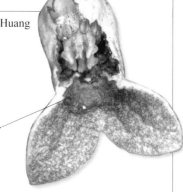

花萼裂片基部有瘤狀
附屬物

內壁具突起之梯形網格（呂長澤攝）

花徑小1～1.5公分，其他種類約2公分。（許天銓攝）

為霧林帶地被層之小草本

上花細辛

屬名	細辛屬
學名	*Asarum epigynum* Hayata

地下莖有毛；葉片卵形，花枝上葉單枚，或2枚互生；葉膜質，兩面表面均有毛狀物，沒有時具白點或白斑在葉上表面。子房下位，萼片前端鈍圓，上生有許多白及紫紅色絨毛。

分布於海南島及台灣，僅見於屏東及台東海拔1,000公尺以下山區森林中，中北部未曾記錄。

花萼裂片紫褐色具斑點，密被毛。

花被筒內部，可見柱頭及雄蕊型態。（許天銓攝）

生於中南部低海拔山區

下花細辛 特有種

屬名	細辛屬
學名	*Asarum hypogynum* Hayata

地下莖無毛。葉三角形，長13～19.5公分，上表面有白點，下表面疏生小腺點。花直徑約3～5公分，花萼裂片大於花被筒長，口環發達，常下延形成漏斗狀。花被筒內面有突起之網紋，花萼裂片上表面粗糙且有許多短腺體，裂片基部有大的板狀附屬物，。

特有種。下花細辛主要以溪頭到阿里山一帶為分布中心，生長在海拔1,300～2,100公尺左右山區，通常生長在竹林底層。

花被筒剖面，可見花柱。（許天銓攝）

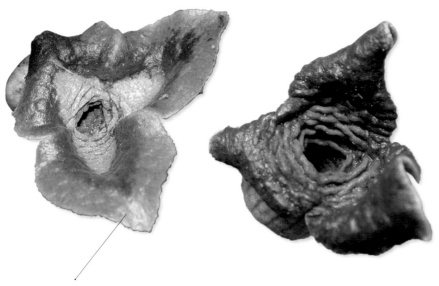

花形態花色多樣。通常花被片外為綠色。（許天銓攝）

開花之生態，葉三角形，分布於嘉義、南投山區。

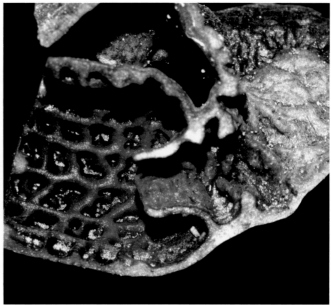

花被筒剖面，近口部歪斜。（呂長澤攝）

大花細辛 特有種

屬名	細辛屬
學名	*Asarum macranthum* Hook. f.

地下莖光滑。葉長橢圓狀三角形，上表面灰綠色，有白斑並有疏毛，下表面紫色，或僅葉脈處紫色，有或無腺點。花萼裂片長於花被筒長，基部具發達之白色板狀附屬物，花被筒開口小於3.5公釐，口環發達，常下延形成漏斗狀，花柱離生，頂端二裂。

特有種。多分布於中北部低海拔地區。

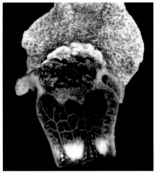

花被筒呈上寬下窄的罎狀 　　花萼裂片基部具白色板狀附屬物（呂長澤攝）

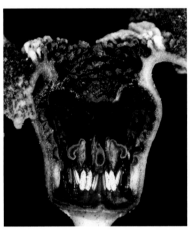

花正面觀　　　　　　花被筒剖面（呂長澤攝）　　　　生態，為霧林帶地被層之小草本。

神秘湖細辛 特有種

屬名	細辛屬
學名	*Asarum villisepalum* C.T. Lu & J.C. Wang

多年生草本；一年生的小枝基部具有2枚芽葉。葉片三角形至長橢圓形或卵形，長10～14公分，寬7～13公分，邊緣波浪狀，基部心形，先端銳尖至漸尖；上表面通常深綠色，光滑無毛，具白斑，下表面灰綠色。花單生，深紅褐色，腋生，伏臥於地面；花被筒倒圓錐狀，長10～14公釐，基部寬約7～8公釐，先端寬約11～14公釐；花萼裂片3枚，開展程度不同，通常不具波狀緣，三角形至卵形，上表面被白色短毛；花被筒開口直徑小於8公釐；孔環寬約1公釐；雄蕊12枚，成二輪，花絲短，花藥朝外，長約1.5公釐；子房每室具胚珠8枚。

神秘湖細辛則是生長在南澳神秘湖周邊的山區以及花蓮的和平林道，海拔約1,300公尺。

密披長毛。

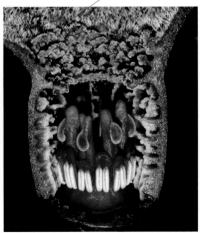
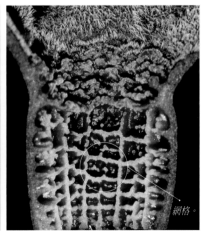

網格。

形似大花細辛，但花萼裂片上表面密披白色長毛，花整個深紫色。　花被筒剖面，花萼裂片內部密被毛。（呂長澤攝）　網格上寬下密；網格上半部排數減半，與下半部明顯不同（呂長澤攝）

薩摩細辛

屬名	細辛屬
學名	*Asarum satsumense* F. Maek.

與大花細辛十分接近，葉面亦常有斑紋。花萼裂片波浪
狀，開口大，與大花細辛相比其裂片基部之瘤突較少。花
被筒為壓扁之西洋梨形，內壁下半部僅具縱脊。雄蕊12，
2輪，近無柄，花藥向內，長4.2～5.4公釐；子房上位至
半下位，花柱6，離生，直立，橫向壓縮，先端2分叉，約
0.7～1.4公釐，柱頭線狀。

　　目前發現於苗栗及台中。

葉三角形，形似大花細辛。

相對於其它種類，花被筒開口明顯較大。

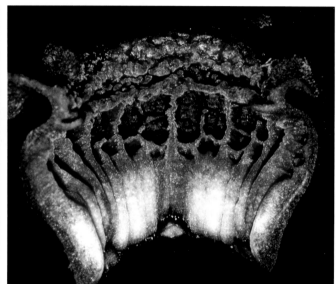

花被筒為西洋梨形，內部下半僅具縱長之網格，無網紋。（呂長澤攝）

風美細辛 特有種

屬名	細辛屬
學名	*Asarum pubitessellatum* C.T. Lu & J.C. Wang

地下莖光滑，節間緊縮。葉三角狀卵形至箭形，長8.5～13公分，寬6～7.5公
分，上表面有白斑，下表面淡綠色。花黃綠色，直徑約1.2公分，花萼筒外表光
滑具紫色斑點，萼筒內面紫紅色具突起之網狀稜脊，稜脊上密生毛；萼片與花
萼筒間不有附屬物；花柱6，離生，附屬物角狀頂端二裂。

　　特有種。僅分佈於苗栗加里山一帶。

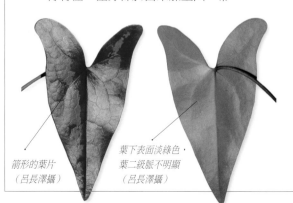

箭形的葉片
（呂長澤攝）

葉下表面淡綠色，
葉二級脈不明顯
（呂長澤攝）

花柱6枚離生，柱頭卵形，附屬物角狀
頂端二裂。萼筒內面具突起之網狀稜
脊，稜脊上密生毛。（呂長澤攝）

分布於苗栗中低海拔森林底層。（呂長澤攝）

太平山細辛 特有種

屬名　細辛屬
學名　*Asarum taipingshanianum* S.F. Huang, T.H. Hsieh & T.C. Huang

地下莖長，光滑，分枝相距甚遠。葉三角狀長橢圓形，長
1～2公分，寬1.3～2.3公分，上表面有白斑及短毛，下表
面灰綠或紫色，沿脈有毛。花被筒圓筒狀，長約等於寬，
外壁疏披褐色斑點，花被筒與萼片間無附屬物，花萼裂片
平，內面有毛，外表面光滑；花柱離生，前端凹。太平山
細辛與鴛鴦湖細辛十分近似，在花部特徵僅具些微差異。
相對於太平山細辛，鴛鴦湖細辛花萼裂片與花被筒間有附
屬物，且花萼裂片表面有皺紋。

　　特有種，分布宜蘭太平山和棲蘭山之中海拔森林中。

生態

花萼裂片偏紅色調的個體，為最常見的外觀。

較不常見之綠花個體

顯示花被筒內部網格（呂長澤攝）

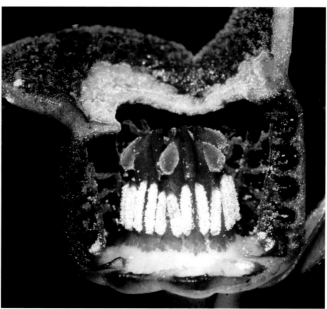

花被筒剖面，可見柱頭與雄蕊。（呂長澤攝）

大屯細辛 特有種

屬名　細辛屬

學名　*Asarum taitonense* Hayata

葉面及葉緣明顯被毛。花紫色略帶黃色，花萼裂片邊緣呈波浪狀，長小於寬，上表面被短毛。花被筒倒圓錐形，花柱附屬物分叉狀，外輪花藥側向開裂，內輪花藥向外側開裂。花被筒內壁縱脊通常16～24條。

　　特有種。大屯細辛主要分布於雪山山脈西側，海拔1,300～2,000公尺左右的森林底層，向東北方可延伸至大屯山與七星山區，然而在東北方的分布海拔較低，約500～900公尺，而且主要生在草坡中。

花被筒上端略膨大，呈倒圓錐形。（許天銓攝）

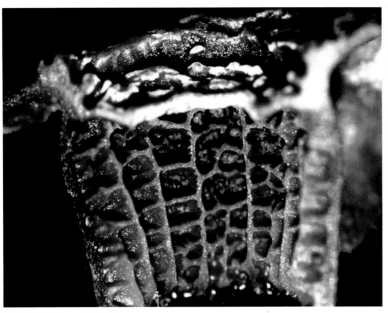

花被筒內部網格。（呂長澤攝）

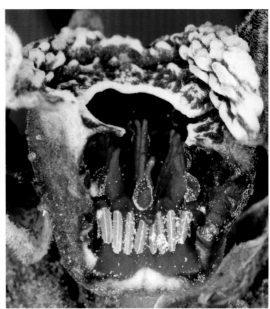

花柱附屬物分叉狀（許天銓攝）

花近觀

與白斑細辛植株之差異在本種的葉子明顯較多毛，表面常有斑塊。

大武山細辛 特有種

屬名　細辛屬

學名　*Asarum tawushanianum* C.T. Lu & J.C. Wang

葉緣、葉脈及葉背皆不披毛，葉卵狀披針形，葉緣波浪緣。花紫色，花被筒短圓柱形，花被筒長小於寬。花萼裂片基部附屬物為紫紅色板狀。花被筒內壁具突起梯形網格，喉部明顯縊縮。

　　特有種，分布於北大武山至大、小鬼湖一帶之中海拔濕潤森林底層。

葉面光亮。

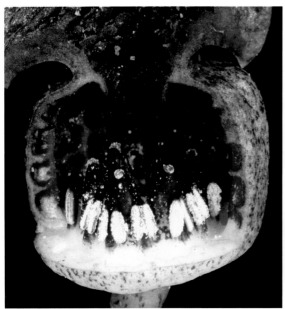

花被筒剖面，喉部明顯縊縮。（呂長澤攝）

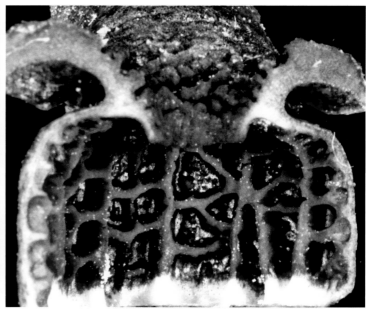

顯示花被筒內部網格（呂長澤攝）

花（許天銓攝）

花被筒短圓柱形（楊智凱攝）

八重山細辛

屬名　細辛屬

學名　*Asarum yaeyamense* Hatusima

葉卵狀三角形，葉緣全緣，先端漸尖或銳尖。花形及顏色多樣。花被筒喉部略縊縮，口環發達，但不下延；花被筒長大於寬；花柱無附屬物。

　　台灣北部及宜蘭低海拔山區，通常生長在山脈稜線的陡坡上。分布於琉球西表島。

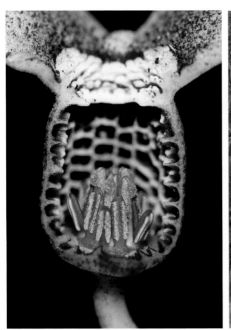

花被筒剖面，花柱無附屬物（呂長澤攝）　　生長於低海拔山區稜線上

花正面觀，顯示色彩變化之多樣。

胡椒科 PIPERACEAE

草本、灌木或藤本。單葉互生、對生或輪生，全緣，有或無托葉，羽狀或掌狀脈。花極小，常兩性，有些單性，常集成肉質的穗狀花序，無花被，由一小苞片包被；雄蕊1～10；心皮1～4（5）合成一室，花柱1或無，柱頭1～4（5）。乾或肉質核果或漿果。

特徵

果漿果狀，長於果序上。（菲律賓胡椒）

雌花無花被，柱頭1～5，短。（風藤）

花常集成肉質的穗狀花序（風藤）

椒草屬 PEPEROMIA

地生或附生草本，常肉質；莖匍匐或直立。葉對生或輪生，光滑或有毛，無托葉。花序單一或排成穗形。花兩性；雄蕊2。漿果。

紅莖椒草

屬名	椒草屬
學名	*Peperomia blanda* (Jacq.) Kunth

莖直立，高10～30公分，紅色，基部分枝，肉質，有毛。葉對生或三葉輪生，倒卵形，兩面有毛，葉面深綠，葉背淺褐色或灰色，三出脈，葉長1.5～5公分。

環太平洋分布。常生於山谷、溪邊或林下。

莖紅色，花序甚長。

椒草

屬名	椒草屬
學名	*Peperomia japonica* Makino

高約10～30公分，葉3～6片輪生，橢圓至長橢圓形，長1～7公分，寬0.8～4.5公分，先端鈍至圓，葉表之三出脈不明顯。全株密被白色細毛。花序常2條以上排成穗形。

分布日本及琉球。台灣產於低海拔至1,500公尺潮濕的岩壁或大樹上。

花枝

生長在中低海拔林內

山椒草 特有種

屬名	椒草屬
學名	*Peperomia nakaharae* Hayata

莖直立，高約5～9公分，葉對生或3～4片輪生。葉倒卵形，先端凹入，長0.3～1.1公分，0.2～0.5公分寬，具明顯之主脈1條。花序肉質，單一。果熟呈黑色，具毛。

特有種。生長於台灣中南部中海拔森林中。

葉倒卵狀，先端凹。

出現於中南部中海拔森林（許天銓攝）

草胡椒

屬名	椒草屬
學名	*Peperomia pellucida* (L.) Kunth

莖直立或基部有時平臥，下部節上常生不定根；莖分枝，圓形，淺綠色，高5～30公分，徑1～2公釐。葉互生，薄而易折，卵形，先端短尖或鈍，基部闊，心形；長1～3公分，淡綠色；葉柄長8～10公釐。穗狀花序頂生枝端，直立，淡綠色，長1～6公分。花小，兩性，無花被，雄蕊2；子房橢圓形，柱頭頂生。果極小，球形，先端尖，寬不過0.5公釐。

原產於熱帶美洲；現廣泛分布於全球熱帶地區。喜生潮濕的環境中。

葉卵形，基部心型。

生態

果序

小椒草

屬名　椒草屬
學名　*Peperomia reflexa* (L. f.) A. Dietr.

多年生肉質草本；全株光滑，高10～25公分，全株綠色；莖具溝稜，在莖節發根，多分歧。葉3～4枚輪生，肉質，卵形，長0.6～1.5公分，寬0.4～0.9公分，近光滑，葉先端圓至鈍。花序單一，穗狀，長2～2.5公分；花梗及穗軸有毛；苞片圓形，幾無柄；雄蕊 2 枚，花絲短。漿果卵狀球形，貼生於肉質果序軸，頂端尖，長約0.1公分。

　　產於印度、馬來西亞、中國、澳洲、非洲及美國。台灣分布於海拔600～1,800公尺山區之大樹或岩壁上。

果序

生態

花枝。通常四片葉子輪生。

蘭嶼椒草

屬名　椒草屬
學名　*Peperomia rubrivenosa* C. DC.

莖及葉背明顯被疏生毛。株高8～15公分。葉3～5枚輪生，倒卵形至橢圓形，長1～2.5公分，先端鈍至圓，基部銳尖，兩面疏生毛，三出脈。單性花，雌雄同長在一花序上，花基部有一圓形苞片，雄蕊2枚，近無柄。

　　產於菲律賓。台灣分布於蘭嶼及新北、宜蘭交界處之低海拔山區，生長於潮濕之林內或溪溝，

葉被疏毛

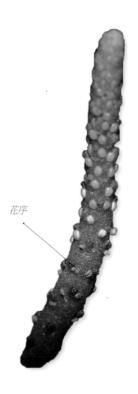

花序

常成群叢生

開花植株

胡椒屬 PIPER

灌木或攀緣藤本，稀草本；莖有明顯的節。葉通常有托葉。花序腋生或與葉對生。花常單性，雌雄異株；雄蕊2或數枚；子房1室。果近球形或卵形。

樹胡椒

屬名	胡椒屬
學名	*Piper aduncum* L.

灌木或小喬木，高度可達7公尺，莖直徑10公分以上，葉卵形，互生，排成二列，橢圓形，12～22公分長，葉背面具毛。穗狀花序12～17公分，與葉對生，白黃色，雄蕊通常4枚。

　　新歸化植物。原產於西印度群島、熱帶美洲。

葉卵形，上表面脈下陷，質感多皺。

小喬木，分枝傾垂。

蘭嶼風藤

屬名	胡椒屬
學名	*Piper arborescens* Roxb.

多年生常綠性木質藤本。葉及莖光滑，枝條常呈之字形。葉卵形或長橢圓形，長8～15公分，寬3～6公分，先端漸尖，基部圓形，葉脈5～7條，二次脈平行且明顯。花序下垂，長8～20公分。

　　產於菲律賓、馬來半島和群島。台灣僅見於蘭嶼。

結果之植株

果序

二次脈平行

雄株開花；葉卵形至卵狀披針形，5～7出脈。

荖藤

屬名	胡椒屬
學名	*Piper betle* L.

幼株葉片卵狀心形。（許天銓攝）

木質藤本，植株與菲律賓胡椒（見132頁）相近，然莖幹較粗，莖、葉被毛極不顯著，葉較辛辣，莖多分枝，雄花序下垂。葉橢圓狀卵形、卵形或卵圓形，長7～18公分，寬4～11公分，紙質，七出脈，葉背疏被毛，葉先端銳尖，基部心形或歪圓形，互生。子房下部陷入於總梗中並與之合生；果實全部生於肉穗之果軸內。葉與花軸俗稱荖葉與荖花，皆為檳榔加工的主要添加佐料。

　　原生族群可見於東北角、恆春半島及蘭嶼，形態與栽培品系稍有差異。

莖、葉被毛極不顯著，如細小白點狀。（許天銓攝）

果實全部生於肉穗之果軸內

雄株

多脈風藤

屬名	胡椒屬
學名	*Piper interruptum* Opiz var. *multinervum* C. DC.

莖光滑。葉卵形，長6～13公分，寬3.5～7公分，先端漸尖，5～7脈。與菲律賓胡椒（見132頁）相近，惟雌雄花下垂。果實無梗，疏生或間斷生在果序上。

　　產於菲律賓。台灣分布於蘭嶼溼度較高之原始林。

果序

果實不生於果軸內，疏生於果序上。

雌雄花皆下垂；葉5～7脈。

雄花序

風藤

屬名	胡椒屬
學名	*Piper kadsura* (Choisy) Ohwi

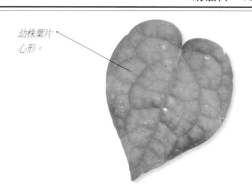
幼株葉片心形。

幼莖被有長於0.2公釐之疏毛。葉長橢圓形至卵形，長6～12公分，寬3.5～7公分，先端銳尖，基部圓形，表面平滑，背面具疏毛；成熟葉基多為不明顯歪斜之鈍或銳形，五出脈，葉背有長於0.2公釐之疏毛；幼葉心形，表面粗糙。花雌雄異株；花序直立；柱頭2；雄花雄蕊3，長3～5.5公分。

產於韓國、日本、琉球。台灣生於低海拔林中樹幹或岩壁上。

成株葉片卵至長橢圓形

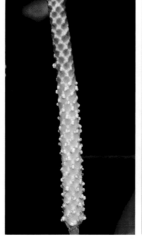

雄花序　　　　　雌花序

恆春風藤 特有種

屬名	胡椒屬
學名	*Piper kawakamii* Hayata

成株葉片卵至橢圓形

葉基歪斜

多年生木質藤本，莖匍匐，全株無毛，節上生根。單葉互生，具葉柄，柄長約1公分，葉片長7～14公分，寬5～8公分，卵狀心形，葉基圓形或圓心形，歪斜，先端銳尖或漸尖，葉緣為全緣，側脈3～5對；幼株葉片心形。穗狀花序，與葉對生，雌雄花序均直立；花小，雌雄異株，無花被；雄花穗呈圓筒狀，長3～5公分，寬約0.4公分；花序柄長約1.5公分；雄花幾無花柄，雄蕊2枚，花絲短，苞片有柄；雌花穗長2～3公分；雌花具雌蕊1枚，內有子房1室。肉質小漿果，圓球形，成熟時由綠轉褐。

特有種，分布於高雄柴山、小琉球及恆春半島。

生態

果序

雌花序

幼株葉片心形，表面光亮。

菲律賓胡椒（綠島風藤）

屬名　胡椒屬
學名　*Piper philippinum* Miq.

全株平滑，葉革質，橢圓形，長10～20公分，先端銳尖至
短漸尖，基部銳形至心形，5～7脈。雄花序直立，長10～
12公分。果實部分生於肉穗之果軸外，紅熟。

　　產於菲律賓。台灣分布於綠島、蘭嶼及小琉球。

雌花開
花枝。

生態，雄株。

果序，紅熟。果實部分生於肉穗之果軸外。

假蒟

屬名　胡椒屬
學名　*Piper sarmentosum* Roxb.

與台灣同屬其他物種之區別為具直立莖而非攀緣藤本，株高約1公尺；
且同時具有發達之匍匐莖而形成大片群落。葉近圓形至卵狀披針形，基
部圓至心形，表面光亮，具凹陷之網脈。雌、雄花序均直立，白色，長
1.5～5公分，開花時直徑約2～4公釐，結果時直徑約7～8公釐。核果球
狀，密集，部分與花序軸貼合，成熟時為綠褐色。

　　原產於印度、中國南部至東南亞一帶，近年大量引進台灣栽培並於
各地逸出歸化，生長於淺山林蔭處。

花序直立，白色
（許天銓攝）

大片繁生於淺山林下（許天銓 攝）

果與花序軸部分貼合，熟時不轉紅。（許天銓 攝）

薄葉風藤

屬名　胡椒屬

學名　*Piper sintenense* Hatusima

莖匍匐狀，常攀援大樹上，葉為長橢圓形至卵形，長3.5～6公分，寬2～3公分，被粗毛，5～7脈。雄花序下垂，長7～15公分。

　　台灣分布於低海拔地區和沿海岸的島嶼，常見於樹叢中。

隨植株成熟，葉形及顏色漸變。

雄株開花（楊智凱攝）

果實

台灣荖藤

屬名　胡椒屬

學名　*Piper taiwanense* T.T. Lin & S.Y. Lu

與風藤相近，僅花序不同，其雌雄花序半下垂。莖葉疏被極短（短於0.1公釐）之毛。成熟葉基圓至心形，或歪斜之鈍形，5～7出脈，幼株或生長於林下陰暗處之葉片呈三角狀心形，表面較粗糙。果離生，不貼合於總梗，球形。

　　特有種，分布於低至中海拔森林中。

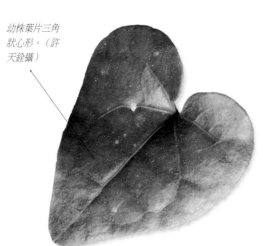

幼株葉片三角狀心形。（許天銓攝）

果序（許天銓攝）

花序半下垂

雄株開花枝

台灣胡椒

屬名　胡椒屬

學名　*Piper umbellatum* L.

直立亞灌木，高達1公尺餘。葉膜質，圓形，長18～30公分，基部深心形；葉柄長15～25公分。花兩性，苞片盾形或三角形，具緣毛；雄蕊2；柱頭3。

　　產於印度、錫蘭、馬來西亞和非洲熱帶地區。台灣分布於南部及東部低海拔潮濕或陰暗的地區。

葉闊心形，表面質感多皺。

為台灣本屬中唯一直立，亞灌木型態者。

花序直立

三白草科 SAURURACEAE

多年生草本植物，具有蔓延的根莖。葉互生，基部心形，葉柄基部鞘狀；托葉膜質，與葉柄基部合生。穗狀或總狀花序，頂生或與葉對生，基部有或無總苞片。花小，無花被；雄蕊3、6或8；心皮3～4。蒴果或漿果。

特徵

總狀花序，基部無總苞。花小；雄蕊6或8。（三白草）

三白草科無花被，蕺菜屬的基部似白色花被者，其實是總苞片。（蕺菜）

蕺菜屬 HOUTTUYNIA

葉心形。穗狀花序，基部有4～6片白色總苞片。花小；雄蕊1或3，稀4；子房1室。蒴果，頂裂。

蕺菜（臭腥草）

屬名	蕺菜屬
學名	*Houttuynia cordata* Thunb.

植物體高約15～60公分，有強烈腥味，地下莖分枝多。葉闊心形，脈上有毛；葉柄常呈紅色。穗狀花序生於莖頂，長約2公分，寬約0.5公分；花小，無花瓣，無柄；穗狀花序基部約4枚白色總苞片；苞片長圓形或倒卵形，長1～1.5公分，寬約0.6公分。雄蕊3；雌蕊1，花柱3，分離。

　　產於中國、喜馬拉雅山、爪哇、日本及琉球。台灣分布於低海拔地區，喜生長於濕地上。

葉闊心形，葉柄常呈紅色。穗狀花序生於莖頂。

喜生長於濕地上

花小，無花瓣。

穗狀花序，基部約4枚白色總苞片。

三白草屬 SAURURUS

葉卵狀心形。總狀花序，基部無總苞。花小；雄蕊6或8；雌蕊有3或4離生心皮。漿果。

三白草

屬名	三白草屬
學名	*Saururus chinensis* (Lour.) Baill.

植物體高約1公尺，有強烈腥味，快開花時，莖上部近花序處會長出表面具白斑之葉。葉卵狀心形，長4～15公分，寬3～6公分，先端漸尖或短尖，基部心形或耳形，全緣，兩面無毛，基出脈。總狀花序，常彎曲，然結果時又會呈直立狀，基部無總苞。花小，密生；雄蕊6或8；雌蕊有3或4離生心皮。蒴果闊卵形，褐色，果實分裂為4個果瓣，分果近球形。

　　產於中國、韓國、日本、琉球、菲律賓、越南及印度。台灣分布於北部濕地或池塘邊。

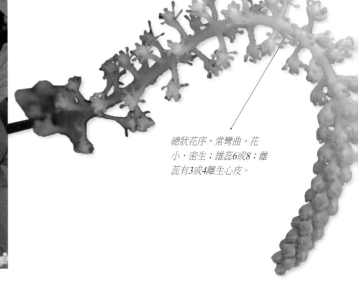

總狀花序，常彎曲。花小，密生；雄蕊6或8；雌蕊有3或4離生心皮。

開花時，接近花序處長出具白斑的葉子。（許天銓攝）

心形葉卵狀，全緣，兩面無毛，主脈基出。近花序者被白斑。

盛花生態

菖蒲科 ACORACEAE

多年生草本植物。葉劍形，側扁，二列排列，無柄，具葉鞘。肉穗花序，單生，頂生，長圓錐形，密生花；佛焰苞較花序長，直立，宿存。兩性花，無苞片；花被片6，二輪；雄蕊6，二輪，離生，花絲細長；子房倒圓錐狀長橢圓形，2～3室。漿果具數個種子。

特徵

葉劍形，側扁，二列排列，無柄，具葉鞘。

肉穗花序，密生花。

菖蒲屬 ACORUS

特徵如科。台灣有1種。引進栽培的菖蒲（*Acorus calamus* L.）偶逸出至野外；該種植物體明顯較大，葉長達70～100公分，寬1～2公分，肉穗花序直徑6～12公釐。

石菖蒲

屬名	菖蒲屬
學名	*Acorus gramineus* Soland.

葉長25～45公分，寬0.4～0.7公分。花序長5～12公分。果卵球形。山本由松發表的大穗石菖蒲（*Acorus gramineus* Soland. var. *macrospadiceus* Yamam.）與承名變種之差別，僅在於花序較長。

　　產於日本、韓國、大陸中部、海南島、菲律賓、台灣、印度及印尼。台灣分布於全島低至中海拔山區，生於溪谷兩岸、河床或潮濕岩壁上。

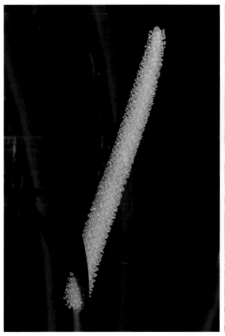

花肉穗花序近直立，細圓筒形；花細小而密集，黃色。

葉劍形，側扁，二列排列，無柄，具葉鞘。肉穗花序，單生。（楊智凱攝）

澤瀉科 ALISMATACEAE

淡水生或沼生草本，具根莖。葉多基生，直立、浮水或沉水，澤瀉葉隨生活習性有種種形態。花有花梗，生於花莖上成總狀花序，或生於花莖的輪狀分枝上成圓錐花序，萼片3枚，綠色，宿存；花瓣3枚，白色，常早落；雄蕊3或多枚；心皮離生，排成一輪或螺旋狀著生於花托上。瘦果。除本書介紹種外，引進栽培的黃花藺（*Limnocharis flava* (L.) Buchenau）、多種慈菇屬（*Sagittaria*）及齒果澤瀉屬（*Echinodorus*）物種亦偶見歸化族群。

特徵

萼片3枚，綠色；花瓣3枚，常早落；雄蕊3或多枚；心皮離生，排成一輪或螺旋狀著生於花托上。（圓葉澤瀉）

淡水生或沼生草本（蒙特維多慈姑 *Sagittaria montevidensis* Cham. & Schltdl.）

澤瀉屬 ALISMA

光滑之多或一年生草本。葉具長柄，披針形至狹長橢圓形。圓錐花序。花小，兩性；雄蕊6，心皮成一輪。瘦果側扁，背具2或3稜脊。

窄葉澤瀉

屬名	澤瀉屬
學名	*Alisma canaliculatum* A. Braun & Bouche

根生葉具長柄，披針形至狹長橢圓形，長7～20公分，寬1～5公分，先端常彎曲成鐮刀狀。花序大型圓錐狀，遠高於葉片。兩性花；雄蕊6，心皮成一輪，外輪花被片綠色，萼片狀，3枚；內輪花被片白色，3枚，邊緣不規則齒裂。

分布於中國、韓國、日本和琉球。此種植物以往由正宗嚴敬在1935年記載，生長於現今楊梅至富岡的水田中，目前已知族群集中分布於三芝鄉境內水田及溝渠。野外隨時有絕滅之可能性。

花小，兩性；雄蕊6，心皮成一輪。

根生葉具長柄，披針形至狹長橢圓形，長7～20公分，寬1～5公分。圓錐花序。

圓葉澤瀉屬 CALDESIA

沼澤生之直立草本。葉具長柄，闊橢圓形至近圓形，先端具凹刻。花白色，兩性，具花梗，簇生而後成圓錐或總狀花序；萼片3；花瓣3，常早落；雄蕊6〜12；心皮多數，在花托上排成半圓球

圓葉澤瀉

屬名	圓葉澤瀉屬
學名	*Caldesia grandis* Samuel.

多年生挺水草本。葉基生，闊橢圓形至近圓形，長6〜7公分，寬6〜8公分，先端具短凸尖，具主脈，側脈9〜11條。花枝於花軸上輪生，各輪再3分枝或有3朵花；花瓣3枚，白色，匙形，反捲；萼片綠色，卵形，反捲，宿存；雄蕊10〜12；心皮排成半圓球形。

　　產於印度。台灣之野生族群僅發現於宜蘭縣之草埤，受溼地演替及人為採集影響，個體數持續減少。

花瓣3，白色，匙形，反捲；萼片綠色，卵形，反捲，宿存；心皮排成半圓球形。

葉闊橢圓形至近圓形，具主脈，側脈9〜11條。

齒果澤瀉屬 ECHINODORUS

大型挺水性植物，偶在深水中可長出沉水葉。與圓葉澤瀉屬不同處在於：花軸很長，每節皆會長出不定芽，成熟瘦果具有尖銳的鋸齒緣。

心葉齒果澤瀉（象耳草）

屬名	齒果澤瀉屬
學名	*Echinodorus cordifolius* (L.) Griseb.

多年生挺水草本。葉心形，長10〜20公分，寬6〜10公分；花莖可達100公分，常倒伏，節上常具不定芽。花白色，兩性，徑約1.7〜2公分。

　　原產美洲熱帶，引進栽培，逸出於野外。

花白色

葉圓形，花莖可達1公尺。

水罌粟屬 HYDROCLEYS

多 年生浮葉草本。莖圓柱形，葉簇生於莖上，葉片呈卵形至近圓形，具長柄，先端圓鈍，基部心形，全緣。葉柄圓柱形，有橫隔。花單生，具長柄。蓇葖果披針形。種子細小，多數，馬蹄形。

水金英

屬名	水罌粟屬
學名	*Hydrocleys nymphoides* (Willd.) Buchenau

葉厚，表面光滑油亮。沉水葉線形，浮水葉橢圓狀卵形，先端圓，基部略為心形，長3.5～9公分，寬3.5～8公分，葉柄長，基部有鞘，葉背具有格狀浮囊，中肋略呈海綿質感。花單生，萼片3枚，花瓣3枚，鮮黃色，雄蕊多數，雌蕊心皮6枚，花莖細長。

原產於南美洲熱帶地區，如巴西、委內瑞拉。在台灣有些植株已歸化生於水塘中。

花形杯狀，花瓣3枚，鮮黃色。

浮葉植物，密集生長時葉片亦挺水。花單生。

葉厚，表面光滑油亮，先端圓，基部略為心形。

慈姑屬 SAGITTARIA

多 年生水生草本，具根莖。葉線形、卵形或箭形，早生葉缺葉片。花序總狀，每輪3朵花，具苞片。萼片3；花瓣3；雄蕊多數，著生於花托上；花絲線形，扁平；心皮多數，離生，螺旋狀集生於球形花托上。瘦果扁平，集合成頭狀。台灣有3種。

冠果草

屬名	慈姑屬
學名	*Sagittaria guayanensis* H.B.K. subsp. *lappula* (D. Don) Bogin

葉基生，幼期葉片呈帶狀，沉水生長，外形和瓜皮草很相似，葉片長約3.5公分，廣卵形，基部深裂，先端鈍。根生花軸具花2～3朵，繖形或聚繖花序；花兩性或單性，如果是單性花則為雄花。花徑1公分左右，伸出水面，開完花後花梗向下彎，果實在水中成熟；花瓣3，白色。果實呈扁壓狀，邊緣有不規則齒狀深裂。

廣布於亞洲及非洲熱帶地區。以往可見於台灣西部水田中，近年來已極稀少。

葉廣卵形，基部深裂，先端鈍。（許天銓攝）

花三瓣白色夏季盛開。*(林哲緯繪)*

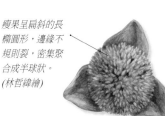

瘦果呈扁斜的長橢圓形，邊緣不規則裂，密集聚合成半球狀。*(林哲緯繪)*

瓜皮草（線慈姑）

屬名	慈姑屬
學名	*Sagittaria pygmaea* Miq.

一年生草本；生長於較淺之水域，幼株可沉水，成株為挺水植物。葉叢生，沉水葉與挺水葉形態接近；葉柄與葉身無明顯分化，線形，長8～15公分，寬4～8公釐，先端略寬，橫截面半圓形。總狀花序，花單性，雌雄同株；花2～5朵，排成二輪；雌花1朵，位於下輪，近無柄；其餘為雄花。雌雄花形態接近。

產於中國、韓國、日本及琉球。常見於台灣北部及中部。

雄花

生長於較淺之水域，成株為挺水植物。（許天銓攝）

瘦果扁平，具翅，背翅呈雞冠狀齒裂。

野慈姑（三腳剪）

屬名　慈姑屬
學名　*Sagittaria trifolia* L.

幼株沉水或挺水，成株挺水，具根莖與球莖。葉叢生，沉水葉線形；成熟挺水葉基部兩側下延呈箭形，下延裂片之長度接近或長於中裂片。總狀花序，花單性，雌雄同株，共三至五輪，每輪3朵花，下輪為雌花，上輪為雄花。雄蕊多數，花藥為黃色。雌蕊心皮多數，球形，黃綠色。果為聚合果，內有倒卵形扁平瘦果，種子包覆於瘦果之中。

　　產於婆羅洲、爪哇、菲律賓、中國大陸、琉球、日本。分布於台灣全島，生長於稻田，溝渠和池塘。

雄花，花藥黃色。

成熟挺水葉，基部兩側下延呈箭形，側裂片常較中間裂片長。

聚合果球形，黃綠色。（楊智凱攝）

雌花位於花序下輪。雌蕊心皮多數。（楊智凱攝）

挺水植物。葉叢生，箭形。總狀花序，共三至五輪，每輪3朵。

水薤科 APONOGETONACEAE

淡水多年生草本，具沉水葉及浮水葉；根莖塊狀。葉基生，長披針形、線形至長橢圓形，具少數主要的平行脈及數條橫生的小葉脈。花常兩性，無苞片；下位花；花被一至三裂，花瓣狀、苞片狀或缺如；雄蕊常 6 或更多，離生，宿存，雌蕊具3～6個離生無柄心皮。蓇葖果。

台灣有1屬。

水薤屬 APNOGETON

特徵如科。台灣有1特有種，但其分類地位仍有疑問。

台灣水薤 特有種

屬名	水薤屬
學名	*Aponogeton taiwanensis* Masam.

水生草本。葉浮出平貼水面，長橢圓形，長約4公分，寬2公分，先端鈍，葉基心形至圓形或微楔形，具2或3條縱脈及許多橫向脈，柄長約8公分。

特有種。本種模式標本採於桃園一帶水田中，後又在台中市清水區被發現。

水生草本，葉浮出平貼水面。葉基生，長披針形、線形至長橢圓形，具少數主要的平行脈及數條橫生的小葉脈。

葉先端鈍，基部心形至圓形或微楔形（林家榮攝）。

生長於水田中（林家榮攝）

天南星科 ARACEAE

草本，具塊莖或伸長的根莖，有時莖變厚而木質，直立、平臥或用小根攀附於他物上，少數浮水；常有乳狀液汁。葉通常基生，如莖生則為互生，呈2行或螺旋狀排列，形狀各式，劍形而有平行脈至箭形而有網脈，全緣或分裂。肉穗花序，外有佛焰苞包圍；花兩性或單性，輻射對稱；花被缺或為4～8個鱗片狀體；雄蕊1至多數，分離或合生成雄蕊柱，退化雄蕊常存在；子房1，由1至數心皮合成，每室有胚珠1至數枚。漿果密集於肉穗花序上。依分子親緣研究成果，浮萍科（Lemnaceae）需歸於本科之中，但其形態與其它天南星科植物有頗大差異。浮萍類之特徵包含：植物體漂浮或偶沉水，營養器官極度退化為扁平或球狀之葉狀體，根僅1至數條或完全退化；花器極少出現，僅有1枚雌蕊及1或2枚雄蕊，可能是極度退化的佛焰花序。

　　天南星科除本書收錄物種外，引進栽培的粗肋草屬（*Aglaonema*）、黛粉葉屬（*Dieffenbachia*），及水生的隱棒花屬（*Cryptocoryne*）等類群亦偶見逸出歸化情況。

特徵

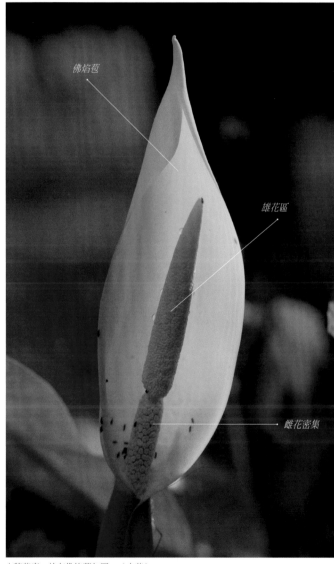

肉穗花序，外有佛焰苞包圍。（山芋）

漿果密集於肉穗花序上（山芋，楊智凱攝）

海芋（姑婆芋）屬 ALOCASIA

高 大多年生草本。莖肉質。葉大，卵狀心形至箭形，偶盾狀，具長柄。花序生長在莖的頂部。花序數個合生；佛焰苞脫落性，稀宿存；合生雄蕊具3～8雄蕊；雌花無退化雄蕊，子房1室；胚珠少數，基生胎座。漿果，紅色。

尖尾姑婆芋（台灣姑婆芋）

屬名　海芋屬
學名　*Alocasia cucullata* (Lour.) Schott

葉心形，長10～20公分，葉基為盾狀，但葉柄著生處貼近葉緣。肉穗花序與姑婆芋接近，但較小型。
　　產於日本、琉球、中國、台灣、泰國。現今發現之野生個體多鄰近人為活動區域，不易確認是否為天然族群。

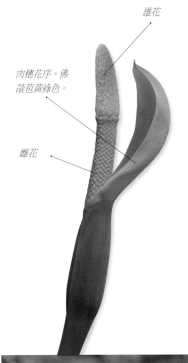

雄花

肉穗花序。佛焰苞黃綠色。

雌花

果成熟時紅色

葉小型，長10～17公分；葉柄生於近基端下表面，葉先端銳尖。

蘭嶼姑婆芋

屬名	海芋屬
學名	*Alocasia macrorrhizos* (L.) G. Don

多年生高大直立草本，高可達2公尺，具數枚葉片。葉大型，長達100公分，近直立，卵狀心形，先端漸尖；葉柄生於葉基，不為盾狀著生。佛焰苞由葉腋抽出，肉穗花序軸上雌花位居下方，包於苞內，不露出；中段為雄花；頂端有附屬物，甚長。成熟漿果紅色。

　　東南亞、南洋群島及澳洲等地。台灣野生族群僅見於蘭嶼濱海之開闊地及灌叢間。

肉穗花序外有佛焰苞

非盾形葉

果未熟時受宿存佛焰苞包覆

肉穗花序及佛焰苞

葉大型，近直立，先端漸尖，葉柄生於基一端，不為盾形葉。

姑婆芋

屬名	海芋屬
學名	*Alocasia odora* (Lodd.) Spach

根莖粗大，末端常直立，可高達1公尺以上，圓柱形。葉廣卵形，長60～100公分，寬20～45公分，先端鈍，基部盾狀心形，全緣或波狀緣。肉穗花序，佛焰苞長橢圓狀披針形，綠色。花單性，雄花在花序上半部，黃色；雌花在下半部，密生，柱頭頭狀。

　　產於日本、琉球、中國、台灣、不丹、印尼、馬來西亞及菲律賓和泰國。台灣常見於海拔1,700公尺以下林中。

佛焰苞內質，綠色。

葉廣卵形，先端鈍，基部盾狀心形，全緣或波狀緣。

根莖粗大，末端常直立，可高達1公尺以上，圓柱形。

蒟蒻屬 AMORPHOPHALLUS

草本，有球形塊莖。常僅具1葉於花後抽出，鳥足狀複葉，中軸具翼。花序高大，上部的為雄花，下部的為雌花；佛焰苞脫落性，略或明顯具苞片或苞筒；雄花具1～6雄蕊，雄蕊頂端孔裂或橫裂；雌花子房1～4室；每室1胚珠。漿果橘至紅色，稀藍或白色。

　　台灣有4種。

台灣魔芋 特有種

屬名　蒟蒻屬
學名　*Amorphophallus henryi* N.E. Br.

葉於花季過後才萌發，單生，為鳥足狀複葉；小葉橢圓狀卵形、橢圓形或披針形，先端漸尖或長漸尖，葉脈下凹，葉軸具狹翼，葉柄平滑，具卵形或不規則形白斑。肉穗花序，高30～50公分，總梗較短，純綠色。單性花是雄花在上，雌花在下；長在花序軸最上端的附屬物呈淺紫紅色，長圓錐狀，頂端尖，表面粗糙無毛。

　　特有種，阿里山以南至恆春半島之低海拔地區。

葉柄具白色斑點或全部綠色

上部黃色為雄蕊，下部紫色為雌蕊。

先開花再長新葉

密毛魔芋 特有種

屬名　蒟蒻屬
學名　*Amorphophallus hirtus* N.E. Br.

小葉倒卵形或橢圓狀卵形，先端長漸尖呈尾狀，中軸之前半部具狹翼；葉柄平滑，具多數小暗綠色斑點。壺狀佛焰苞將由數百朵小花組成的長柱狀肉穗花序包圍住，苞片外側綠底白斑，內側紫紅。紅色附屬物在花序軸最上端，呈尖頂長圓錐狀，表面密生長毛，成熟時散發魚腥屍臭味，吸引傳粉者。

　　特有種。分布於北迴歸線以南，集中於台南、高雄、屏東低海拔山區，潮濕的山谷。

肉穗花序之下半部為雌花，上半部密生雄花，黃色，其上連接布滿長毛的深紅色花序附屬物。

佛燄苞壺狀
（郭明裕攝）

紅色附屬物在花序軸最上端，呈尖頂長圓錐狀，表面密生長毛，成熟時散發魚腥屍臭味，吸引傳粉者。

小葉片倒卵或橢圓狀卵形，先端長漸尖呈尾狀，中軸之前半部具狹翼；葉柄平滑，具多數小暗綠色斑點。

東亞魔芋

屬名　蒟蒻屬
學名　*Amorphophallus kiusianus* (Makino) Makino

小葉線狀橢圓形至披針形，先端長漸尖，邊緣帶紫色，軸上具狹翼。肉穗花序，高30～100公分，花序總梗綠色間有紫黑色紋帶，花序軸長度遠短於花序總梗。成熟之雄花呈黃色；在花序軸上，可見黃色雄花在中間，雌花在下，最上部為黑色附屬物。漿果卵形，由上而下逐漸成熟，顏色由綠變紅再轉寶藍色。

　　產於中國東南部和日本。台灣分布於北部海拔150～900公尺，果園和竹林、闊葉林內，陰影、半陰影或暴露的地方。

漿果卵形，由上而下逐漸成熟，顏色由綠變紅再轉寶藍色。

小葉線狀橢圓形至披針形，先端長漸尖，邊緣帶紫色，軸上具狹翼。

雄花區（楊智凱攝）

花序總梗綠色間有紫黑色紋帶（楊智凱攝）

肉穗花序，頂端具長圓錐狀深色附屬物。（楊智凱攝）

雌花區（楊智凱攝）

疣柄魔芋

屬名 蒟蒻屬

學名 *Amorphophallus paeoniifolius* (Dennst.) Nicolson

小葉片倒卵形、長橢圓形、卵圓形或橢圓形，先端漸尖；葉軸具翼；葉柄表面具粗糙疣狀突起，綠色或紫褐色。佛焰苞大，徑可達20～40公分。肉穗花序上部黃色為未熟之雄蕊，下部為雌蕊。

廣佈於熱帶地區，由馬達加斯加至玻里尼西亞群島間。台灣分布於屏東縣新埤及潮州大葉桃花心木林下。

佛燄苞漏斗狀，外面基部綠色，內面深紫色，波浪狀緣。

較展開之花序。花序頂端具球狀或矮圓錐狀附屬物，會散發如腐肉之惡臭。（郭明裕攝）

小葉片倒卵形、長橢圓形、卵圓形或橢圓形，先端漸尖，軸具翼。

葉柄表面具粗糙疣狀突起，綠色或紫褐色。

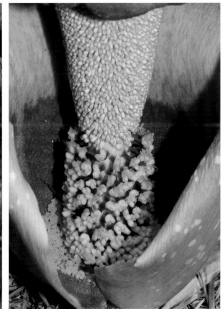

花序上部為雄花區，下部為雌花區。

天南星屬 ARISAEMA

多 年生草本。葉1～3枚，複葉，小葉三出鳥足狀或放射狀排列，光滑無毛。肉穗花序；佛焰苞於基部重疊或癒合。花多為雌雄異株，有時同株；雄花單生或2～5緊密聚合；雌花密集；子房1室，基生胎座。漿果。

長行天南星

屬名	天南星屬
學名	*Arisaema consanguineum* Schott

假莖高30～80公分，白或灰綠色，偶具紫褐色斑點。葉常2枚，掌狀複葉；小葉13～15枚放射狀排列，狹橢圓至橢圓形或披針形，先端漸尖，略具短尾，中肋有時具白斑。花序軸頂端膨大呈棍棒狀，徑5～6公釐，表面平滑。

花序軸頂端膨大呈棍棒狀，表面平滑。

　　廣泛分布於印度北部、尼泊爾、錫金、緬甸、泰國北部及中國大陸。台灣分布於全島低至中海拔，陰溼地或林下。

葉常2枚，掌狀複葉；小葉13～15枚放射狀排列，狹橢圓至橢圓形或披針形，先端漸尖，略具短尾。

台灣天南星 特有種

屬名	天南星屬
學名	*Arisaema formosanum* (Hayata) Hayata

假莖高10～60公分，白至灰綠色，有時具紫褐色斑點。葉常單生，掌狀複葉；小葉放射狀排列，橢圓形，先端漸尖，具短尾。佛焰苞外具綠白及淡紅色相間條紋，先端具一細長之尾尖；花序軸頂端附屬物細，徑1.5～2公釐，表面光滑。有些族群植株矮小，小葉極細，多見於海拔較高之區域。

　　特有種。分布於全島低至中海拔。

佛焰苞先端具一細長之尾尖

葉常單生，掌狀複葉；小葉放射狀排列，橢圓形，先端漸尖，具短尾。

雌花。花序軸頂端漸變細。

毛筆天南星 特有種

屬名　天南星屬
學名　*Arisaema grapsospadix* Hayata

葉2枚，近對生。南投至嘉義一帶之族群多穩定具有3枚小葉，但南部及東南部之族群則常有3～5枚小葉。頂生小葉柄長1～2.5公分，兩側小葉柄長3～10公釐。雌花密集生花軸下方，綠色；雄花少數，紫紅色；花序軸向頂端漸變細，先端密生短枝狀附屬物。果卵形，熟時紅色。

特有種。分布於台灣中南部低至中海拔地區。

果實紅熟，先端尖。

小葉3，或5枚呈鳥足狀排列。

花軸最前端的不孕花較多且密集，似酒瓶刷子，可與南仁山天南星（見155頁）的稀疏相比較。

羽葉天南星

屬名　天南星屬
學名　*Arisaema heterophyllum* Blume

假莖高25～60公分。葉單生，葉柄遠短於假莖，小葉11～19枚，呈鳥足狀排列，狹橢圓形至倒披針形，先端漸尖，具短柄至無柄，頂端小葉明顯短於相鄰小葉。花序軸長15～25公分，於佛焰苞口彎曲，向先端漸變細。

廣佈於中國、韓國及日本。台灣分布於北部中低海拔地區，亦可見於金門、馬祖。

小葉11～19枚，呈鳥足狀排列。

頂端小葉明顯短於相鄰小葉

花序軸長15～25公分，於佛焰苞口彎曲，向先端漸變細。

宜蘭天南星 特有種

屬名	天南星屬
學名	*Arisaema ilanense* J.C. Wang

假莖高10～30公分。葉2枚，葉柄與假莖近等長，小葉7～15枚，呈鳥足狀排列，無柄，倒披針形至橢圓形，先端漸尖。佛燄苞自純綠色、綠色帶紫斑至深紫褐色均有；花序軸於前端漸變粗而成棒狀，中段常扭曲，表面平滑。

特有種。分布於台灣北部海拔800～1,900公尺。

花序軸於前端漸變粗而成棒狀，中段常扭曲，表面平滑。

鳥足狀複葉，小葉7～15枚；佛焰苞紫褐色之族群見於北橫。　佛焰苞綠色之個體，多見於東北角地區。

線花天南星 特有種

屬名	天南星屬
學名	*Arisaema matsudae* Hayata

假莖高8～30公分。葉1或2枚，三出複葉；小葉先端銳尖至漸尖，常具短尾，頂端小葉柄長0.6～1.5公分，兩側小葉柄長2～4公釐。花序通常單性。營養不足之個體僅見雄花；而營養充足之個體則具可孕雌花。佛焰苞綠色，喉部常有白色半月形斑塊，花序軸向頂端漸變細長，先端密生短枝狀附屬物。

特有種。台灣南部低海拔山區。

佛焰苞綠色，佛焰苞喉部常有白色半月形斑塊。花序軸向前端漸變細長，末端密生短枝狀附屬物。

佛焰苞之喉部常有白色半月形斑塊　　花序下部為雌花區，上部散生少數雄花。　　葉為三出複葉，小葉卵形。

南仁山天南星 特有種

屬名 天南星屬
學名 *Arisaema nanjenense* T.C. Huang & M.J. Wu

葉2枚，近對生；小葉5枚，鳥足狀排列，長卵形至卵狀長橢圓形。恆春半島南端之族群花序軸先端漸尖，無任何附屬物；但恆春半島北側之族群花序軸先端常有少許短突起之附屬物。

　　特有種，分布於南仁山（屏東）一帶。

葉2枚，近對生。小葉5枚，鳥足狀排列，長卵形至卵狀長橢圓形。（許天銓攝）

花序先端有時具有少數的短突起之附屬物。（許天銓攝）

申跋（油跋）

屬名 天南星屬
學名 *Arisaema ringens* (Thunb.) Schott

葉2枚，近對生；小葉3枚，無柄，頂生與側生小葉之夾角略小於90度；頂生小葉卵形披針狀至菱狀橢圓形，兩側小葉歪斜卵形至披針形，先端具絲狀長尾尖。花序單性，通常較矮或與葉片近等高。佛焰苞大型，先端盔狀，外側具綠白相間之紋路，內側具黑紫色縱紋，花序軸先端之附屬物長4.5～5.5公分，長圓錐狀，頂端鈍。

　　廣佈於中國大陸、韓國、日本及琉球。台灣分布於北部低海拔地區及蘭嶼。

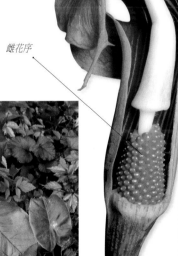

附屬物

雌花序

佛焰苞（許天銓攝）

佛焰苞先端盔狀

葉2枚，近對生；小葉3枚。（許天銓攝）

蓬萊天南星 特有種

屬名	天南星屬
學名	*Arisaema taiwanense* J. Murata var. *taiwanense*

假莖高50～80公分，綠色具紫褐色斑點。葉單生，葉柄長於假莖，小葉7～15，放射狀排列，倒披針形，先端具絲狀長尾。花序軸前1/2～1/3處膨大呈棍棒狀，表面具皺紋。

　　特有種。廣佈於台灣全島中海拔地區。

花序軸先端1/2～1/3處膨大呈棍棒狀，表面具皺紋。

佛燄苞深紫褐色，具白色斑紋，先端延長絲狀。

葉單生，小葉先端具絲狀長尾。葉柄具紫褐色條紋。

短梗天南星 特有種

屬名	天南星屬
學名	*Arisaema taiwanense* J. Murata var. *brevipedunculatum* J. Murata

為蓬萊天南星（見本頁）之變種，差別在於本種的花序梗僅有1～5公分長，佛燄苞管長2～4公分。

　　特有種。分布於台灣東部及南部中海拔地區。

花蓮大同至清水山登山口（許天銓攝）

花序軸先端膨大呈棍棒狀，表面具皺紋。（許天銓攝）

花序梗短，僅有1～5公分長。

植株與蓬萊天南星相似，但花序梗較短。

東台天南星 特有種

屬名	天南星屬
學名	*Arisaema thunbergii* Blume subsp. *autumnale* J.C. Wang, J. Murata & H. Ohashi

假莖高5～15公分，明顯較葉柄短。葉單生，小葉11～15枚，鳥足狀排列，倒披針形至橢圓形，先端漸尖，兩端之最後兩片小葉近等大。花序軸及先端附屬物非常細長；佛焰苞白至淡黃色，具深色條紋。

特有種。常見於北部及東部中低海拔山區。

佛焰苞白或淡黃色，具深色條紋。

花序軸及先端附屬物
非常細長

葉單生，小葉11～15枚，鳥足狀排列，倒披針形至橢圓形，先端漸尖，兩端之最後兩片小葉近等大。

芋屬 COLOCASIA

高大草本，具肉質球莖。單葉，大，卵狀心形，盾狀。佛焰苞直立，管狀，宿存，於開口處內縮；花序短；雄花區與雌花區常由中性花隔開，花序軸先端漸變細；子房1室；胚珠多數，側膜胎座。漿果。

大野芋

屬名	芋屬
學名	*Colocasia gigantea* (Blume) Hook. f.

多年生常綠草本，葉子巨大，長可達1.5公尺，葉柄盾狀著生。葉叢生，葉柄淡綠色，具白粉。

原生於中國、寮國及越南。台灣為栽培植物。

葉柄盾狀著生

葉大型，可長達1.5公尺。

葉叢生，葉柄淡綠色，具白粉。

山芋 特有種

屬名	芋屬
學名	*Colocasia konishii* Hayata

地下莖近直立，長約10公分。葉片闊卵形或卵心形，盾狀，先端銳尖或圓，基部心形；葉柄綠色。本種形態與廣泛栽培並偶有逸出之芋（*C. esculenta* (L.) Schott）相當接近；一般而言後者具有較大之植物體與膨大的塊根，葉柄至少在近基部帶有紫暈。

特有種，低至中海拔地區。

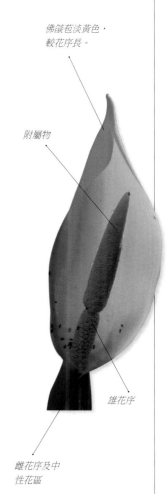

佛燄苞淡黃色，較花序長。

附屬物

雄花序

雌花序及中性花區

成熟漿果橘色（楊智凱攝）

花序最上部分為長圓錐狀附屬物，中段為雄花區，中下段為中性區，最基部為雌花區。雌花區與中性花區被佛燄苞完全包覆。

葉片闊卵形或卵心形，盾狀，先端銳尖或圓，基部心形。

葉柄綠色。花序生於頂端。

拎樹藤屬 EPIPREMNUM

葉全緣，穿孔或羽裂，細脈近平行。花兩性，花被無；雄蕊4，花絲線形；子房1室，胚珠2～4，側膜胎座或近基生。漿果。種子1～8。

本屬在台灣尚有一種為*E. formosanum* Hayata，花單性，採自阿里山，其分類地位需待進一步研究。

拎樹藤

屬名	拎樹藤屬
學名	*Epipremnum pinnatum* (L.) Engl.

攀緣巨大藤本。葉羽狀深裂，卵狀橢圓形，長30～50公分，寬20～35公分，先端漸尖，基部近心形，裂片8～13對，披針形或鐮刀形，先端裂片近菱形。佛燄苞歪，長10～12公分；肉穗花序無柄，長10～15公分。

產於馬來西亞、澳洲、巴布亞紐幾內亞、中南半島、菲律賓及玻里尼西亞。台灣廣佈全島低至中海拔山區。

開花之植株，葉羽狀深裂。

果序

佛燄苞歪，淡黃色，花序圓筒狀。

黃金葛

屬名	拎樹藤屬
學名	*Epipremnum aureum* (Linden & André) G.S. Bunting

莖、葉呈匍匐或懸垂狀時較細小，向上攀緣時則變得十分粗壯。目前尚無開花紀錄，僅以其莖部之蔓延拓展族群，生長極為強勢，往往對原有植被造成不良影響。葉尺寸變化大，大型植株可長達50公分；較大的葉片常有不規則羽裂。葉面有不規則黃金色或白色斑塊。

原產於所羅門群島。在台灣為引進歷史悠久之觀賞植物，各地可見逸出之族群。

葉面有不規則黃金色或白色斑塊

莖與葉向上攀緣時則變得十分粗壯

引進歷史悠久之觀賞植物，各地可見逸出之族群。較大的葉片常有不規則羽裂。

扁葉芋屬 HOMALOMENA

草本,具地上莖。葉心形,基部心形或箭狀心形。佛燄苞直立;花序下方雌花部呈圓柱形,與上方雄花部緊接。單性花,花被無;雄花具2～4雄蕊,雄蕊短,退化雄蕊2～4;雌花心皮2～4,具1退化雄蕊,中軸胎座,胚珠多數。漿果。種子多數。

蘭嶼扁葉芋

屬名	扁葉芋屬
學名	學名 *Homalomena philippinensis* Engl.

葉柄長於葉片,葉卵形,先端銳尖,基部心形,葉面具明顯18～25平行葉脈。花序具長總梗,佛燄苞綠色,僅張開一日;花序下方雌花部呈圓柱形,與上方雄花部緊接。

　　除了蘭嶼,作者曾於屏東高士、花蓮八里灣、太魯閣、宜蘭朝陽及台北鼻頭角也有發現植株。台灣另有一學名為*H. kelungensis* Hayata之基隆扁葉芋(花梗大約35公分),作者認為應與蘭嶼扁葉芋(花梗11公分)同種。

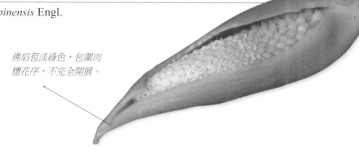

佛焰苞淡綠色,包圍內穗花序,不完全開展。

葉柄長於葉片,葉卵形,先端銳尖,基部心形,葉面具明顯18～25平行葉脈。

新鮮的花序(直立),與已謝的花序(下垂)。

切除部分佛焰苞,顯示其內未熟的漿果。

蘭氏萍屬 LANDOLTIA

漂 浮植物，形態與浮萍屬（*Spirodela*）接近，區別為葉狀體較狹長，表面有3～7脈，每葉狀體有根2～7條。與青萍屬（*Lemna*）區別為葉狀體下表面紫色，且具多條根。

紫萍（蘭氏萍）

屬名	浮萍屬
學名	*Landoltia punctata* (G. Mey.) Les & D.J. Crawford

葉狀體對稱或不對稱，橢圓形或倒卵形，2～8枚相連成群，長2～5公釐，寬1～2.5公釐，常3條脈，上表面扁平且深綠色，沿中央脈具乳頭狀凸起；下表面中凸，深紫或紫色；根2～7，凸尖。

　　產於澳洲、印度、爪哇、菲律賓、日本。台灣分布於全島淡水流域。

葉狀體對稱或不對稱，橢圓形或倒卵形，2～8枚相連成群。

葉下表面中凸且深紫或紫色；根2～7，凸尖。

青萍屬 LEMNA

植物體小，為一扁平或球形葉狀體，具1絲狀根或不具根。葉狀體浮於水面或生於水中，單生或多個相連，各為圓形或倒卵形，不對稱，兩面綠色；多具1主脈及1側脈。

青萍

屬名	青萍屬
學名	*Lemna aequinoctialis* Welw.

根單一，根冠銳尖且彎曲。葉狀體常2～4成一群，卵形，無柄，長0.2～0.5公分，寬0.2～0.4公分，全緣，不明顯的1或3條脈，節上具顯著乳頭狀凸起，下表面中凸或扁平。雄花具1雄蕊；雌花單生，具彎生胚珠1枚，無柄。

全球廣佈，普遍的淡水生浮水植物。

根單一，根冠銳尖且彎曲。（許天銓攝）

雄花具1雄蕊

花極小（林家榮攝）

常多個葉狀體相連而生（許天銓攝）

品藻

屬名	青萍屬
學名	*Lemna trisulca* L.

根1條，有時缺。葉狀體除開花期皆生於水中，狹三角至倒卵形，不對稱，許多個體各由長柄連成長鏈，具不明顯1條脈，先端細鋸齒緣且略彎，基部截形。開花時出現1～5枚相連之浮水葉狀體，花位於葉狀體邊緣。花極小，具2雄蕊及1雌蕊。

　　泛世界分布。在台灣曾記錄於宜蘭、台東、高雄、屏東，生長於冷涼潔淨之湧泉水域。因生育環境持續惡化，目前已無穩定之野外族群紀錄。

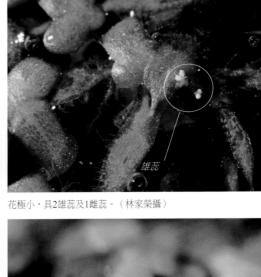

雄蕊

花極小，具2雄蕊及1雌蕊。（林家榮攝）

開花時葉片浮於水面（林家榮攝）

沈水草本（許天銓攝）

花盛開生態（林家榮攝）

許多個體各由長柄連成長鏈（謝佳倫攝）

半夏屬 PINELLIA

草本，具球莖。佛燄苞宿存，花序下部雌花區與佛燄苞合生，上部之雄花區短圓柱形，附屬物呈線狀圓錐形，長於佛燄苞；花單生，無花被；雄花具2短雄蕊；雌花子房1室，具1胚珠。漿果。

半夏

屬名	半夏屬
學名	*Pinellia ternata* (Thunb.) Ten. *ex* Breitenb.

球莖球形。葉2至數枚，常於葉柄中央或頂端生珠芽；葉3全裂，橢圓形、長橢圓形或披針形，長3～8公分，寬1～3公分，中央一片較兩側者大，側脈8～10對。漿果緊密集生成果序。

　　產於中國大陸、韓國、日本及琉球。台灣主要分布於北部海岸、平野至中海拔山區，生長於開闊環境。

附屬物呈線狀圓錐形，突出佛燄苞處彎曲。

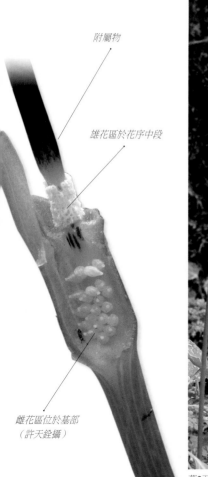

附屬物

雄花區於花序中段

雌花區位於基部
（許天銓攝）

葉2至數枚，常於葉柄中央或頂端生珠芽。（楊智凱攝）

漿果緊密集生

大萍屬 PISTIA

具走莖之漂浮水生草本；莖極短。葉蓮座狀著生，淺綠色，楔形，先端近平截，兩面密被細毛。佛燄苞小，淡綠色，中部內縮。花序下部具1雌花，上部具2～8朵雄花，無附屬物；花無花被；雄花具2雄蕊（合生成柱）。

單種屬。

大萍

屬名	大萍屬
學名	*Pistia stratiotes* L.

莖極短，鬚根發達，白色，呈纖維狀，大多聚集成團沉於水中。走莖多數，輻射狀生長。葉倒卵形，波狀緣，葉面黃綠，葉背則為淺灰綠，兩面被覆白色透明毛茸，葉片多數簇生。果實、種子不發育。

產於熱帶和亞熱帶地區。台灣全島分布，常見於水田、水溝或泥沼中。

葉倒卵形，波狀緣，兩面被覆白色透明毛茸，葉片多數簇生。（郭明裕攝）

花序下部具1雌花，上部具2～8朵雄花。

為藉由發達走莖迅速占滿水域環境的入侵植物。（楊智凱攝）

假柚葉藤屬 POTHOIDIUM

攀緣藤本。葉柄扁平,二列排列。肉穗花序,圓柱形,佛燄苞短,脫落性。兩性花,輻射對稱,花被6枚,鱗片狀,二輪;雄蕊6枚,花絲著生花被,花藥2室;花柱無,子房1室。

單種屬。

假柚葉藤

屬名	假柚葉藤屬
學名	*Pothoidium lobbianum* Schott

攀緣藤本。葉片長2～3公分,寬8～10公釐,側脈平行;葉柄長4～8公分,扁平,與葉片間具關節。台灣未有觀察到其開花結果或花果之標本。

產於菲律賓、馬來西亞、摩鹿加群島、印尼。台灣僅生於蘭嶼。

葉柄　　關節　　葉片

葉小,側脈平行;葉柄長4～8公分,扁平。

攀緣藤本

柚葉藤屬 POTHOS

附生藤本。葉二列排列；葉柄扁平呈翼狀。佛燄苞小，卵形；花序具長梗，橢圓形；花兩性；花被片6；雄蕊6，花絲與花藥均短；子房3室，各室具1胚珠。漿果，紅色。

柚葉藤

屬名	柚葉藤屬
學名	*Pothos chinensis* (Raf.) Merr.

攀緣藤本。葉柄扁平呈翼狀。葉披針狀長橢圓形，長5～11公分，寬1～3公分。花序頂生或腋生，花序梗長約1公分，基部有3～4枚長達0.6公分的芽苞葉；佛焰苞兜狀，長0.6～0.8公分；肉穗花序近球形至橢圓形，長0.6～0.8公分；花兩性，花被片6，雄蕊6個。

　　普遍分布在中國南部，向北延伸到四川、湖北、琉球。廣佈於台灣全島中海拔地區。

攀緣藤本，花序頂生或腋生。

葉柄扁平呈翼狀（許天銓攝）

漿果卵形，成熟時紅色。

花序基部有3～4枚芽苞葉；佛焰苞兜狀，綠色；肉穗花序近球形至橢圓形。花兩性，花被片6，雄蕊6個。

目賊芋屬 REMUSATIA

草本，具塊莖。葉單生，全緣，盾狀。佛燄苞下部呈管狀，於管之上部收縮，宿存。花序短，下方雌花部近圓柱形，中央為中性花部，上方雄花部橢圓形，無附屬物。雄花具2～3雄蕊；雌花具2～4心皮，子房1室或2～4室，無花柱。漿果，具多數種子。

　　台灣有2種，其中雲南岩芋（*R. yunnanensis* (H. Li & A. Hay) A. Hay）目前僅有一筆紀錄。雲南岩芋形態與台灣目賊芋幾乎完全相同，差異僅在佛焰苞檐部為紫紅色。

台灣目賊芋

屬名	目賊芋屬
學名	*Remusatia vivipara* (Lodd.) Schott

附生於樹幹之草本，珠芽數枚叢生，覆有鱗片，鱗片先端呈倒勾狀。塊莖球狀，呈紅色，有毒。葉單生，全緣，卵形，長約20公分，寬約13公分，先端銳尖，基部盾狀心形，葉柄長30～44公分。花序早於葉片抽出，佛燄苞鵝黃色。

　　產於熱帶至亞熱帶森林，西南亞、非洲及澳洲、台灣、中國、不丹、印度、印尼、馬來西亞、尼泊爾、泰國、越南。生長於台灣中南部樹幹、岩壁上。

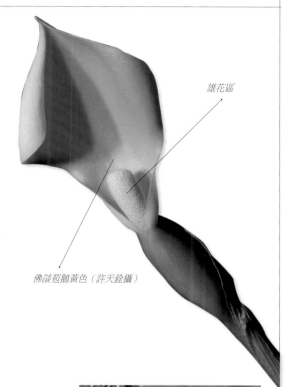

雄花區

佛燄苞鵝黃色（許天銓攝）

常附生於光線良好的樹幹或岩壁上，冬季休眠，通常以珠芽無性生殖形成小片群落。（楊智凱攝）

塊莖球狀，呈紅色，有毒。（楊智凱攝）

附生於樹幹之草本植物（許天銓攝）

珠芽數枚叢生，覆有鱗片，鱗片先端呈倒勾狀。（楊智凱攝）

莉牟芋（針房藤）屬 RHAPHIDOPHORA

攀緣藤本。葉二列排列，葉片兩側不對稱，全緣、羽狀淺裂或深裂；葉柄長，具關節，略具鞘。佛燄苞船形，脫落性。肉穗花序粗厚，無梗，密被花。花兩性，或具少數雌花；雄蕊4；子房長形，不完全2室。

台灣有3種。

獅子尾（香港針房藤）

屬名	莉牟芋（針房藤）屬
學名	*Rhaphidophora hongkongensis* Schott

附生藤本，通常長在有遮蔭的森林內或林緣。植株變化大，幼株植根於岩壁或巨樹樹皮上；及長，攀緣大樹枝幹而上，形成大藤本，枝葉垂掛而下。葉二列排列，葉片兩側不對稱，紙質或近革質，披針狀橢圓形或長圓狀披針形，長20～35公分，中部向基部漸狹，全緣。花序頂生，粗厚，密被花。花兩性或具少數雌花；雄蕊4。

產於中國南部、緬甸、馬來西亞、泰國、寮國、越南。台灣主要分布於低海拔闊葉林中。

葉二列排列，葉片兩側不對稱，紙質或近革質，披針狀橢圓形或長圓狀披針形，全緣。（郭明裕攝）

葉面深綠油亮，側脈不顯著。

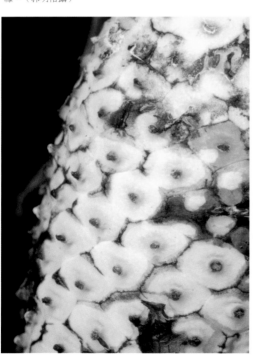

果黃綠色

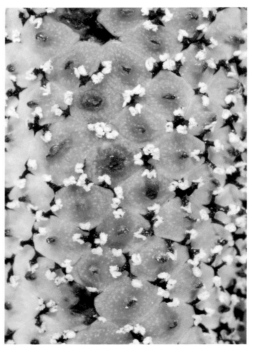

花密生，兩性

肉穗花序粗厚

蘭嶼針房藤

屬名　莉牟芋（針房藤）屬
學名　*Rhaphidophora liukiuensis* Hatusima

附生大藤本。葉柄長，具關節，略具鞘；葉革質，長橢圓形，長15～24公分，基部圓或鈍圓形，全緣。

　　產於琉球、台灣及菲律賓。生長於蘭嶼森林中。

肉穗花序白色，花兩性，雄蕊4
枚，子房六角形。

佛燄苞黃色，內捲。

葉柄長，具關節，略具鞘；葉革質，長橢圓形，基部圓或鈍圓形，全緣。

花序生於頂端

落檐屬 SCHISMATOGLOTTIS

草本，具走莖。葉紙質，三角狀心形。佛燄苞基部呈管狀。雌花部位於花序下部，一側與佛燄苞合生；雄花部位於花序上部，棒狀。雄花具2～3雄蕊；雌花具2～4心皮，側膜胎座，具多數胚珠。漿果，具多數種子。

　　台灣有1種。

蘭嶼芋 特有種

屬名　落檐屬

學名　*Schismatoglottis kotoensis* (Hayata) T.C. Huang, A. Hsiao & H.Y. Yeh

葉4～5枚，具長柄，長約17公分，寬約14公分，先端三角狀銳尖，基部心形，側脈約10對，下方2～3對基出。佛燄苞白綠色。

　　特產於蘭嶼。分布於海拔50～200公尺潮濕林下。

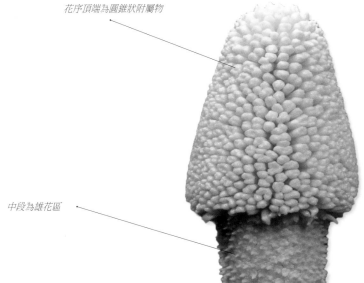

花序頂端為圓錐狀附屬物

中段為雄花區

葉4～5片，具長柄，先端三角狀銳尖，基部心形，側脈細緻明顯，下方2～3對基出。

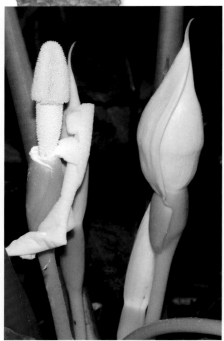

佛燄苞白綠色，基部呈管狀。雌花部位於花序下部，一側與佛燄苞合生；雄花部位於花序上部，棒狀。

浮萍屬 SPIRODELA

水

生草本，根7～21枚。葉狀體扁平，2～10枚群生。單性花，雌雄同株；佛焰苞袋狀，膜質；花被無；雄花雄蕊2枚，花絲纖細，花葯2室；雌花雌蕊心皮1枚，花柱短，柱頭全緣，短漏斗狀；子房1室，上位；基生胎座。胞果。

水萍

屬名	浮萍屬
學名	*Spirodela polyrhiza* (L.) Schleid.

其根較多，一葉狀體具5～12根。葉狀體常2～5枚連成群，圓形或倒卵形，對稱或略對稱，長3～8公釐，寬1～7公釐，上表面扁平且淡綠或黃綠色，沿中央脈具乳頭狀凸起，下表面扁平或中凸且帶紅紫色或綠色，基部狹，先端鈍。

全球廣佈，普遍之淡水生浮水性植物。

葉狀體常2～5枚連成群，圓形或倒卵形，對稱或略對稱，上表面扁平淡綠或黃綠色，沿中央脈具乳頭狀凸起。（許天銓攝）

水萍　　　　青萍　　　　無根萍

三萍混生——與青萍、無根萍混生，圖中葉最大者為水萍。

根多數，一葉狀體具5～12根。（許天銓攝）

合果芋屬 SYNGONIUM

多年生蔓性植物。藉由莖節處之氣根，攀附大樹、支柱或牆垣向上生長。葉為單葉。佛焰苞淡黃或白色。

合果芋

屬名	合果芋屬
學名	*Syngonium podophyllum* Schott

葉具長柄，幼葉是箭形或戟形，成熟葉為3～9裂的掌狀葉。

　　原產於墨西哥和巴拿馬一帶之熱帶美洲雨林。台灣各地常栽培為園藝植栽，並有歸化於野地。

雄花區位於花序上段，不被佛焰苞包覆而外露。

佛焰苞黃色，較花序長。

土半夏屬 TYPHONIUM

直立草本，具塊莖。葉2～3枚，全緣或三至五裂。佛燄苞基部短筒狀，短筒開口處收縮；花序軸細長，下方為雌花部，中央為中性花部，上方為雄花部，先端具細長光滑之附屬器；雄花具1～3雄蕊；雌花子房1室，胚珠1或2，基生。漿果，具1～2種子。

土半夏

屬名	土半夏屬
學名	*Typhonium blumei* Nicolson & Sivadasan

葉具長柄，心狀戟形，常長度大於寬度。花序中央之長形中性花上彎，表面具小突起。

　　產於日本、中國、印度、馬來西亞及婆羅洲。台灣常見於全島低海拔草地與路旁之陰濕處。

葉具長柄，心狀戟形，常長度大於寬度。

花序先端附屬物相當長，超出暗紅色佛燄苞，光滑。（楊智凱攝）

中性花的不孕花長條形、彎曲，泛紅色。（剖面，楊智凱攝）

金慈姑

屬名	土半夏屬
學名	*Typhonium roxburghii* Schott

單葉，具有10～30公分的長葉柄，2～5枚叢生，葉片長戟形或心狀箭形，中央裂片廣卵形，先端短銳尖，葉身之長與寬略等。肉穗花序，自葉腋抽出，佛焰苞之管部紅綠色，簷部綠紫色長角狀；長鬚狀不孕性花平展或略為下垂。

　　產於印度尼西亞、斯里蘭卡、馬來半島以及中國大陸的雲南等地。台灣分布於南部低海拔。

雄花區

附屬物

中性花的不孕性花

雌花

長鬚狀不孕性花平展或略為下垂。花序最先端為深褐色附屬物，雄花位於花序中上段，雌花則位於不孕性花下方。

葉片長戟形或心狀箭形，葉身之長與寬略等。

蕪萍屬（無根萍屬） WOLFFIA

植物體細小，是世界上開花植物中植物體最小的屬。植物體的上表面平，開花時，上表面凹下成1圓洞，而後在洞底長出雄花與雌花各1朵。雄花僅是1雄蕊；雌花僅是1心皮。

無根萍 （卵萍、水蚤萍）

屬名	蕪萍屬（無根萍屬）
學名	*Wolffia globosa* (Roxb.) Hartog & Plas

浮水植物，常生於稻田或水田中之水域。植物體細小，飄浮水面，不具根。葉狀體呈橢圓體，上表面深綠色，下表面淡綠色且凸，長0.5～0.7公釐，寬0.2～0.4公釐。

原生於亞洲之熱帶及副熱帶區域。台灣分布於全島之淡水水域。

植物體細小，飄浮水面，不具根。

常生於稻田或水田中之水域（許天銓攝）

千年芋屬 XANTHOSOMA

多 年生草本，具塊莖。葉卵形，全緣，基部心形或心狀箭形。花序與葉同時發生，具短花序梗；佛焰苞筒狀，基部常膨大。花單性；雄花具4～6枚雄蕊；雌花子房不完全2～4室。漿果。種子多數。

本屬在台灣有2種，全為引進栽培者，已逸出。

千年芋

屬名	千年芋屬
學名	*Xanthosoma sagittifolium* (L.) Schott

植株高大，可達1.3公尺，葉柄綠色，葉卵形，側脈明顯，約7～9對，全緣，基部心形或心狀箭形。佛焰苞綠色，筒狀，約15公分長，基部膨大。

產於南美洲。栽培逸出種，台灣南部及蘭嶼，常見於低海拔，可作為豬飼料。

植株高大，葉柄綠色。葉卵形，側脈明顯，約7～9對，全緣，基部心形或心狀箭形。　　佛焰苞綠色　　雄花位於花序上段，雌花位於基部。

紫柄千年芋

屬名	千年芋屬
學名	*Xanthosoma violaceum* Schott

與千年芋相近，但葉基心形，葉柄紫色。

產於美洲熱帶地區。栽培逸出種，台灣全島低海拔地區及蘭嶼。

葉柄紫色；葉片基部心形。

絲粉藻科 CYMODOCEACEAE

海水生草本；地下莖匍匐，具分枝，具一短而直立之莖。葉生於海水中，互生或近對生，無柄，狹線形，扁平，具一明顯中肋，先端齒狀，鞘扁，具葉耳及葉舌，常宿存。花雌雄異株，單生或聚繖花序，頂生或腋生。雄花具總花梗，雄蕊一輪中有2枚雄蕊，有不對稱的花藥著生；雌花近無柄。

　　台灣本島有二藥藻屬2種，另增述東沙群島本科植物3種。

特徵

地下莖匍匐，具
分枝，具一短而
直立之莖。（單
脈二藥藻）

海水生草本（單脈二藥藻）

絲粉藻屬 CYMODOCEA

鹹 水生植物，有匍匐狀根莖；莖具葉，極短或延長而直立。葉二列，狹長或稍闊而短，基部有一短鞘。雌雄異株，花單生於鞘狀苞片內；花被缺；雄花有無花絲的花葯2，花粉絲狀；雌花有離生的心皮2，每一心皮有胚珠1枚，向上漸狹成一線狀花柱。成熟心皮革質或木質，不開裂。

絲粉藻

屬名	絲粉藻屬
學名	*Cymodocea rotundata* Asch. & Schweinf.

每一節只有一根。葉線形，長8.1～18.5公分，寬1.8～3.7公釐，先端鈍，頂端微凹，邊緣具小刺狀緣，平行脈9～11。

　　長在東沙潟湖中或環礁的珊瑚礁平台上。

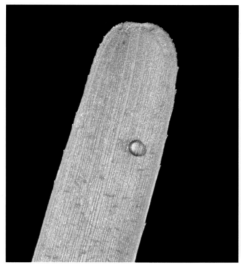

葉先端鈍，頂端微凹，葉緣微齒狀，平行脈9～11條。（許天銓攝）

海生沉水草本。葉線形。（許天銓攝）

齒葉絲粉藻

屬名	絲粉藻屬
學名	*Cymodocea serrulata* (R. Br.) Asch. & Magnus

匍匐莖質地堅韌。直立莖易從基部及節斷裂。葉鞘側面及近基部帶粉紅色。葉先端明顯鋸齒狀。

　　廣泛生長於東沙環礁之平台上。

直立莖短。葉鞘側面及近基部帶粉紅色。（許天銓攝）

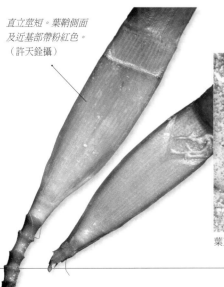

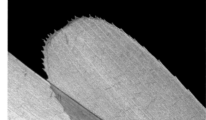

葉先端明顯鋸齒狀（許天銓攝）

葉互生。匍匐莖堅韌。（許天銓攝）

植株生態（許天銓攝）

二葯藻屬 HALODULE

鹹水生植物。扁平葉聚集於節上。雌雄異株，花單生，頂生；雄花具總花梗，有不對稱的花葯著生；雌花近無柄。

鹹

線葉二葯藻

屬名	二葯藻屬
學名	*Halodule pinifolia* (Miki) Hartog

莖匍匐，生於海中，每一節上生2～4根；節間長1.0～2.2公分。葉片線形，長2.8～6.2公分，寬0.5～1公釐。花頂生，包於葉內；雄花具2花葯；雌花無柄，子房卵形，花柱側生。果實卵形。

　　產於印度、馬來西亞、印尼、菲律賓、琉球及日本。在台灣僅生於恆春半島之海口及澎湖群島。

葉先端的側齒不明顯。

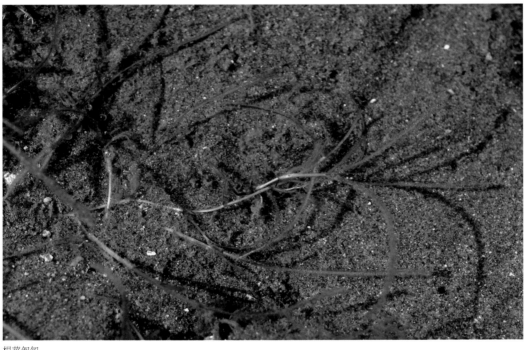

根莖匍匐

植株沉水生長

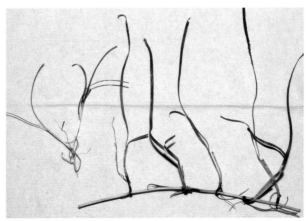

右為單脈二葯藻，左為線葉二葯藻。兩者常混生。

單脈二葯藻

屬名　二葯藻屬
學名　*Halodule uninervis* (Forsk.) Asch.

具有發達的匍匐莖，植株藉莖之延長拓殖，可至數公尺長；節處長有鱗片。全球的二葯藻屬植物目前以葉先端形態，及地理區隔分種。單脈二葯藻與線葉二葯藻的區別，在於本種葉先端有側齒，葉寬度為1公釐以上。

　　產於印度、馬來西亞、印尼、泰國、越南、菲律賓、琉球及日本。台灣僅分布於南部海域及東沙群島；在屏東的海口地區本種生長在潮間帶有石英沙及大量貝殼沙覆蓋的土地。

匍匐莖分枝，節處常有鱗片。

葉先端三岔，兩側齒突明顯。

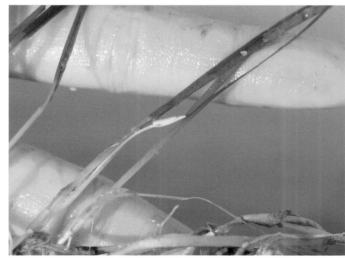

雄蕊（陳建文攝）

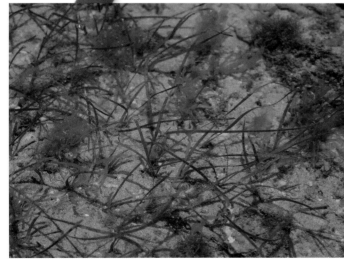

植株生態

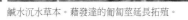

鹹水沉水草本。藉發達的匍匐莖延長拓殖。

針葉藻屬 SYRINGODIUM

形態見物種之描述。

針葉藻（水韭菜）

屬名　針葉藻屬
學名　*Syringodium isoetifolium* (Asch.) Dandy

海生沉水草本。根莖匍匐，單軸分枝。莖生葉2～3枚，互生，長針形；葉鞘較寬，長1.5～6公分，具葉耳；葉鞘脫落後常在莖上形成開口環痕。聚繖花序，腋生，常排列成扇狀；花單性，雌雄異株，通常包藏於具退化葉片的苞鞘內；雄花具梗，僅無花絲的雄蕊2枚，著生於小花梗上同一高度，背著藥；雌花無梗，具離生雌蕊2枚，花柱極短，柱頭二裂。果實長橢圓形或斜倒卵形，長4～7公釐；外果皮質硬，背部具不明顯的中脊；喙頂生，較短。

　　廣布於西太平洋及印度洋的熱帶海域，從斯里蘭卡、印度直至澳洲西部和斐濟。台灣長在東沙潟湖中或環礁的珊瑚礁平台上。

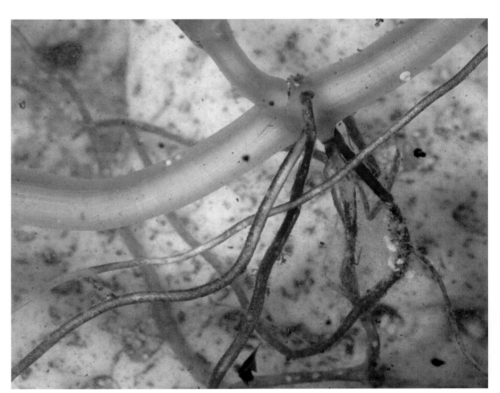

根莖匍匐，每節分出一短直立莖。（許天銓攝）

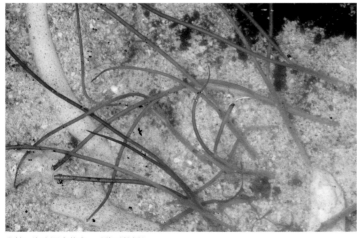

全株。海生沉水草本。（許天銓攝）

花包藏於葉鞘內（陳建文攝）

水鱉科 HYDROCHARITACEAE

浮水或沉水草本植物，生長在淡水或鹹水中。葉基生或莖生，互生、對生或輪生，線形、披針形、橢圓形或心形；葉柄常具鞘。花輻射對稱，單性而雌雄異株或兩性，包在佛焰苞內或兩苞片內；萼片3，綠色；花瓣3，偶為2，或缺；雄蕊1、3至多數；子房下位，1室。果實線形或卵形，不規則裂開。種子多數。除本書收錄之類群，原產美洲的蛙蹼草（*Limnobium laevigatum* (Humb. & Bonpl. *ex* Willd.) Heine）在台灣曾有歸化紀錄；其形態與水鱉屬（*Hydrocharis*）接近，區別為葉背全面膨大為氣囊狀，且花被小而不顯著。

特徵

浮水或沉水草本植物，生長在淡水或鹹水中。（水王孫）

花輻射對稱，花瓣3片，偶為2，或缺；雄蕊1、3至多數。（水車前）

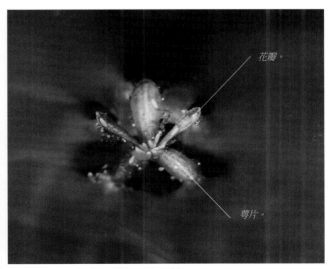

萼片3；花瓣3片，偶為2，或缺。（水王孫）

花瓣。

萼片。

簀藻屬 BLYXA

淡水之一年生草本。葉線形，基生或互生。佛焰苞具總花梗，略扁，具1花。花兩性，偶單性；萼片3，線形，綠色；花瓣3，較萼片長，白或紅色；雄蕊3～9；雌蕊3心皮，柱頭3，子房線形。果實線形，由佛焰苞包圍。種子多數，具尖刺或疣。

　　台灣有3種。

瘤果簀藻

屬名	簀藻屬
學名	*Blyxa aubertii* Rich.

淡水一年生草本.。葉基生，線形，基部具鞘。種子表面有疣，兩端不具尾刺。

　　分布於馬來西亞、琉球、韓國和日本。產全島低海拔水田、水池及水溝中。

種子表面有疣，兩端不具尾刺。

葉基生，線形。

台灣簀藻

屬名	簀藻屬
學名	*Blyxa echinosperma* (C.B. Clarke) Hook. f.

本種變化甚大，長在水田者植株較小，葉片長度大約在12～18公分之間；在流動之水域之植株可以很大，葉片長可達45公分。與瘤果簀藻相似，但種子具刺，兩端具尾刺。

　　馬來西亞、琉球到日本。台灣全島低海拔水田、水池及水溝中。

種子具刺，兩端具尾刺。

生於流動水域的植株之葉較長

花白色，開於水面上；花瓣3枚。

日本簀藻

屬名	簀藻屬
學名	*Blyxa japonica* (Miq.) Maxim. *ex* Asch. & Gurke

莖長且具叉狀分枝。葉線形，漸狹至先端，基部略抱莖。種子光滑，兩端鈍。
中國大陸、韓國和日本。台灣中北部水田及淺水池中。

種子光滑，兩端鈍形。

莖長且具叉狀分枝

葉線形，漸狹至先端。

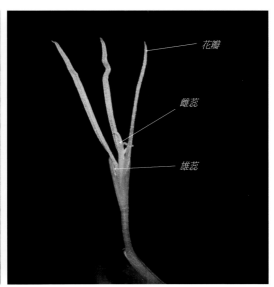

花瓣

雌蕊

雄蕊

花瓣3枚，細長，白色。

水蘊草屬 ELODEA

莖 圓柱狀，長可達1公尺，葉3～8枚輪生。花單性且雌雄異株。雄花佛焰苞內具2～5朵；花梗長；萼片3，闊卵形；花被片大型，白色，具有明顯的蜜腺；雄蕊3～9枚。雌花佛焰苞圓筒狀，花單生，腋生，有一長花梗；萼片3枚；花瓣3枚。果實成熟時不規則開裂。

水蘊草

屬名	水蘊草屬
學名	*Elodea densa* (Planch.) Casp.

沉水性植物。莖呈圓柱形，直立或橫生於水中葉3～6枚輪生，長約1～4公分，寬2～5公釐，長披針狀線形，具細鋸齒緣，有一主脈。雌雄異株，雄花生於莖上端，花成熟時，花柄伸出水面，具3枚大片白色的花瓣，雄花的花瓣長度約為8～10公釐，表面有皺紋。

在台灣歸化於海拔1,000公尺以下之湖泊溪流中。

雄花3枚白色花瓣，表面有皺紋。

沉水性植物。花開於水上。

莖呈圓柱形，葉3～6枚輪生，長披針狀線形。

歸化於湖泊或溪流中

鹽藻屬 HALOPHILA

海 水生之草本。莖匍匐，具分枝，節上生1～2根。葉雙生，具柄，三出脈，中肋與緣脈具橫生小脈相連。花單性，單生。雄花具花梗，萼片 3，無花瓣，雄蕊 3，與萼片互生；雌花無柄，具 3 個微小花瓣，子房卵形。果實卵形。

貝克鹽藻

屬名	鹽藻屬
學名	*Halophila beccarii* Asch.

海生草本。莖匍匐，具分枝，節上生1～2條根。葉簇生短莖頂端，披針形，具短柄，三出脈。花單性。果實卵形。
　　印度、斯里蘭卡至中南半島及中國南海。台灣分布於嘉義及台南鹽田中。

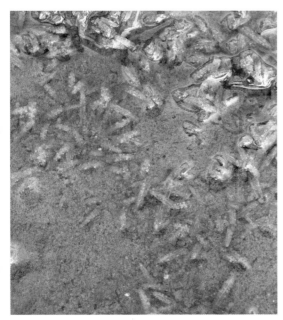

匍匐莖具分枝，節上生1~2條根，葉簇生於短直立莖頂端。

沉水性植物，生長於鹹水環境。常與流蘇菜（見203頁）混生。

為台產最迷你的海生開花植物，葉0.6～1.1公分。

雄花花蕾

葉披針形，具短柄，三出脈。

毛葉鹽藻

屬名　鹽藻屬
學名　*Halophila decipiens* Ostenf.

與卵葉鹽藻（見本頁）相近。本種的葉背有毛，三出脈。雄花有退化的花被片，花藥成熟時裡面有成束的線條狀花粉；雌花花被片退化，柱頭3條，長達2.5公分。線條狀的花粉和線條狀的柱頭在水中有很高的接觸比率，達到授粉的目的。

見於台灣南部之後壁湖附近水深約4～10公尺之水中沙質地上，在澎湖也有發現。

葉長橢圓至卵形，全緣，半透明。

葉三出脈，葉背有毛。
明顯有毛

柱頭線條狀

花苞；雌花之花柱還未開出。　植株具走莖　初果；可見宿存柱頭。　果實卵狀

卵葉鹽藻

屬名　鹽藻屬
學名　*Halophila ovalis* (R. Br.) Hook. f.

莖匍匐，節上長根。鱗片2，透明，頂端凹缺，脊上具明顯脈。葉具柄，橢圓形或橢圓狀卵形，葉片長1.4～1.7公分，寬0.7～1公分，全緣，頂端圓形，具1主脈，每側有11～15條橫生小脈連接2條邊緣內脈。單性花，雌雄異株。

印度、爪哇、馬來西亞、菲律賓、日本和中國東北。台灣分布於布袋、七股、東沙。

葉片薄膜質，淡綠半透明狀，脈紋明顯。

佛焰苞及雄花蕾

未成熟之雄花，包於佛焰苞內。

雄花佛焰苞

長在海水底下的卵葉鹽藻

水王孫屬 HYDRILLA

淡 水草本。單葉，葉莖生，3～8枚輪生，托葉無。單性花，雌雄異株；雄花單生，具柄，佛焰苞近球形，膜質，先端二裂；花萼3枚，花瓣3枚，雄蕊3枚，花藥2室，縱裂；雌花單生，雌蕊心皮3枚，合生，花萼3枚，花瓣3枚，花柱3枚，子房1室，子房下位，側膜胎座。蒴果，漿果狀。

水王孫

屬名	水王孫屬
學名	*Hydrilla verticillata* (L. f.) Royle

沉水草本。葉3～6枚輪生，線形，先端漸尖，在頂端具一小刺，葉緣細鋸齒狀，無柄，葉腋上具2腋生之鱗片。花單性，雌雄異株，雄花開花時會脫離植株飄浮水面。雄花具長花梗，萼片3，花瓣3。果實圓形。上端有突起物。

澳洲、爪哇、婆羅洲、馬來西亞、菲律賓、日本和中國大陸東北。台灣生於全島水池或水渠中。

果實生於葉腋

雄花開於水上

葉鋸齒狀，無柄，3～6枚輪生於莖上。

沉水草本

雄花花梗長

水鼈屬 HYDROCHARIS

淡 水草本。單葉，葉根生，叢生。單性花，聚繖花序；輻射對稱，花萼3枚，花瓣3枚，離生；雄花數枚集生，具梗，總苞片2枚對生，雄蕊多枚，花絲離生或基部略合生，花藥2室；雌花單生，具二裂佛焰苞，雌蕊心皮3枚，合生，柱頭扁平，二裂，子房6室，子房下位。蒴果，漿果狀。

水鼈	屬名	水鼈屬
	學名	*Hydrocharis dubia* (Blume) Backer

多年生浮葉型草本。葉圓或腎形，飄浮於水面，先端近圓形，葉片長3～5公分，寬2.5～4.5公分，具7～9平行脈，下表面有一蜂窩狀通氣組織。花單性，雌花單一，退化雄蕊3～6，花柱3～6枚，萼片3，花瓣3。

　　日本、琉球、菲律賓、印度到澳洲。本種在台灣僅有一筆採自恆春海口的記錄，可能在台灣已滅絕。現有的植株皆為外來之引種植株。

多年生浮葉型草本。花單性，花瓣3枚。

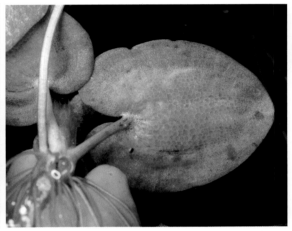

葉圓或腎形，飄浮於水面，先端近圓形，下表面具蜂窩狀通氣組織。（許天銓攝）

茨藻屬 NAJAS

　　年生沉水草本。植株纖長，柔軟，二叉狀分枝或單軸分枝；下部匍匐或具根狀莖。莖光滑或具刺，莖節上常生不定根。葉線形，葉脈1條或多條；葉全緣或具鋸齒；葉基擴展成鞘或具鞘狀托葉。花單性，單生、簇生或頂生，雌雄同株或異株。雄花無或有花被，或具苞片，花絲細長或無，花藥1室；雌花無花被片或具苞片，具1、2或4枚離生心皮，柱頭二裂或斜盾形。果為瘦果。

　　本屬在台灣目前分類仍為渾沌的狀態，在鑑定時須要有花、果實及種子才能容易鑑定。*Najas ancistrocarpa*（彎果茨藻）由楊遠波氏（1974）於台北士林芝山巖水田中發現，然現在環境丕變，可能已絕跡，其果實U形彎曲；種子紡錘狀披針形，長約2.5公釐，具縱紋。

高雄茨藻（布朗氏茨藻、茄萣茨藻）

	屬名	茨藻屬
	學名	*Najas browniana* Rendle

葉細鋸齒緣，葉耳短三角形。雄花腋生，花藥1室；雌花單生，無佛焰苞。果實狹橢圓形。種子長1.5～1.7公釐，網紋近正方形或五角形。

　　爪哇、婆羅洲及中國大陸。台灣見於高雄、台南一帶水池中。

葉細鋸齒緣（許天銓攝）

植株生態（許天銓攝）

纖細茨藻（日本茨藻、細葉茨藻）

屬名　茨藻屬
學名　*Najas gracillima* A. Br. *ex* Magnus

葉極狹，長約1.5公分，細微鋸齒緣；葉耳截形。雄花腋生，單生，花藥1室；雌花腋生，常成一對。種子長1.6～2公釐，網紋縱向延長。

　　北美、日本和中國大陸。台灣全島水田、水池，但目前僅在東北部一帶較易見到。

葉極狹。果紡錘形。

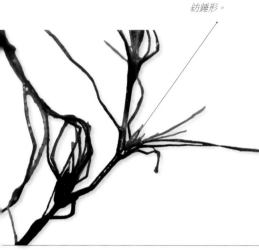

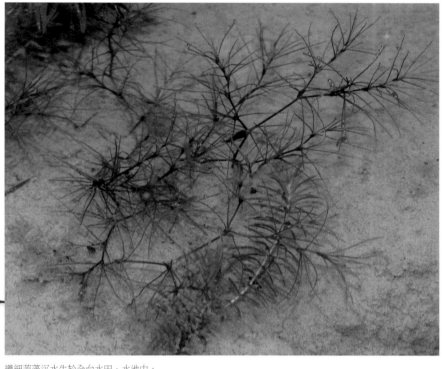

纖細茨藻沉水生於全台水田、水池中。

拂尾藻（塵尾藻）

屬名　茨藻屬
學名　*Najas graminea* Del.

果實卵形

葉片密生近枝條頂端，葉紅褐色或綠色，線形，長1～3公分，先端銳尖，密細鋸齒緣；葉鞘具長三角形葉耳。雄花無佛焰苞，具小花梗，花藥4室，橢圓形；雌花無佛焰苞，柱頭2。種子卵形，種脊明顯，網紋五角形至六角形或正方形。

　　爪哇、印度、緬甸、菲律賓、琉球和日本。台灣全島及蘭嶼水田、水池，但北美、日本和中國大陸。記錄於台灣全島水田、水池，但目前僅在東北部一帶較易見到。

紅褐色葉子，莖節易斷。

沉水生長於水田、池塘中。葉紅褐色或綠色。

瓜達魯帕茨藻

屬名　茨藻屬
學名　*Najas guadalupensis* Magnus

莖細而軟，常分枝，分枝最長可達60～90公分，易斷。葉線形，有點透明，長可至3公分，寬2～3公釐，有小齒緣。

花1～3，生於葉腋，柱頭四裂。種子不彎曲，黃白色有紫暈，紡錘形，長1.2～3.8釐。

　原產於美洲。歸化於台中水澤及公園水池。

一年生沉水植物

莖細而軟，常分枝，易斷。葉長及寬較台產本屬所有植物多大些。

印度茨藻

屬名　茨藻屬
學名　*Najas indica* (Willd.) Cham.

莖多分枝。葉直或稍向後彎，先端銳尖，鋸齒緣，長達2.5公分，基部具鞘。雄花常單生，包在佛焰苞內，花藥4室；雌花無佛焰苞。種子橢圓形，網紋近正方形或正方形。

　印度、馬來西亞、中國大陸和日本。台灣紀錄於全島水田、水池中，以南部較常見。本種之學名使用仍有爭議。

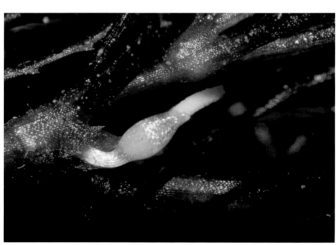

雄花生於葉腋（許天銓攝）

全株（許天銓攝）

大茨藻

屬名	茨藻屬
學名	*Najas marina* L.

莖多分枝，光滑或具疏刺。葉扁平，線形，先端鈍，葉緣鋸齒狀，下表面常具刺，長2～4公分，寬達3公釐，具鞘，無葉耳。雌花單生，無佛焰苞，柱頭2或3。種子稍不對稱，橢圓形至卵形。

世界廣布。台灣曾於中部與南部水池中發現；目前龜山島為族群穩定的點。

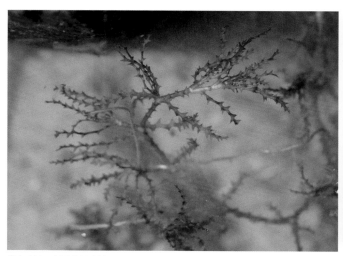

莖多分枝，光滑或具疏刺。

葉扁平，線形，先端鈍，葉緣鋸齒狀，下表面常具刺。

小茨藻

屬名	茨藻屬
學名	*Najas minor* Allioni

葉向後彎，先端銳尖或鈍形，小牙齒緣，長約1.5公分；葉耳具刺，截形至圓形。雄花單生，包在佛焰苞內，花藥1室，橢圓形；雌花大多單生，無佛焰苞。種子狹橢圓形，稍彎曲，網紋橫扁。

爪哇、菲律賓、中國大陸、琉球和日本。台灣全島水田、水池中。

生於水田、池塘中，

莖多分枝

葉小牙齒緣，基部具鞘。（許天銓攝）

水車前屬 OTTELIA

單葉，葉根生，叢生，托葉無。佛焰苞細長，圓筒狀，先端三裂；花單生於根生花軸頂端，兩性或單性；萼片3，橢圓形，淡綠色；花瓣3，倒卵形，白色或淡紅色；雄蕊3～15；雌蕊具3心皮；花柱3。果實長橢圓形，包在佛焰苞內。

水車前草

屬名	水車前屬
學名	*Ottelia alismoides* (L.) Pers.

葉基生，所以莖不明顯；葉線形、鏟形、披針形、卵形至心形，長7～13公分，寬3～9公分，先端鈍，綠色或深綠色，微透明，具5～9條平行脈，中肋突顯，全緣，基部具柄，柄呈鞘狀包圍帶白色之基部。花淡紅色。

　　澳洲、馬來西亞、琉球到日本。台灣以往在北部水田甚多，但目前日漸稀少，未來有絕滅之虞。

雄花花瓣3枚，淡紅白色。

葉基生，線形、鏟形、披針形、卵形至心形。

花開於水上

果實狹橢圓形，內含多數種子。

泰來藻屬 THALASSIA

海 水生多年生草本。根具毛。地下莖匍匐，幼株在莖節上有鱗片覆蓋。佛焰苞1邊或2邊合生；雄花具短梗，花被3，雄蕊3～12，花藥2～4室；雌花心皮3枚，合生，子房1室，具長喙，花柱6～12。果實球形或橢圓形。

泰來藻

屬名	泰來藻屬
學名	*Thalassia hemprichii* (Ehrenb.) Asch.

葉闊線形，常呈鐮刀形，先端圓鈍，強韌，具多條平行脈，基部具鞘，無葉舌，長5～10公分，寬5～8公釐。

　　印度、馬來西亞和琉球。台灣生於海口、後壁湖、綠島、小琉球沿岸、澎湖、綠島及東沙淺海處。

果實（陳建文攝）

種子（陳建文攝）

墾丁後壁湖之植群

海生沉水草本，生長於砂質淺灘上。

葉基部具鞘，無葉舌。

葉闊線形，常呈鐮刀形，先端圓鈍，強韌，具多條平行脈。

苦草屬 VALLISNERIA

水 生具匍匐莖之多年生草本。葉基生，線形，帶狀，細鋸齒緣，基部具鞘。花單性，雌雄異株。雄花佛焰苞小，卵形，總花梗短；雄花小，多數，具花梗，各與佛焰苞離生且開花前浮於水面，萼片3，卵形；花瓣3；雄蕊1～3。雌花佛焰苞圓筒形，二裂，具總花梗，總花梗螺旋狀；雌花於佛焰苞內單生；萼片3，卵形；花瓣3，卵形，較萼片小；子房線形。

大苦草

屬名	苦草屬
學名	*Vallisneria gigantea* Graebn.

草本。葉根生，葉帶狀，葉緣有鋸齒。花為單性，雄花小，開花前會斷離浮於水面；雌花具總花梗，總花梗螺旋狀，雌花單生於佛焰苞內。

　　日本和馬來西亞。台灣曾記錄於高雄澄清湖，目前偶見於各地溝渠或池塘，但可能大多為歸化之族群。台灣亦有旋葉苦草（*V. spiralis L.*）之紀錄，其植物體較小，葉片多少呈螺旋狀扭曲。

總花梗螺旋狀

雌花。萼片3枚，花瓣3片，卵形，較萼片小。

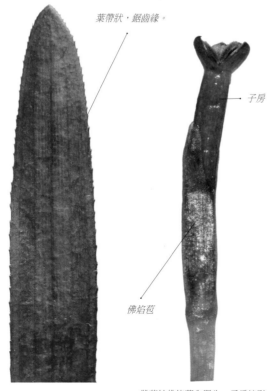

葉帶狀，鋸齒緣。

子房

佛焰苞

葉緣有細鋸齒

雌花於佛焰苞內單生，子房線形。　　生長於靜水域之植株

眼子菜科 POTAMOGETONACEAE

沉沒或漂浮於淡水中的多年生草本，常有匍匐的莖或根莖，單軸或合軸型，以不定根著生於泥土中，分枝直立上升水中。葉互生或稀對生，同株植物常具二型葉；水中葉常無柄，線形或披針形；浮水葉革質，具柄，披針形至卵形或橢圓形。托葉膜狀，常合併成一具2條明顯葉脈及許多平行小葉脈之鞘。穗狀花序，頂生或腋生，具花序梗；花兩性或單性，整齊，花被片4，分離，圓形，具短爪；雄蕊4或1枚；心皮4，子房上位，各有一彎生胚珠。果實為1～4個的小型核果或瘦果。

特徵

穗狀花序（匙葉眼子菜）

花被片4；雄蕊4，花葯二裂。（柳絲藻）

沉沒或漂浮於淡水中的多年生草本。同株植物常具二型葉；水中葉常線形或披針形；浮水葉革質，具柄，披針形至卵形或橢圓形。（眼子菜）

眼子菜屬 POTAMOGETON

葉沉水或兼具浮水葉；沉水葉之托葉與葉片基部分離或少部分合生，葉身扁平，膜質，半透明狀。

沉水植物。常見於河流、水溝或水池。

馬藻

屬名	眼子菜屬
學名	*Potamogeton crispus* L.

沉水植物。莖細長具分枝。葉闊線形，2～5公分長，3～6公釐寬，綠色，薄膜質，葉波狀或細鋸齒緣，先端鈍或圓形，無柄，呈半透明，兩側各有1條與邊緣平行的緣脈；托葉膜質。花序穗狀，約1公分長，花序軸突出水面，長可達5公分；花芽時包於托葉內。花被片4，離生，圓形；雄蕊4，著生在萼片柄之基部；雌蕊之花柱四裂。

世界廣佈。台灣河流、水溝、水池或河口，是相當常見的水生植物。

花兩性，花被片4，雄蕊4。

莖細長具分枝。葉闊線形，綠色，薄膜質，葉波狀或細鋸齒緣，先端鈍或圓形，無柄，呈半透明，兩側各有1條與邊緣平行的緣脈托葉膜質。

冠果眼子菜

屬名	眼子菜屬
學名	*Potamogeton cristatus* Regel & Maack

莖絲狀，時而分枝。葉二型；浮水葉卵形至卵狀長橢圓形，先端銳尖；水中葉線形或絲狀，先端銳尖；托葉膜狀，邊緣重疊。果密生，具柄，扁平，背面明顯具脊。

中國、琉球、日本和烏蘇里江。

葉卵形至卵狀長橢圓形，先端銳尖。（許天銓攝）

異匙葉藻

屬名	眼子菜屬
學名	*Potamogeton distinctus* A. Benn.

莖分枝。葉2型，初期僅有水中葉；浮水葉闊卵形或橢圓形，長4～7公分，革質，先端銳尖，全緣，具柄；水中葉披針形，膜質，具柄；托葉膜質。穗狀花序長2.5～8公分，花序梗長3～10公分，挺出水面，兩性花；花被4枚，綠色，離生，具柄；雄蕊4枚，著生花被柄基部。果實具3個全緣之背脊。

日本、韓國、琉球和中國大陸。在台灣曾廣泛分布於全島平地與低海拔的溝渠、池沼中，但近年來因環境的開發與污染，其生育地正逐漸縮小之中，已經難得一見。

浮水葉闊卵形或橢圓形，革質，先端銳尖，全緣，具柄。

果實

開花時花序挺出水面

南美眼子菜

屬名	眼子菜屬
學名	*Potamogeton gayi* A. Benn.

多年生沉水草本，地下走莖發達。葉線形，長4～12公分，寬2～5公釐，先端漸尖，泛紅。台灣目前尚未有花果之記錄。

最近歸化台灣各地溝渠及池塘中。

多年生沉水草本

葉先端漸尖

葉線形，泛紅。

微齒眼子菜

屬名　眼子菜屬
學名　*Potamogeton maackianus* A. Benn.

地下莖細長。葉互生，線形，無柄，5脈，葉緣具微細的疏鋸齒，葉半透明，先端闊凸起，基部與托葉癒合；托葉膜質。

　　中國大陸、韓國、日本和西伯利亞。目前僅宜蘭南澳神祕湖有穩定之族群。

葉互生，無柄，基部與托葉癒合。

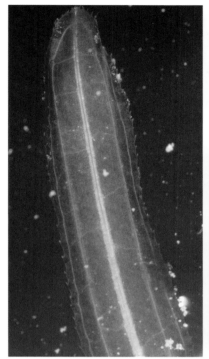

葉5脈，葉緣具微細的疏鋸齒，先端闊凸起。

葉線形，半透明。

匙葉眼子菜（馬來眼子菜）

屬名　眼子菜屬
學名　*Potamogeton malaianus* Miq.

莖細長，稍具分枝。葉線形至披針形或狹長橢圓形，長於4公分，紙質，綠色或棕色，先端具凸尖，波狀及細鋸齒緣，基部漸尖，具柄；托葉膜質，具2條明顯的脈。

　　爪哇、婆羅洲、菲律賓、韓國和日本。台灣全島低海拔地區的流動水域，如小溪或水溝中。

果序

穗狀花序開於水上

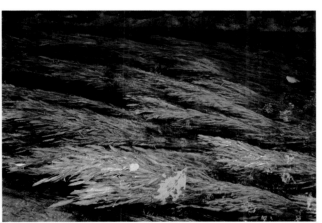

生長於低海拔地區的流動水域，如小溪或水溝中。

眼子菜

屬名　眼子菜屬
學名　*Potamogeton octandrus* Poir.

莖細長，分枝多。浮水葉披針形或狹橢圓形，革質，先端銳尖，全緣，具柄；沉水葉線形，膜狀，先端銳尖，無柄；托葉膜質，邊緣重疊。果卵形，具一短開口，無柄或近無柄，具 3 背脊，中間脊具鈍齒。

　　印度、馬來西亞、琉球、韓國和日本。台灣多產在北部、東北部及中部之中低海拔水田、水池、湖澤及溝渠中，目前尚稱普遍

浮水葉披針形或狹橢圓形，革質，先端銳尖，全緣，具柄。托葉膜質，邊緣重疊。

葉兩型，沉水葉線形，浮水葉披針形或狹橢圓形。

花序開於水上

線葉藻

屬名　眼子菜屬
學名　*Potamogeton oxyphyllus* Miq.

莖具分枝。葉全沉水葉，先端銳尖，全緣，無柄；托葉膜質，邊緣重疊。穗狀花序，花密生，總花梗長2～4公分。果實闊卵形，具宿存短花柱。

　　日本、韓國、中國大陸。台灣北部和中部的湖泊。

托葉膜質，與莖離生。

神祕湖中的線葉藻

柳絲藻

屬名	眼子菜屬
學名	*Potamogeton pusillus* L.

莖細長，分枝多。葉全為沉水葉，線形，先端銳尖，綠或深綠色，膜質，具2不明顯之側脈，無柄；托葉管狀，膜質，邊緣重疊。穗狀花序具梗，花芽時包於托葉內；花兩性；花被片4，綠色，離生，近圓形，具短梗；雄蕊4，花藥白色，著生在花被柄之基部。果倒卵形。

　　菲律賓、韓國、琉球、日本和中國大陸。台灣全島水溝、溪流、水池中。

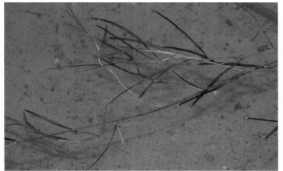

莖細長，分枝多。葉全為沉水葉，線形，先端銳尖，無柄。

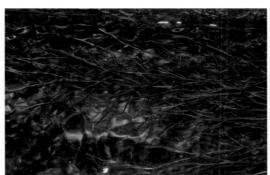

沉水生長於水溝中之生態

花兩性；花被片4；雄蕊4；心皮4，離生。

篦齒眼子菜屬 STUCKENIA

形態與眼子菜屬（*Potamogeton*）接近，主要區辨特徵為托葉超過2/3長度與葉片基部合生；此外植物體僅具沉水葉而無浮水葉，沉水葉肥厚，中肋凹陷呈溝狀，不透明。

龍鬚草

屬名	篦齒眼子菜屬
學名	*Stuckenia pectinata* (L.) Börner

莖絲狀，分枝多。葉全為沉水葉，絲狀，為本屬中最細的，綠色或帶棕色，先端銳尖；托葉下方 2/3 與葉基部合生，先端銳尖，膜質。穗狀花序甚長，上面疏落生長幾朵小花。

　　世界廣佈。台灣全島水溝溪流中。

莖絲狀，分枝多。葉絲狀，綠色或帶棕色，先端銳尖。

藉水流散播花粉

葉全為沉水葉，葉為台灣產本屬最細者。

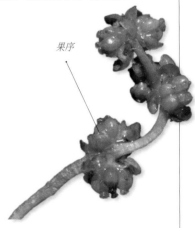

果序

角果藻屬 ZANNICHELLIA

水 生草本植物，具纖細根莖。葉線形，全緣，簇生於莖節上。花小，單性，雌雄同株或異株；花被3或缺；雄花單生，裸露，雄蕊1；雌花包於一杯狀總苞內，心皮3～4，離生，花柱細長，延長，柱頭斜盾狀。果實為蒴果，無柄或有柄，不開裂。

角果藻（絲葛藻）

屬名	角果藻屬
學名	*Zannichellia palustris* L.

淡水生草本；莖細長。葉無柄，半圓柱形，窄於1公釐。花腋生，雌雄同株。雄花具0.6～0.7公釐長之花葯。雌花花柱彎曲長喙狀，於結果時宿存。

世界廣佈。台灣南投埔里茭白筍水田中、高雄、屏東及恆春一帶沼澤地。

果弦月形，先端有喙狀的宿存花柱，2～6枚聚生於葉腋。

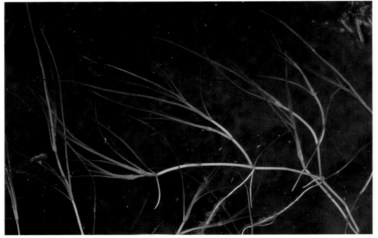

莖細長。葉無柄，半圓柱形，窄於1公釐。

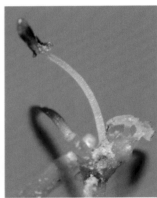

雌花具雌蕊數枚　　　　雄花雄蕊單一

沉水草本

花單性，雌雄同株。雄花與雌花一同生於葉腋。

流蘇菜科 RUPPIACEAE

生長於半鹹水之草本。莖多分枝。葉互生或對生,具一明顯中肋,基部具鞘。花序頂生,穗狀,具總花梗,初形成時有葉狀鞘包圍;總花梗短,結果時延長。花兩性,小,無花被;雄蕊2,對生;心皮3或4排成一或二列,於對生雄蕊之間。台灣有1屬。

流蘇菜屬 RUPPIA

特徵如科。
台灣有1種。

流蘇菜

屬名	流蘇菜屬
學名	*Ruppia maritima* L.

沉水性草本,具延長且多分枝的莖。葉互生或近對生,絲狀,長達10公分,先端漸狹,全緣但先端附近細鋸齒緣;鞘膜質,具半圓形葉耳。

　　歐亞大陸,北美和非洲。台灣南部,通常長在半鹹水處,如海邊的魚塭、水溝中或在河流出海口。

花兩性,小,無花被;雄蕊2,對生。

雄蕊

雌蕊

雄蕊

果實卵形,先端尖。總花梗於結果時延長。

葉片長可達10公分,絲狀,漸尖頭,全綠,近先端微鋸齒。

甘藻科 ZOSTERACEAE

海 水多年生之草本；莖扁，常分枝。葉二列，線形，扁平，帶狀，基部具鞘。雌雄同株，雄花及雌花在穗狀花序1側排成二列，無花被；雄花為單一無柄具1室之花藥；雌花具2合生心皮。果實卵形，基部圓形。種子具縱向稜脊。
台灣有1屬。

甘藻屬 ZOSTERA

特徵如科。
台灣有1種。

甘藻

屬名	甘藻屬
學名	*Zostera japonica* Asch. & Graebn.

地下莖匍匐；莖細長。葉二列，線形，扁平，帶狀，基部具鞘，葉長5.5～35公分，寬1～2公釐，先端圓形，全緣，具1明顯中肋及2側脈，且在二者之間具3或4條次脈。佛焰花序；無花被；雄花花藥1室。雌花具2心皮但子房1室：種子長橢圓形，長約2公釐，具光澤且光滑無毛，具縱向稜脊。

　　歐亞大陸和非洲。台灣生長在潮間帶以下的泥質或沙質地上，香山、大肚溪口、布袋、東石及恆春半島一帶海邊都可見其蹤跡。

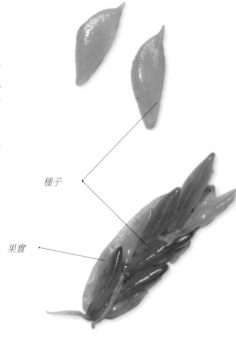

種子

果實

雌花

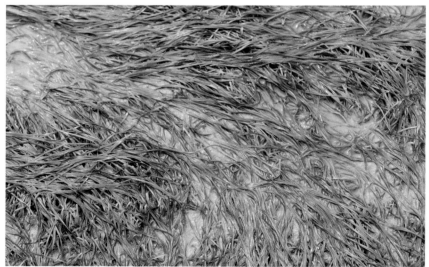

喜生於泥質之淺灘上

大片的甘藻群落

櫻井草科（無葉蓮科）PETROSAVIACEAE

多年生草本，自營或異營，地下具多分枝且被鱗片之根莖；葉線形或退化。花序總狀，花序梗上有多枚苞片。花被片6枚，結果時仍宿存；雄蕊6枚；心皮3枚，部分離生，具腺體。果為室間開裂之蓇葖果。

櫻井草屬（無葉蓮屬）PETROSAVIA

真菌異營植物，植物體淡黃色至近白色；葉退化為鱗片狀。花近白色，雄蕊著生於花被片基部；心皮僅基部合生，柱頭頭狀；蓇葖果每室內含多數細小種子。台灣有1種。

櫻井草（無葉蓮）

屬名　櫻井草屬（無葉蓮屬）
學名　*Petrosavia sakuraii* (Makino) J.J. Sm. *ex* Steenis

真菌異營；植株白色或淡黃色，被鱗片；地上莖直立，地下莖細小。總狀花序；花漏斗狀，直徑2～4公釐；花被片6，宿存；雄蕊6，著生於花被片基部；子房半下位，心皮3，基部合生，具腺體，柱頭頭狀。

　　產於緬甸、馬來西亞、越南、中國及日本。台灣早先僅有1941年採自新竹的一筆紀錄，後於2012年重新發現於宜蘭南山村一帶山區，生長於海拔1,700～1,800公尺之檜木林帶。

*總狀花序，
花漏斗狀。*

花被片6枚，結果時仍宿存。（許天銓攝）

果枝

心皮3

內輪花被片

雄蕊

初果，可見宿存的花被片、雄蕊及心皮。

水玉簪科 BURMANNIACEAE

真 菌異營植物，無色小草本，具瘤狀莖，有時地下莖每節具一小瘤；生殖莖單身不分枝，圓。葉互生，小，鱗片狀，白色，全緣。花排成聚繖、頭狀或分叉之蝎尾狀；兩性，放射對稱；花被片6，兩輪，合生，基部筒狀，至少基部宿存；雄蕊6或3，生於花筒上，與內輪花被片對生；子房下位，3室或1室，花柱三裂，柱頭三裂或頭狀。蒴果，稀漿果。

水玉簪屬 BURMANNIA

真 菌異營植物，多不具地下莖；根絲狀或膨大呈珊瑚狀。花被片內輪者略小；子房3室。果實上有完整宿存之花被片。種子褐色。

頭花水玉簪

屬名	水玉簪屬
學名	*Burmannia championii* Thw.

真菌異營，白色小草本。花莖不分枝；葉互生，甚小，退化作鱗片狀，白色，全緣。花序呈頭狀具花4～10朵；花筒白色，花心淡黃色，花被片6，兩輪，內輪較小，花筒長約花被片長3～4倍。

分布於馬來西亞、斯里蘭卡、日本、印尼及中國大陸的廣東等地。在台灣僅分布於蘭嶼。

葉鱗片狀

花心淡黃色。花被片6，兩輪，內輪較小。

花被片上表面黃色，花被筒外則黃色。

透明水玉簪

屬名	水玉簪屬
學名	*Burmannia cryptopetala* Makino

花單生或2～3朵聚生，偶見分枝；花被片黃色；花柱三裂；子房外表呈三翅狀。

產於日本以及中國大陸的海南等地。在台灣分布於台北、桃園及宜蘭低海拔山區。

花被片黃色，明顯。

子房外表呈三翅狀

花單生至3朵聚生，偶見分枝。

紫水玉簪

屬名　水玉簪屬
學名　*Burmannia itoana* Makino

通體紫色。花序具花1～2朵（稀3朵），花藍紫色，花梗下有2～3個苞片，花莖有數個紫色鱗片葉；花被片二輪，6片，其中外輪3片較大，呈三角形，子房外表呈三翅狀。

　　產於中國南部、琉球及日本南部。分布於台灣全島低至中海拔森林內，多見於北部烏來、福山較潮濕地區，南部則以南仁山山區較易見。

花被片二輪6片，其中外輪3片較大，呈三角形。

多見於北部烏來、福山較潮濕地區，南部則以南仁山山區較易見。本族群於滿州山區。

藍紫色草本。鱗片葉長橢圓形。

琉球水玉簪

屬名　水玉簪屬
學名　*Burmannia nepalensis* (Miers) Hook. f.

白色小草本，高5～11公分。鱗片葉狹卵形，白色。花序為分枝之聚繖花序；花1～7朵，白色，頂端黃色；外輪花被片明顯，內輪花被片封閉於花被筒內；子房外表具3個翅狀物。

　　產於日本、中國南部至東南亞。台灣分布於新竹至嘉義之中海拔山區，常大片繁生於竹林下。

子房外表三翅狀

花序為多花之聚繖花序可與透明水玉簪以此分別

小水玉簪屬 GYMNOSIPHON

白色草本；地下莖圓柱形，密生鱗片。分叉蝎尾狀花序；花白色，偶部分黃或藍色；花被片內輪明顯較外輪者小；子房1室。果實上有下半部宿存之花被片。

小水玉簪

屬名	小水玉簪屬
學名	*Gymnosiphon aphyllus* Blume

白色草本；地下莖圓柱形，密生鱗片。分叉蝎尾狀花序，花序頂生，具花1～3朵。花白色，偶部分黃或藍色；花被片內輪明顯較外輪者小，下半部宿存；子房1室。

產於馬來西亞、密克羅尼西亞群島。台灣僅見於蘭嶼。

果實

白色，偶部分紫藍色草本。鱗片葉卵形。花序頂生，具花1～3朵。

水玉杯屬 THISMIA

真菌異營草本，地下莖無，根圓柱狀。單葉，鱗片狀，互生。兩性花；單生；輻射對稱；花被6枚，合生筒狀，二輪，外被瘤狀物，宿存；雄蕊6枚，著生花被筒，花藥2室，縱裂；雌蕊心皮3枚，合生，花柱1枚，柱頭頭狀，三裂，子房1室，子房下位，側膜胎座。蒴果。近年部分系統研究認為此屬應歸入水玉杯科（*Thismiaceae*），但目前尚未定論。

黃金水玉杯 [特有種]

屬名	水玉杯屬
學名	*Thismia huangii* P.Y. Jiang & T.H. Hsieh

內輪花被裂片為橙黃色，花絲環帶為暗紅色至紅色，藥隔先端具長毛，柱頭裂片頂端具1根長毛。果期時花梗會伸長，果梗及果實皆呈現半透明狀。

特有種，零星記錄於桃園復興、新竹尖石及南投鹿谷之中海拔山區，生長於竹林或針闊葉混合林下腐質層豐厚處。

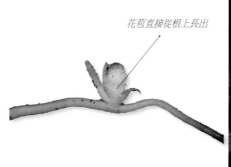

花苞直接從根上長出

果期時梗伸長，果外形呈杯狀。

內輪花被裂片

外輪花被裂片

本種為台灣近年來發表的新種水玉杯。

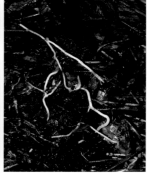

未開花時，僅見白色的根。

台灣水玉杯 特有種

屬名 水玉杯屬
學名 *Thismia taiwanensis* S.Z. Yang, R.M.K. Saunders & C.J. Hsu

植物體終年埋生於枯枝落葉層，連花期亦在枯枝落葉下，果期時方可看見果柄伸長突出落葉層。花單生，白色，內外二輪花被片明顯不等大，內輪花被裂片匙狀，外輪花被裂片小且略呈反捲或闊三角形。開花時花莖較短，但是在結果時則逐漸變長。果梗長5~8公分。種子為橢圓形，兩端微尖。

　　特有種，目前僅記錄於高雄桃源、南投魚池及信義等地，生長於海拔1,100～2,000公尺之針闊葉混合林或竹林下。

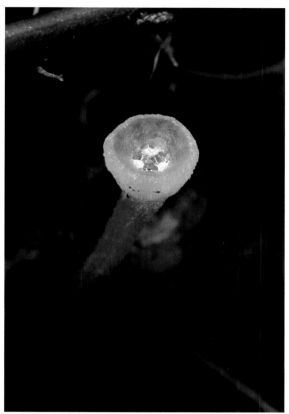

終年埋生於枝落葉層，果時果柄伸長突出。

花單生，合瓣花，花冠筒形，白色透明，花被裂片6枚排成內外二輪，花被片著生長條狀附屬物，花柱單一

薯蕷科 DIOSCOREACEAE

多年生纏繞草本；有塊狀或根狀的地下莖。葉互生，稀對生，單葉或為掌狀複葉，全裂或分裂。花大都單性異株，花序穗狀、總狀或圓錐狀；花被片6，二輪，基部合生；雄蕊6，有時3枚發育，3枚退化；雌花和雄花相似，惟雄蕊退化或缺；子房下位，3室，花柱3，分離。蒴果或漿果。種子具翅。

薯蕷屬 DIOSCOREA

特徵如科。蒴果具3翅。本書收錄8種原生或普遍歸化的類群，此外台灣引進栽培或少量歸化的物種尚有家山藥（*D. batatas* Decne.）、刺薯蕷（*D. esculenta* (Lour.) Burkill）、假山藥薯（*D. persimilis* Prain & Burkill）及非洲薯蕷（*D. sansibarensis* Pax.）等；掌葉薯（*D. codonopsidifolia* Kamikoti）及大青薯（*D. benthamii* Prain & Burkill）則為疑問類群。在金門、馬祖另有福州薯蕷（*D. futschauensis* Uline *ex* R. Knuth）之分布。

大薯	屬名	薯蕷屬
	學名	*Dioscorea alata* L.

莖右旋性，一年生，四稜具翅，具零餘子。葉對生，長橢圓狀三角形，長3～15公分，寬6～12公分，先端尾狀，基部心形或耳形，脈7～9。雄花序穗狀，1～2腋生或複合成窄圓錐狀花序，雄花花軸之字形，雄蕊6，具退化雌蕊；雌花序總狀，單一或成對，退化雄蕊6。蒴果橢圓形，長2.5公分，寬1.5公分。

分布於印度、馬來西亞及菲律賓。台灣栽植。

莖四稜具翅，葉對生，長橢圓狀三角形。台灣本屬植物栽培分布最廣者，品系繁多，野外常發現逸出的族群。

黃獨（黃藥子、首烏、山慈姑）

屬名	薯蕷屬
學名	*Dioscorea bulbifera* L.

莖左旋。葉互生，草質，扁心形或卵狀三角形，長8～15公分，寬5～10公分，先端漸尖或短尾狀，微波狀緣，脈7～11，葉柄基部具耳狀托葉。花序穗狀，1～3腋生，偶複合成圓錐狀花序；雄花鐘形，開展，雄蕊6，具退化雌蕊；雌花具退化雄蕊6，棒狀，先端兩裂。蒴果橢圓形，長1.5～2.5公分，寬1～1.5公分，果柄向上反折，先端開裂。

分布於中國大陸、海南島、台灣、日本、韓國、澳洲及美國熱帶地區。在台灣廣泛分布於1,000公尺以下低海拔處。

蒴果橢圓形，長1.5～2.5公分。

花序（楊智凱攝）

葉互生，草質，心形，偶呈卵狀三角形，基出脈7～11。

裏白葉薯榔

屬名 薯蕷屬
學名 *Dioscorea cirrhosa* Lour.

莖右旋。葉對生或於莖基部互生，卵狀披針形，長7～9公分，寬2～5公分，先端漸尖、銳尖或具短尾，基部圓形、截形、心形或耳形，近革質，葉表綠色，葉背灰綠色，脈5～7，兩面網狀細脈明顯。雄花序穗狀或圓錐狀，雄花毯狀不開展，雄蕊6，具退化雌蕊；雌花序穗狀，單一或成對，雌花具退化雄蕊6。蒴果橫橢圓形，長2公分，寬3公分，革質，完全開裂。

　　產於中國大陸、越南、菲律賓及琉球。普遍分布於台灣全島、綠島平地至海拔2,000公尺山區。

果序：蒴果橫橢圓形，長2公分，寬3公分，具3翅。

雄花植株

葉對生，葉表綠色，葉背灰綠色，脈5～7，兩面網狀細脈明顯。

華南薯蕷

屬名 薯蕷屬
學名 *Dioscorea collettii* Hook. f.

莖左旋，細長，不具零餘子。葉互生，卵狀三角形，長7～10公分，寬4～6公分，先端漸尖或具短尾，微波狀緣，基部心形或耳形，脈7，下表面葉脈凸起；葉柄細長，基部具一對刺狀托葉。雄花序穗狀，雄花3～7朵簇生於花序軸上，雄花開展，綠色，雄蕊3，花絲先端2分叉，各具一花藥及一棒狀腺體，退化雄蕊3與完全雄蕊互生，棒狀，先端微二裂，具退化雌蕊；雌花序穗狀，雌花具退化雄蕊6，兩輪互生，外輪3，具4乳頭狀腺體，內輪3，棒狀，先端二裂。蒴果扁倒卵形或倒心形。

　　產於中國及緬甸。分布於台灣平地至低海拔山區，離島亦產之。

花絲先端2分叉

雌雄異株：雄花序穗狀或圓錐狀，雄蕊3枚，退化雄蕊3枚，具退化雌蕊。

蒴果扁倒卵形或倒心形

葉互生，膜質，卵狀三角形，葉基部耳形或心形，基出脈7。

雌花

花柱3，分離

蘭嶼田薯

屬名 薯蕷屬
學名 *Dioscorea cumingii* Prain & Burkill

莖左旋。葉互生，掌狀複葉，小葉3～7，紙質，中央小葉卵圓形或披針形，長6.5～11公分，寬2～5公分，先端漸尖或尾狀，羽狀脈兩面凸起；側生小葉狹卵圓形，基部歪斜，長5.5～12公分，寬2～5公分，先端尾狀。雄花序總狀，複合成圓錐花序，花軸及雄花被密生柔毛；雄花具完全雄蕊3，退化雄蕊3，兩者互生；雌花序總狀，1～2腋生，具長柔毛，受粉後果柄反折。蒴果長橢圓形。種子基生翅。

　　產於菲律賓及台灣。台灣僅分布於蘭嶼。

受粉後果柄反折

掌狀複葉，小葉3～7。

雌花序總狀

戟葉田薯（恆春山藥）

屬名 薯蕷屬
學名 *Dioscorea doryphora* Hance

莖右旋。葉互生，戟狀三角形，長3～9公分，寬2.5～6公分，草質或近革質，葉身沿中脈向上翹曲，脈7～9。葉柄具薄翅延伸至葉枕。雌花序穗狀，單一，退化雄蕊6，乳頭狀，先端二裂；雄花序穗狀，直立，1～3腋生，雄花扁球形，徑約2釐米，雄蕊6。蒴果橫橢圓形。

　　產於中國及琉球。分布於台灣平地至低海拔山區，離島亦產之。

雄花序穗狀，直立。

蒴果橫橢圓形

葉互生，戟狀三角形。（楊智凱攝）

大苦薯

屬名　薯蕷屬
學名　*Dioscorea hispida* Dennst.

莖左旋，具刺及柔毛。葉互生，三出複葉，密生長柔毛，葉柄及小葉柄具刺；中央小葉橢圓形或倒卵形；側生小葉歪斜狀倒卵形或半心形。雄花序穗狀，複合成圓錐花序；雄花密集互生於花軸上，雄蕊6，略相等；雌花序總狀，1～2腋生。蒴果橢圓形。種子基生翅。

　　植栽後逸出。

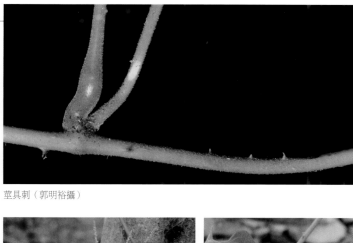

莖具刺（郭明裕攝）

植株照（郭明裕攝）

花序（郭明裕攝）

雄花序穗狀，複合成圓錐花序。（郭明裕攝）

日本薯蕷（野山藥）

屬名　薯蕷屬
學名　*Dioscorea japonica* Thunb.

莖右旋，細長，零餘子球形或不規則分枝。葉對生，或近莖基部互生，卵狀三角形或披針形，長6～10公分，寬2～5公分，先端漸尖、短尾或銳尖，基部箭形、戟形、耳形、心形或截形，草質，脈7～9。雄花序穗狀，1～3腋生，花軸之字形；雄花球形，徑約1.5公分，雄蕊6，略相等；雌花序總狀，單一，腋生，退化雄蕊6，二輪，棒狀。蒴果橫橢圓形。

　　產於中國、日本、琉球及韓國。台灣普遍栽植。

雄花序及植株

果實

納茜菜科 NARTHECIACEAE

多年生草本植物，具地下莖。葉基生。花長在一長花葶上，多朵小花在花莖上排成總狀花序。花被片 6；雄蕊 6；花柱 1，柱頭 3 淺裂。蒴果具喙膠囊。本科以往隸屬於百合科。

粉條兒屬 ALETRIS

多年生草本，具根莖。葉基生，禾葉狀，具上下兩面。花莖由葉叢中發出，具小葉片，穗狀或總狀花序；花被片 6，基部多少合生；雄蕊 6；子房半下位，具腺體，柱頭三叉或頭狀。蒴果，胞間開裂。除本書收錄物種外，於馬祖之南竿島可見短柄粉條兒菜（*A. scopulorum*），其花序被毛，花朵具短柄，可與台灣其他物種區別。

台灣粉條兒菜 特有種

屬名	粉條兒屬
學名	*Aletris formosana* (Hayata) Makino & Nemoto

多年生草本。基生葉叢生，披針形，長 8 ～ 14 公分，寬 1 ～ 1.5 公分，先端銳尖，基部鈍，紙質，葉脈不明顯，光滑無毛，表面常帶光澤，葉面微向後捲。花莖自葉叢中抽出，總狀花序長 30 ～ 35 公分；花小而不顯著，其上密被黏性毛茸，花開時略帶淡紅色。蒴果，卵形，黃褐色，成熟時向上開裂。種子多數而小。

　　特有種，分布於全島海拔 2,700 ～ 3,600 公尺之高山草原，以南湖大山、中央尖山、無明山、畢祿山、合歡山、奇萊山、秀姑巒山、玉山、關山及向陽山的草原最常見。

葉基生，禾葉狀。

滿地的台灣粉條兒菜（楊智凱攝）

束心蘭

屬名	粉條兒屬
學名	*Aletris spicata* (Thunb.) Franch.

葉線形，長 10 ～ 30 公分，寬 3 ～ 6 公釐。花白色，先端偶帶粉紅色。蒴果倒卵形。

全島中、低海拔草原及山壁。

穗狀或總狀花序

蒴果

葉基生，線形。

蒟蒻薯科 TACCACEAE

多年生草本；地下莖塊狀。葉基生，大，羽狀或掌狀分裂，具長柄。花序生於生殖莖上，具二輪總苞；小苞片 20 ～ 40，長線形，花後脫落；花多數，黃白色，具長梗；花被宿存；雄蕊白至紫色；雌蕊具環形花盤，子房具稜，柱頭白至紫色。漿果，球形，淡橘黃色。種子多數，扁圓形，具縱紋。

蒟蒻薯屬 TACCA

特徵如科。
台灣有1種。

蒟蒻薯

屬名	蒟蒻薯屬
學名	*Tacca leontopetaloides* (L.) Kuntze

多年生草本；地下莖塊狀。葉基生，1 ～ 3 枚，直徑達 150 公分，羽狀或掌狀分裂，具長柄。花序生於生殖莖上，具二輪總苞；小苞片 20 ～ 40，長線形，花後脫落；花多數，黃白色，具長梗；花被不張開，宿存；雄蕊白；雌蕊具環形花盤，子房具稜。漿果，球形，具縱紋。

分布在亞洲熱帶、非洲、東太平洋、台灣等地。台灣恆春半島風吹沙一帶林投灌叢中。

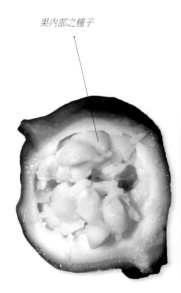

果內部之種子

分布於台灣恆春半島風吹沙一帶林投灌叢中（楊智凱攝）

葉基生，大，羽狀或掌狀分裂，具長柄。

果及花

花微張或不開。小苞片 20 ～ 40，長線形。

露兜樹科 PANDANACEAE

直立或攀緣木本植物，樹幹有支柱根。單葉，螺旋著生，線形或披針形，中脈和邊緣有利刺。花常聚生成頭狀或穗狀，單性，異株或雜性；花被無；雄花具雄蕊多枚，具或無退化雌蕊；雌花心皮單生，或多數，退化雄蕊小或無。果實為聚合果或漿果狀，由多枚核果組成。

山露兜屬 FREYCINETIA

攀緣性灌木。葉線狀披針形，葉緣及中肋下表面具刺。花單性，異株，排成頂生肉穗花序；雄花具數枚雄蕊；雌花子房一室；胚珠多數，具退化雄蕊。核果，聚生成圓柱狀。

山露兜（山林投）

屬名	山露兜屬
學名	*Freycinetia formosana* Hemsl.

攀緣性灌木。葉螺旋著生，線狀披針形，葉緣及中肋下表面具刺。花排成頂生肉穗花序；花被無。聚合果呈圓柱形。

　　分布於北部、東部至恆春半島東側及龜山島、綠島、蘭嶼，生長於受東北季風影響之低海拔山區。亦記錄於琉球群島及菲律賓北部。

雄花，呈頂生肉穗花序，被金黃色的佛焰苞，雄蕊多數。

雌花子房一室具一胚珠，緊密聚生成肉穗花序。

果實為核果，聚生呈圓柱狀。

為攀緣性灌木，雌雄異株，多見於近海岸山區。

露兜樹屬 PANDANUS

直立灌木，具支持根。葉線形，先端長漸尖呈尾狀，邊緣及中肋下方具刺，花單性，異株，排成肉穗花序；雄花之雄蕊多數。雌花子房一室具 1 胚珠，退化雄蕊小或多數。核果，聚生呈近球形或卵形。

露兜樹（林投）

屬名	露兜樹屬
學名	*Pandanus fascicularis* Lam.

常綠灌木，高可達 5 公尺，常從莖幹生成大型之支柱根支撐樹幹，有分枝，樹幹粗糙有瘤狀突起，環紋明顯。花雌雄異株，雄花呈圓錐花序，雌花呈頭狀花序；雄花淡黃白色，有多數苞片保護；雌花綠色，密生成頭狀排列。雄花序略倒垂、長約 50 公分。果大，單生，近球形，熟時橙紅色，由 50～70 或更多的倒圓錐形、稍有稜角、肉質的小核果集合成之聚合果。

　　產於太平洋各島嶼沿岸。分布於台灣海濱地區。

核果，近球形，
未熟時青綠色。

果熟時鮮橘紅色。（許天銓攝）

雄株，雄花序頂生，外被乳白色佛焰苞，雄花多數排成肉穗花序。

全島沿岸地帶可見之，葉螺旋排列於莖上，葉背中肋及葉緣具銳利之刺齒。

百部科 STEMONACEAE

多年生草本。單葉，對生或稀互生，具明顯葉柄，網狀脈。花腋生，單一或成聚繖形或繖形聚集；花被片4，離生；雄蕊4；子房1室，無花柱。蒴果，2瓣。

百部屬 STEMONA

纏繞性藤本，具紡錘狀塊根。葉具3～13基生脈。花藥先端具長附屬物；胚珠多數。

纏繞性藤本，葉寬卵狀心形。

百部

屬名	百部屬
學名	*Stemona tuberosa* Lour.

纏繞性藤本，葉寬卵狀心形，長10～20公分，寬6～15公分，葉柄長4～8公分，基生脈7～13。花1～3朵腋生，具長梗，花被片黃綠色，花下有1小苞片，披針形；花被片4片，披針形，黃綠色，帶7～9條紫色脈紋；雄蕊4枚，呈紫紅色，藥線形，先端具線狀附屬物。果倒卵形而稍扁，長約4公分，寬約2.5公分。種子10餘粒，橢圓形。

產於中國、中南半島及印度。分布於台灣全島低海拔林下、路旁及溪旁。

花1～3朵腋生，具長梗。（許天銓攝）

果實（楊智凱攝）

花被片4，離生，黃綠色，具紅色條紋；雄蕊4；子房1室，無花柱。（楊智凱攝）。

霉草科 TRIURIDACEAE

真菌異營之多年生草本，淡紅色或紅色（台灣）；莖直，具地下莖。葉鱗片狀，互生。頂生總狀花序，具苞片；花多為單性，同株或異株，放射對稱；花被片 3～6，成一輪，多為三角形，先端常具附屬物；雄花具雄蕊 2～6；雌花具多數離生心皮。蓇葖果或瘦果。

霉草屬 SCIAPHILA

莖單生，不分枝。雌雄同株；花被片常 6，等或不等大，先端有時具簇生毛；雄花雄蕊 2、3 或 6，與花被片對生，花絲基部常合生成一圈；雌花具多數離生心皮。蓇葖果。

蘭嶼霉草

屬名	霉草屬
學名	*Sciaphila arfakiana* Becc.

莖單一或分枝。花柱錐形，莖徑 0.3～0.5 公釐；藥隔延長成一長的附屬物，長約 1.3 公釐；花梗較長，7～9 公釐。

　　分布於馬來西亞至太平洋諸島及蘭嶼。

腐生之多年生草本，淡紅色或紅色。　藥隔延長成一長的附屬物　　　果實

斑點霉草

屬名	霉草屬
學名	*Sciaphila maculata* Miers

莖徑 0.6～1 公釐。花具兩性花和雄花，花朵數量多，最多可有 30 朵花；花柱棍棒形。本種花末期及果實之花梗（果梗）為向下彎曲，此特徵與其它台灣的霉草有所不同。

　　分布新幾內亞、婆羅洲、馬來西亞至菲律賓。台灣產台東及蘭嶼。

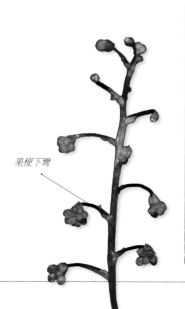

果梗下彎

花朵數量多，最多可有 30 朵花。　　真菌異營之多年生草本，淡紅色或紅色。

多枝霉草

屬名　霉草屬

學名　*Sciaphila ramosa* Fukuy. & T. Suzuki

植物體暗紫紅色；莖分枝。葉狹卵形。花序總狀，具花 3 ～ 10 朵；藥隔不延伸；花梗短，
2 ～ 3.5 公釐。與蘭嶼霉草比起來，本種的花梗比較短，地上花莖分枝通常比較多。

　　偶見於蘭嶼及屏東等地；亦記錄於日本之小笠原群島及香港。

花及初果
（許天銓攝）

莖分枝。與蘭嶼霉草比起來本種的花梗比較短，地上花莖分
枝通常比較多。（許天銓攝）

雄花（許天銓攝）

錫蘭霉草

屬名　霉草屬

學名　*Sciaphila secundiflora* Thwaites *ex* Benth.

植物體白、粉紅或帶紅色；莖長 4 ～ 12 公分，
具少數互生鱗片葉。葉卵或狹卵形。花序具
花 3 ～ 9 朵，花單性，花柱棍棒形。果實倒
卵形。

　　產於斯里蘭卡、馬來西亞、香港、日本
及太平洋群島。台灣零星記錄於嘉義、台
東、龜山島、蘭嶼等地。

莖長 4 ～ 12 公分。（許天銓攝）

花較少，不分枝。（許天銓攝）

果實

秋水仙科 COLCHICACEAE

多年生草本，具球莖或根莖；莖直立，單生或分歧，有時攀緣或具花葶，或退化僅餘地下部分。葉莖生，排成二列，互生、近對生、輪生基生，無柄並常具鞘或具假柄，卵形、披針形至線形或鑿形，先端平截或具卷鬚，平行脈，常具明顯中脈。花兩性，稀單性；無或有梗；多輻射對稱；排成頂生總狀或聚繖花序，偶繖形、頭狀花序或花單生；花被片6，稀7～12，常等大，基部分離或合生，常具斑點；雄蕊6；子房上位，由3心皮合生或部分合生，花柱1。

寶鐸花屬 DISPORUM

多年生草本，具根莖，根莖直立或斜昇。葉二列。花頂生，但有時似腋生，通常下垂；花被片6，筒狀鐘形；雄蕊6，離生；子房上位，花柱伸長，頂端三叉外彎成柱頭。漿果，藍黑色。

台灣寶鐸花 特有種

屬名	寶鐸花屬
學名	*Disporum kawakamii* Hayata

花解剖
（許天銓攝）

常綠草本。高約60～100公分。莖直立或斜生，常分枝。葉具短柄，光滑，披針形或卵狀披針形，長10～17公分，寬3～4公分，葉脈顯著。花2～5朵，著生於與上端葉對生的短枝頂端，有時似腋生，下垂，筒狀鐘形，花梗長1.5～4公分；花被片6，長橢圓狀倒卵形，淺黃綠色或黃色，先端帶紅色或粉紅色；雄蕊6枚；花柱單一，柱頭三裂。

特有種，產於中低海拔山區。紅花寶鐸花（*D. taiwanensis*）為本種異名。

花被片先端帶紅色或粉紅色。

花柱伸長，頂端三叉外彎成柱頭（剖面，楊智凱攝）

台灣特有種，產於中海拔山區。

南投寶鐸花 特有種

屬名 寶鐸花屬
學名 *Disporum sessile* (Thunb.) D. Don *ex* Schult

莖直立，高20～30公分，上有1～2分枝。葉卵形至卵狀披針形，長5～6公分，寬2.5～3公分，兩面平滑，膜質，三出脈。花1～3朵，光滑，白綠色，先端密生紫色斑點；雄蕊6；子房綠色，球形，光滑。

　　台灣特有種，產於全島 1,200 ～ 2,900 公尺林中。

先端密生紫色斑點（許天銓攝）

花頂生，下垂。

花1～3朵，光滑，白綠色。（楊智凱攝）

山寶鐸花 特有種

屬名 寶鐸花屬
學名 *Disporum shimadae* Hayata

多年生草本植物，莖直立，高 20 ～ 60 公分，常分枝。葉長橢圓狀卵形，長 4 ～ 8 公分，寬 2 ～ 3 公分，先端銳尖至極尖，基部鈍至楔形，紙質，全緣至微波狀緣。花下垂狀，1 ～ 3 朵，著生於枝條頂端，淡黃色至黃色，長筒狀，長 1.5 ～ 2.5 公分，徑 0.6 ～ 0.8 公分，花被片 6 枚，柱頭三裂。

　　特有種，產於東部及北部海岸山區。

花長筒狀，長 1.5 ～ 2.5 公分，徑 0.6 ～ 0.8 公分（剖面）。

高 20 ～ 60 公分，常分枝。

漿果，藍黑色。

花被淡黃色

百合科 LILIACEAE

多年生草本，具球莖或少數具根莖；地上莖直立，不分歧。單葉，互生、近對生或輪生，有時於莖基部叢生；絲狀至卵圓形，先端銳尖，稀具卷鬚；常具平行脈，稀網脈；有時具鞘。總狀或繖形花序，但花常單生，具苞片；花兩性，常輻射對稱；花被片6，二輪；雄蕊6，二輪，花絲分離；子房三室，上位。漿果或蒴果。

百合屬 LILIUM

多年生草本，具鱗莖，鱗片覆瓦狀被覆；莖直立或斜昇，通常單一。葉互生，無柄，通常無毛。花1至數朵，漏斗形；花被片6，具蜜腺；子房上位，柱頭膨大，三裂。蒴果，胞背開裂。

野百合

| 屬名 | 百合屬 |
| 學名 | *Lilium brownii* F.E. Brown *ex* Miellez |

形態與台灣百合相近（*L. formosanum*，見225頁）但葉通常較寬，且花被之密腺表面有細小乳突。

　　僅分布於金門及馬祖，未見於台灣本島。亦產中國各省。

葉披針形至倒披針形，花近純白。

野小百合

| 屬名 | 百合屬 |
| 學名 | *Lilium callosum* Siebold & Zucc. |

全株光滑無毛。葉無柄，線形，長5～12公分，寬3～6公釐。花下垂，花被片於近中部開展並反捲，紅色或橘紅色，內有斑點。蒴果狹長橢圓形，長2.5～3公分。

　　產於日本、琉球及台灣。再發現於苗栗卓蘭及通霄面海之低海拔淺山草坡。

花完全綻放後，花被片呈反捲狀態。（鄭元春攝）

原生於乾燥向陽的濱海丘陵地，混生在眾多植物之間。（鄭元春攝）

蒴果成熟後由頂部開裂，具薄翼之種子隨即散出。（鄭元春攝）

蒴果筒狀，上粗下細。（鄭元春攝）

台灣百合 特有種

屬名　百合屬
學名　*Lilium formosanum* Wallace

葉無柄，基部抱莖，線形至披針線形，長7～20公分，寬4～15公釐，邊緣平展，先端銳尖。花被片白色，外表有紅褐條紋，長10～15公分，先端反捲。蒴果長橢圓形，長4～7公分。

　　特有種。產於全島平地至高海拔山野開闊處。

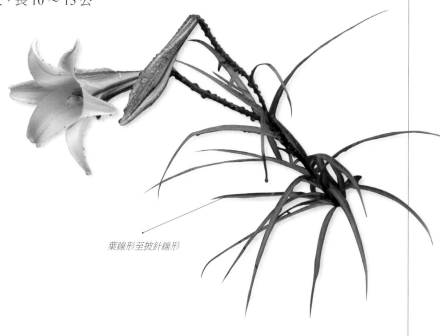

葉線形至披針線形

花被片白色，外表有紅褐條紋。

粗莖麝香百合 特有種

屬名　百合屬
學名　*Lilium longiflorum* Thunb. var. *scabrum* Masam.

莖上有粗糙毛。花單朵或多朵頂生花莖上；花被片純白，長12～17公分；苞片披針形，長3～5公分。本種葉比台灣百合寬，長15～25公分，寬1～2.5公分，光滑，三出脈，邊緣平展，先端鈍。

　　台灣特有變種，分布於北部至東部海岸，及各離島如彭佳嶼、基隆嶼、龜山島、綠島、蘭嶼。承名變種（*L. longiflorum* var. *longiflorum*）分布日本九州以南之離島。

花純白，長12～17公分。

台灣主要長在各離島、北部和東部的海邊。

本種葉比台灣百合寬

彭佳嶼的粗莖麝香百合

豔紅百合

屬名	百合屬
學名	*Lilium speciosum* Thunb. var. *gloriosoides* Baker

莖細直，斜伸或下垂，長約 60 ～ 120 公分。葉互生，具短柄，下垂，葉片廣披針形或卵狀橢圓形，稍肉質，長 6 ～ 20 公分，寬 2 ～ 6 公分，基部鈍圓形，先端尖或漸尖形，全緣，兩面光滑無毛。花朵下垂，花被片 6，強反捲，邊緣波浪狀，白色，1/2 至 1/3 處有紫紅色塊斑與斑點，基部有綠色蜜腺與流蘇狀或乳突狀突起；雄蕊 6，放射狀張開，花藥深紅色。

　　產於中國。分布於台灣北部山區，喜生於岩壁上。

花被片基部有流蘇狀或乳突狀突起

莖細直，斜伸或下垂，長約 60 ～ 120 公分。

花朵下垂，花被片 6，強反捲，邊緣波浪狀。

分布於台灣北部山區

油點草屬 TRICYRTIS

多年生草本；根莖常延伸成走莖狀；地上莖通常直立或斜昇。葉莖生，互生，基部通常抱莖。花序通常為聚繖圓錐狀；花被片 6，離生，外圈基部具蜜腺；雄蕊 6，花被片基部著生；子房上位，花柱 3 叉，每一分叉頂端再二裂。蒴果，胞間開裂。

台灣油點草

屬名	油點草屬
學名	*Tricyrtis formosana* Baker

單葉，互生，無葉柄，倒披針形或寬披針形，葉基漸窄或鞘狀，先端銳尖，全緣，葉緣疏被纖毛，上表面光滑，亮綠色，下表面被毛，尤以中肋較多。疏生繖房花序；花呈喇叭狀，花被白紫色，散佈斑點；小花梗、花被片上被有腺毛及粗毛；雄蕊 6 枚，花絲細長，花藥丁字著生；花柱與柱頭同長，花柱 3 叉，每一分叉頂端再二裂；子房光滑或近光滑，3 室；距長 4 ～ 5.5 公釐。蒴果，熟時縱裂，光滑無毛。

全島及蘭嶼平地至海拔 1,000 公尺地區。亦分布於琉球群島及菲律賓。

花被白紫色

白花之個體

葉倒披針形或寬披針形。常生於較溼潤之處。（楊智凱攝）

毛果油點草 特有種

屬名	油點草屬
學名	*Tricyrtis lasiocarpa* Matsum.

葉披針卵形至卵形，長 7 ～ 12 公分，寬 2.5 ～ 4 公分，兩面無毛，邊緣有毛，基部楔形。花白紫色，有紫紅色斑點。與台灣油點草最大的差異在於本種子房及蒴果具毛。果實橫向開裂。

特有種，產於中、南部低至中海拔山區。

葉披針卵形至卵形；長在岩壁上之植株。

花被片外表被毛（楊智凱攝）

與台灣油點草最大的差異在於本種子房及蒴果具毛

高山油點草 特有種

屬名　油點草屬
學名　*Tricyrtis ravenii* C.-I Peng & C. L. Tiang

多年生草本植物；具休眠性，冬季地上部枯萎。花被片白底紫紅色斑，斑點常排列成平行線；花距比台灣油點草（見227頁）短，距長約2～2.9公釐；花瓣上的紫紅色斑常排列成平行線。本種最主要的特徵為其花梗、花被片、子房及蒴果被有腺毛。

　　特有種，生於高海拔地區如塔塔加及向陽。

花瓣上的紫紅色斑常排列成平行線

花距比台灣油點草短，距長約2～2.9公釐。

台灣特有種，生於高海拔地區。

花梗、花被片、子房及蒴果被有腺毛。

鈴木氏油點草 特有種

屬名	油點草屬
學名	*Tricytis suzukii* Masam.

莖30～80公分長，光滑。葉披針形，長5～14公分，寬2～5公分，先端尾狀漸尖，基部心形或耳狀。花序全部腋生，花1～3呈繖房狀；白色花被片具紅紫色斑點，花被片光滑，長2～2.5公分；雄蕊光滑；花柱具毛狀物，子房光滑；花梗長3～5公分，具毛狀物。

　　特有種，分布於宜蘭及花蓮海拔800～1,600公尺山區陰濕處，量少。

花白色具紫紅色斑點

花側面

太魯閣之族群，除了在太魯閣清水山山區外，在南澳及壽豐鄉之低山區皆有分布。

葉基部心形或耳狀

花柱3叉，每一分叉頂端再二裂。

黑藥花科 MELANTHIACEAE

多年生草本，常具針狀晶體；根莖短粗或為球莖；地上莖直立，單生，具一般葉或鱗片狀葉，常基部增厚，有時具纖維葉鞘。葉全數莖生、半數莖生或全數基生，螺旋著生。總狀、圓錐、繖形或穗狀花序。花兩性或單性異株，常輻射對稱；花被片 6，二輪，皆花瓣狀，離生或於基部合生，具各種顏色；雄蕊 6，二輪，離生或生於花被上；子房常上位，具 3 合生心皮。蒴果，常三裂。

胡麻花屬 HELONIOPSIS

多年生草本，具厚短根莖。葉基生，蓮座狀。花莖單一，疏被鱗狀葉；總狀花序頂生，密集似繖形；花漏斗狀，通常具芳香；花被片 6，離生，宿存，基部具蜜腺；雄蕊 6，與花被片基部聯生；子房上位，花柱單一，柱頭在頂端。蒴果，胞背開裂。

台灣胡麻花 特有種

屬名	胡麻花屬
學名	*Heloniopsis umbellata* Baker

葉基生，蓮座狀。葉倒卵葉披針形，長可達 13 公分，寬可達 2.2 公分，3 ～ 5 脈。花序繖形、近繖形或總狀，花被片 6 ～ 12 公釐長，2.5 ～ 3.7 公釐寬，白色或粉紅色，花後期轉為綠色；花柱單一，柱頭在頂端，子房圓球形，三裂。

特有種，產於海拔約 1,000 公尺之岩石上及陰濕地上。

在觀霧、杉林溪及人倫林道有些族群其花序總狀，雄蕊與丫蕊花（*Ypsilandra thibetica* Franch.）並不同，僅是本種的總狀花變異，台灣目前還未發現真正的丫蕊花。

有些花序及果序呈總狀

人倫林道的總狀胡麻花其花藥背著，披針形；並非丫蕊花屬的植物。

丫蕊花的花藥通常腎形，基著，台灣沒有如此花藥的植物。攝於廣西。

花序繖形，花白色或粉紅色。

葉基生，蓮座狀。

七葉一枝花屬 PARIS

多年生草本，具粗厚根莖。莖直立，單一。葉 3 ～ 15 枚。花單一，頂生，具明顯長花梗；萼片 3 ～ 10，綠色，似葉片；花瓣無或 3 ～ 12，線形至絲形；雄蕊 3 ～ 21；子房上位，圓錐形，頂端具一盤狀花柱基，花柱粗短，上方 2 ～ 10 裂。蒴果，紫色，胞背開裂。

球藥隔七葉一枝花

屬名	七葉一枝花屬
學名	*Paris fargesii* Franch.

葉大多 3 或 4 枚，明顯具柄，倒卵形至倒卵狀橢圓形，長 7 ～ 14 公分，寬 4 ～ 9 公分，基部圓至淺心形。花萼及花瓣各 3 或 4 枚；花萼卵狀披針形至倒卵狀橢圓形，寬 1.2 ～ 1.5 公分；花瓣線形或略呈棒狀，長度為花萼之 1/3 以下，寬約 1 公釐；雄蕊 6 或 8 枚，粗短，藥隔先端明顯膨大為球狀，黑色；花柱粗短，四裂。

　　侷限分布於宜蘭及花蓮中海拔山區濕潤林下；亦產中國南部及越南北部。台灣族群花瓣均甚短，有時視為一變種（*P. fargesii* var. *brevipetalata*）。

雄蕊通常為 8，粗短；花柱粗短，四裂。（許天銓攝）

花瓣長 0.8 ～ 2 公分，線形。（許天銓攝）

葉 3 ～ 5，卵形至倒卵狀長橢圓形。

高山七葉一枝花 特有種

屬名　七葉一枝花屬
學名　*Paris lancifolia* Hayata

外觀與狹葉七葉一枝花（*P. polyphylla* var. *stenophylla*）相當接近，主要區別為花瓣近絲狀而非扁平之帶狀，短於花萼或近等長，寬 0.5 ～ 1 公釐，基部黃綠色，上部橙黃色至紫色，且花藥略短至近等長於花絲。

　　特有種，主要分布於南投、嘉義、花蓮與台東之中、高海拔山區林下。

花藥

花絲

花瓣

花萼

花萼及花瓣片略等長或稍短（許天銓攝）

開花植株（許天銓攝）

本種花藥短於花絲，有別於台產其它近似種。（許天銓攝）

華七葉一枝花

屬名　七葉一枝花屬
學名　*Paris polyphylla* Sm. var. *chinensis* (Franch.) H. Hara

葉 4 ～ 10 枚，具短柄，卵狀橢圓形至長橢圓形，長 10 ～ 20 公分，寬 3 ～ 7 公分，基部寬楔形至圓形。花萼及花瓣各 4 ～ 8 枚；花萼披針形至長橢圓狀披針形，寬 1.5 ～ 2.5 公分；花瓣線形，長度為花萼之 1/2 以下，寬 1 ～ 2 公釐；雄蕊數與花被總數相等，花藥明顯長於花絲，藥隔先端角狀突出，長約 1.5 ～ 2 公釐。蒴果不規則開裂，種子具鮮紅假種皮。

　　主要分布於北部及東部低至中海拔山區。亦分布中國南部至中南半島。

葉 5 ～ 7，輪生莖頂，長橢圓形至卵狀長橢圓形。

萼片

花瓣

果實（楊智凱攝）

果熟開裂

花瓣線形，長度短於萼片。

狹葉七葉一枝花

屬名 七葉一枝花屬
學名 *Paris polyphylla* Sm. var. *stenophylla* Franch.

葉 6 ～ 15 枚，近無柄，線狀披針形至線狀橢圓形，長 8 ～ 20 公分，寬 1 ～ 2.5 公分，基部漸狹。花萼及花瓣各 3 ～ 7 枚；花萼披針形，寬 0.5 ～ 1.5 公分；花瓣線形，明顯長於花萼，橫截面扁平，寬 1 ～ 2 公釐，先端常捲旋，整體為黃綠色至鮮黃色，不帶紫暈；雄蕊數與花被總數相等，花藥近等長或略長於花絲，藥隔先端突出部分不顯著。

　　分布於北部、東部及南部中海拔山區林下。亦產中國南部至喜馬拉雅地區。

花瓣 6 枚，線形，寬約 0.1 公分；花瓣明顯長於萼片。

結果之植株

葉片披針形或廣披針形，長 10 ～ 15 公分，寬 1 ～ 2 公分。

宜蘭七葉一枝花

屬名 七葉一枝花屬
學名 *Paris* sp.

疑為華七葉一枝花（*P. polyphylla* var. *chinensis*）與狹葉七葉一枝花（*P. polyphylla* var. *stenophylla*）之天然雜交種，形態特徵恰介於 2 種之間。葉具短柄，寬約 2 公分；花瓣與花萼近等長，黃綠色；藥隔先端突起約 0.5 ～ 1 公釐。偶見於新北、宜蘭之中海拔山區，均發現於其可能親本共域分布之處。

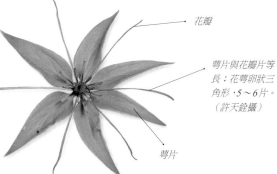

花瓣

萼片與花瓣片等長；花萼卵狀三角形，5 ～ 6 片。（許天銓攝）

萼片

果

葉 7 ～ 10，卵狀披針形。許天銓攝。

雄蕊 12，線形，花柱三裂，紫色。（許天銓攝）

延齡草屬 TRILLIUM

多年生草本。地上莖單一，直立或斜昇，基部有 1～2 枚膜質的褐色鞘葉。葉通常為 3，頂生。花單一，頂生；萼片 3，綠色，卵形至長橢圓形，宿存；花瓣 3，宿存；雄蕊通常為 6，宿存；子房上位，有時具蜜腺，花柱通常單一或離生。漿果或蒴果。種子具假種皮。

延齡草

屬名　延齡草屬
學名　*Trillium tschonoskii* Maxim.

葉菱形至菱圓形，長 6～15 公分，寬 5～15 公分。花梗長 1～4 公分；萼片 3，綠色，卵形至長橢圓形，萼片長 1.5～2 公分，寬 0.5～1 公分；宿存；花瓣 3，宿存，卵狀披針形，長 1.5～2.5 公分，寬 5～11 公釐；雄蕊通常為 6，宿存，花藥短於花絲或與花絲等長；花柱三裂。

產於中國、喜馬拉雅山區、韓國及日本。分布於台灣北部及中部海拔 2,000～3,000 公尺山區。

分布於台灣北部及中部海拔 2,000～3,000 公尺山區

葉通常為 3，頂生。

花單一，頂生。

結果株

萼片 3，綠色；花瓣 3，白色；雄蕊通常 6；花柱三裂。

藜蘆屬 VERATRUM

多年生草本；根莖粗短；地上莖直立，粗大，基部加厚。葉螺旋狀互生，鞘基。圓錐花序頂生，有毛，雌雄同株或雜性；花被片6，通常離生，宿存；雄蕊6，於花被基部著生；子房上位至下位，花柱3，宿存，內面具柱頭性質。蒴果，胞間開裂。

台灣藜蘆 特有種

屬名	藜蘆屬
學名	*Veratrum formosanum* Loesener

葉於莖基部叢生，無柄，線形或線狀披針形，長12～25公分，寬2～3公分，先端漸尖或銳尖，基部則有很長的葉鞘將莖包住，平行脈明顯，隆起於背面，光滑無毛。花兩性或單性，暗紫紅色但也有少數是綠色或黃色，生長在花莖先端，呈圓錐花序排列。花梗上密佈毛茸，長1～1.5公分；花被片6，倒披針形，光滑無毛；雄蕊6枚，花絲細長，花藥腎形。

特有種，產於北部及中部高山地區，多生長在向陽開闊地。

雪山藜蘆（*V. shuehshanarum* S.S. Ying）花為黃色或綠色，在這裏處理為本種的變異。

蒴果，胞間開裂。

花多為紫紅色，但亦有黃色或綠色者。

產於北部及中部高山地區，多生長在向陽開闊地。

雄花（楊智凱攝）

菝葜科 SMILACACEAE

木質或草質藤本，稀矮灌木；莖常具鉤刺，稀被疣。葉互生，披針形、卵形、闊卵形至圓形，基出脈 3 ～ 7；葉柄具鞘，鞘常具翼，先端常具捲鬚。花常排列成單生繖形花序，或由多個繖形花序排成圓錐花序，單性，雌雄異株；花被片 6；雄花具 6 枚，偶 3 枚，稀達 18 枚雄蕊；子房三室。漿果，多球形。

菝葜屬 SMILAX

參考科描述。除本書收錄之物種外，合絲肖菝葜（*S. gaudichaudiana* Kunth）可見於金門，特徵為全株草質，無刺，花被近完全合生為卵形之花冠筒，雄花具 3 枚雄蕊，花絲近完全癒合。

阿里山菝葜

屬名	菝葜屬
學名	*Smilax arisanensis* Hayata

莖具疏刺，枝常呈之字形。葉披針形至長橢圓狀卵形，葉背綠，葉基圓，先端具尾尖，三出脈。花被片披針形黃綠色，雄蕊 6；雌花花被片半開張，柱頭三裂。果深藍色，表面被白粉。

　　產於中國中部。分布於台灣低、中海拔山區。

阿里山菝葜花被黃綠色

阿里山菝葜果實

葉披針形至長橢圓狀卵形

枝常呈之字形

假菝葜

屬名	菝葜屬
學名	*Smilax bracteata* C. Presl subsp. *bracteata*

枝略呈之字形彎曲。葉闊橢圓至闊卵狀橢圓形，革質至近革質，離基三出脈，無耳狀葉鞘，無疣突。圓錐花序包含 3 ～ 7 個繖形花序，總梗基部著生處具一與葉柄相對之鱗片狀葉；雄花花被片強裂反捲，內輪線形，綠色，外輪披針形，紅綠色；花梗甚長，紅色。

　　產於日本、琉球、中南半島及菲律賓。分布於台灣低、中海拔山區。

與菝葜相近，但不為單一繖形花序。

雌花

雄花

3 ～ 7 個繖形花序排成一個圓錐花序

葉闊橢圓形。莖無疣突。

攀緣在大樹上的開花植株

糙莖菝葜

屬名 菝葜屬

學名 *Smilax bracteata* C. Presl subsp. *verruculosa* (Merr.) T. Koyama

莖密佈疣突，被銳刺。葉紙質，橢圓形或長橢圓狀卵形，離基三出脈；葉鞘約為葉柄長 1/3。圓錐花序包含 3 ～ 7 個繖形花序；最外輪花被片紅色；雌花花柱較粗短，柱頭裂至近基部。

產於中南半島及菲律賓。分布於台灣平地至中海拔山區。

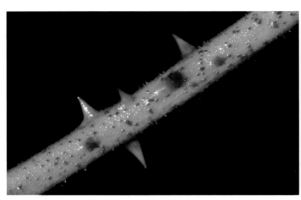

假菝葜之變種，差別在於本變種枝密被疣及銳刺。

花及花序與假菝葜相似

雄花

雌花序

果實

果枝

菝葜

屬名	菝葜屬
學名	*Smilax china* L.

有刺攀緣藤本。葉背綠至白色，葉形多變化，卵、圓至闊橢圓形，有時卵狀橢圓形，稀扁圓形，先端圓至略凹，偶短突尖頭。雌花花被片黃綠色，充分開展，內外二輪形狀相似；雄蕊 6。果紅色，花被片不宿存果基。

　　產於中國、韓國、日本、中南半島及菲律賓。分布於台灣平野至中海拔山區。

有刺攀緣藤本，葉背綠至白色。

雄花，花綠色。

花被片大都呈披針狀長橢圓形

攀緣藤本

果紅色，花被不宿存。

筐條菝葜（裏白菝葜）

屬名	菝葜屬
學名	*Smilax corbularia* Kunch

平滑攀緣藤本。枝圓，呈之字形彎曲。葉橢圓、卵至闊卵形，葉背白色，葉基銳，主脈五出，具聯合緣脈；葉鞘為葉柄長 1/3 至 1/2（鞘上緣具狹翼，前端呈披針形耳狀突起）；葉於葉柄頂端脫落。繖形花序著生葉腋；雄花序有花 10～30 朵，雌花序有花 8～20 朵，花序梗 0.5～1 公分長，小苞片扁三角形；雌花與雄花約等大，花被片淡綠色，外輪花被片卵形。果紫黑色，被白粉。

產於中國、緬甸北部、泰國、印度及馬來西亞。台灣主要產於恆春半島之森林中或林緣。

葉背白色

主脈五出。莖平滑。

開花枝

宜蘭菝葜 特有種

屬名	菝葜屬
學名	*Smilax discotis* Warb. subsp. *concolor* (Norton) T. Koyama

有刺攀緣藤本，莖具縱稜。葉背淡綠色，葉柄具寬闊葉鞘。雄花黃綠色，二輪形狀略不同，內輪較小，半開；雌花鐘狀，花被片卵形。果球形，徑 6～8 公釐，熟時紅色，被白粉。

宜蘭縣太平山、新竹縣鴛鴦湖、南投鳶峰及大禹嶺一帶山區。

有刺攀緣藤本，莖具縱稜。

果枝

雌株，莖上有刺。

雌花

細葉菝葜 特有種

屬名 菝葜屬
學名 *Smilax elongato-umbellata* Hayata

有二型，一為直立灌木，葉片寬闊，具五出脈；另為有刺攀緣藤本，葉片細長，具三出脈；葉背綠至白。花半開，花被片黃綠色，中間常帶紅色，卵形，內外二輪同形。果熟紫黑色，花被片宿存果基。

　　特有種，產於中央山脈海拔 1,000 ～ 2,500 公尺山區。

雄花（陳志豪攝）

雌花受粉初期，子房漸膨大。花被片黃綠色，中間帶紅色。

葉線形、披針形，革質，下表面粉白色。

果基之花被片宿存

光滑菝葜（禹餘糧）

屬名 菝葜屬
學名 *Smilax glabra* Roxb.

平滑攀緣藤本。葉背白色，葉披針狀卵形至披針狀橢圓形，偶卵形，葉基圓，主脈三出，具聯合邊緣脈；葉鞘為葉柄長 1/3 至 1/2，具狹翼；葉於葉柄頂端脫落。花序梗長 1 ～ 5（9）公分；花梗纖細，長 1 ～ 2.5 公分；花被片黃綠色，囊狀，近圓形，中央具一深溝；雄蕊 6，花藥 0.7 公釐長；雌花小，具退化雄蕊 3。果藍黑色，被白粉。

　　產於中國、印度、喜馬拉雅山區及中南半島。分布於台灣海拔 300 ～ 1,400 公尺山區。

葉披針狀卵形至披針狀橢圓形

未熟果實

枝條光滑

果熟成藍黑色

全株光滑，無刺。

早田氏菝葜 特有種

屬名　菝葜屬
學名　*Smilax hayatae* Koyama

直立灌木。葉菱形，革質，葉背粉白色，葉脈極不明顯。雄花
花序繖形，或在繖形之下方有一層輪生的花，成繖房花序，
有 1 ～ 9 朵花；雌花序繖形，有 2 ～ 4 朵花；花序梗向下
彎曲；花充分開展，黃綠色；雄花花被片自基部向後彎，
線狀橢圓形；雌花較小，外輪花被片長橢圓形。

　　特有種，北部中海拔潮濕山區。

葉脈極不明顯（許天銓攝）

雄花花序繖形，或在繖形之下方有一層輪生的花。（陳志豪攝）

葉菱形，葉背白色。
（許天銓攝）

喜生於北部中海拔潮濕山區（許天銓攝）

雄花（陳志豪攝）

密刺菝葜 特有種

屬名 菝葜屬
學名 *Smilax horridiramula* Hayata

莖枝密布長剛毛。葉橢圓至卵狀橢圓形，紙質，下表面粉白；葉鞘為葉柄長 1/2。雌花序有花 34 ～ 40 朵，花序梗長 2 ～ 3 公分；花序梗與花梗皆被 1 ～ 3 公釐長之剛毛；花被片綠色，披針形。果熟藍色。

　　特有種，分布於中、南部山區。

雄花（楊曆縣攝）

結果植株

果序

葉橢圓至卵狀橢圓形，紙質，下表面粉白。

莖枝密布長剛毛

海島土茯苓

屬名　菝葜屬
學名　*Smilax insularis* T.C. Hsu & S.W. Chung, *sp. nov.*

Close to *Smilax plenipedunculata* but distinguished in having terete, wingless petioles and 3–5-anthered staminate flowers. — Type: Taiwan, Taitung, Hsiaotienchih, 19 Apr 2011, *T.C.Hsu 3892* (holotype: TAIF), here designated.

大型草質藤本，全株無刺。葉大多為心形或卵狀心形，基部淺心形或近平截，葉柄橫截面近圓形，無翼。雄花在同花序中近同時成熟，橢球狀；雄蕊 3 ～ 5 枚，長度達花冠筒之 2/3 以上；花絲棒狀，與花藥近等寬，基部分離至約 1/3 合生；花藥長大於寬。

　　分布於蘭嶼及綠島灌叢或森林內，海拔 200 公尺以下。亦產琉球之西表島。

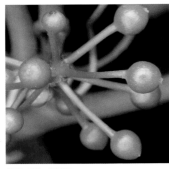

雌花（許天銓攝）

大型草質藤本，全株無刺。（許天銓攝）

花苞；其花洞口甚小。（許天銓攝）

雄蕊 3 ～ 5 枚，長度達花冠筒之 2/3 以上；花絲棒狀，與花藥近等寬，基部分離至約 1/3 合生。（許天銓攝）

阿里山土茯苓 特有種

屬名　菝葜屬
學名　*Smilax koyamae* T.C. Hsu & S.W. Chung, *nom. nov.*

Replaced basionym: *Heterosmilax arisanensis* Hayata, Icon. Pl. Formosan. 5: 235, f. 83. 1915.

大型草質藤本，全株無刺。葉大多心形至橢圓形，葉柄具鈍稜脊。雄花在同花序中近同時成熟，菱狀橢球形，寬約 3 公釐，花冠筒中段明顯增厚；雄蕊 2 ～ 3 枚，長度達花冠筒之 1/2 ～ 2/3；花絲棒狀，肥厚，寬於花藥，分離；花藥寬大於長。

　　特有種，分布於中、南部中海拔（1,500 ～ 2,500 公尺）山區林緣及林內。

雄蕊 2 ～ 3 枚，花絲棒狀，花藥寬大於長。（許天銓攝）

葉心形至橢圓形（許天銓攝）

雌花（許天銓攝）

台灣菝葜（馬甲菝葜，台灣土茯苓）

屬名　菝葜屬
學名　*Smilax lanceifolia* Roxb.

平滑攀緣藤本，大都無刺，稀具刺。葉闊披針形、橢圓或卵狀橢圓形，紙質或薄革質，葉背鮮綠色，網狀脈明顯。常為單生繖形花序（稀 2）。雄花淡綠色，內外輪花被片相似，長橢圓形，長 3 ～ 4 公釐，後彎；雌花較雄花小，花被片較直立。果序梗基部著生處有一鱗片葉，中間有一關節與 2 小苞片；漿果球形，熟時紫黑色，不被白粉。

　　產於中國南部、中南半島及琉球。分布於台灣海拔 500 ～ 1,600 公尺山區。

果序

雌花株

雌花

果枝。果熟藍黑色。

雄花株

雄花

常為單生繖形花序

平滑攀緣藤本。葉背鮮綠色，網狀脈明顯。

呂氏菝葜 特有種

屬名 菝葜屬
學名 *Smilax luei* T. Koyama

枝近圓形至具稜，無刺。葉披針狀卵形至披針形，革質，雄花內外輪花被片相似，披針形，長 3.2 ～ 3.7 公釐，反曲，二面綠色，泛紫色，雄蕊 9；葉柄盾狀著生於近基部邊緣處。雌花被片淡綠紫色，卵形，花柱三裂至基部。果熟時由綠轉為藍黑色。

特有種，主要分布南投埔里至魚池一帶山區。

雌花（林家榮攝）

盾狀葉（林家榮攝）

雄花（林家榮攝）

枝條無刺（林家榮攝）

果熟時由綠轉為藍黑色（林家榮攝）

巒大菝葜

屬名　菝葜屬
學名　*Smilax menispermoidea* A. DC. subsp. *randaiensis* (Hayata) T. Koyama

直立灌木或攀緣藤本。葉卵形至披針狀卵形，葉具捲鬚或僅存痕跡，葉鞘佔葉柄之 2/3，葉於葉柄頂端脫落。雌雄花序各約有 3～10 朵花，花序梗下垂；雄花開展，花被片紅棕色，披針狀卵橢圓形，長約 3 公釐，雄蕊 6；雌花與雄花約等大，具 2～3 個有藥雄蕊與 3～4 個針形退化雄蕊，柱頭 3。果深藍色。

　　產於菲律賓。生長於台灣高海拔山區，但海拔分布高度又比玉山菝葜（見 254 頁）低些。

未熟果綠色，熟時轉為深藍。

直立灌木或攀緣藤本，生長於高海拔，但比玉山菝葜海拔低些。

葉具捲鬚或僅存痕跡，葉鞘佔葉柄長 2/3。

雌花上有退化雄蕊

南投菝葜 特有種

屬名	菝葜屬
學名	*Smilax nantoensis* T. Koyama

平滑攀緣藤本，稀有刺。葉卵狀橢圓形或狹橢圓形，葉背白色，葉鞘幾佔葉柄全部。雌雄花序各具約 1 ～ 10 朵花，花序梗長 5 ～ 10 公釐；花被片 6 枚，黃綠色；雄花之外輪花被卵至卵橢圓形，反捲，長 4.5 ～ 5 公釐，雄蕊 6；雌花較雄花小，花被片開展，退化雄蕊 3，針形，長約 1 ～ 1.5 公釐，子房卵形，柱頭 3。果熟時紅色。

　　特有種，分布於中、南部中低海拔山區。

雌花株。張坤城攝。

平滑攀緣藤本，稀有刺。（張坤城攝）

果紅熟（陳志豪攝）

雌花（張坤城攝）

雄花（張坤城攝）

葉鞘幾佔葉柄全部

七星牛尾菜（日本菝葜）

屬名　菝葜屬
學名　*Smilax nipponica* Miq.

莖草質，枝圓直，無刺。葉卵狀橢圓形或
狹橢圓形，薄革質，上表面深綠色，有時
帶暈紅色，下表面灰白色；葉鞘幾與葉柄
等長。雄花序有 15 ～ 25 朵花，雌花序有
12 ～ 20 朵花；花黃綠色，開展；雄花外
輪花被片橢圓形，反捲，長 4 ～ 5 公釐，
雄蕊 6；雌花花被片橢圓形，略反捲，退
化雄蕊 6，針形，子房球形，長 1.8 公釐，
柱頭 3。漿果球形，直徑 7 ～ 8 公釐，熟
時藍黑色，被白粉。

　　產於中國、韓國及日本。分布於台灣
北部山區。

果枝。葉柄幾無葉鞘。

雌株

雌花

雄株

雄花

耳葉菝葜

屬名　菝葜屬
學名　*Smilax ocreata* A. DC.

葉多為卵形至卵狀圓形，中央 3 條脈，葉背綠色；具耳狀葉鞘。花綠色。果倒卵狀球形，熟時深紅色。

　　產於中國、中南半島及菲律賓。分布於台灣海拔 1,000 公尺以下山區。

雄花

生於南部低海拔

花苞

具耳狀葉鞘

平柄菝葜 特有種

屬名　菝葜屬
學名　*Smilax plenipedunculata* Hayata var. *plenipedunculata*

大型草質藤本，全株無刺。葉大多心形或卵狀心形，葉柄具尖銳而常皺曲之翼狀稜脊延伸至葉背中肋。雄花在同花序中不同時成熟，倒卵形，寬約 2 公釐；雄蕊 2 ～ 3 枚，長度達花被筒 2/3 以上；花絲棒狀，略扁，近等寬或略寬於花藥，基部 1/3 ～ 3/4 合生；花藥寬大於長。

　　特有種，分布於恆春半島及高雄海岸及高位珊瑚礁之灌叢，林緣或林內，海拔 300 公尺以下。

雄花序（許天銓攝）

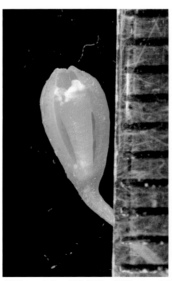

雄蕊 2 ～ 3 枚；花絲棒狀，基部 1/3 ～ 3/4 處合生。（許天銓攝）

開花之植株

植株

來社土茯苓 特有種

屬名　菝葜屬
學名　*Smilax plenipedunculata* Hayata var. *raishaensis* (Hayata) T.C. Hsu & S.W. Chung, *comb. et stat. nov.*

Basionym: *Heterosmilax raishaensis* Hayata, Icon. Pl. Formosan. 9: 138, f. 51. 1920.

與平柄菝葜（見 250 頁）之分別為葉常較大，雄花橢球狀，花絲分離至約 1/3 合生。

　　特有變種，廣泛分布於全島平地至中海拔山區。

花絲分離至約 1/3 處合生
（許天銓攝）

葉柄有翼（許天銓攝）

開花株（許天銓攝）

雄花橢球狀（許天銓攝）

烏蘇里山馬薯（大武牛尾菜）

屬名　菝葜屬
學名　*Smilax riparia* A. DC.

攀緣狀草質藤本，莖長可達 4 公尺，具縱溝，無刺。葉互生，卵狀披針形至披針狀長橢圓形，長 2.5 ～ 8.5 公分，寬 2 ～ 4.5 公分，先端尖或漸尖，基部截形至圓形，基出脈 3 ～ 5，脈間網狀，上面光澤，下面淡綠色；葉柄基部具線狀捲鬚 1 對。花淡黃綠色，雜有些微紅斑，雄花花被 6，裂片披針形，強裂反捲；雌花較雄花小，花被片開展，外輪花被片反捲，退化雄蕊 3，柱頭 3，子房橢圓形。果球形，徑 6 ～ 8 公釐，熟時紫黑色，不被白粉。

產於中國、韓國及日本。分布於台灣低、中海拔山區。

攀緣狀草質藤本，莖長可達 4 公尺。

雄花序

葉柄基部具線狀捲鬚 1 對，葉紙質。

雌花序

台中土茯苓

屬名 菝葜屬
學名 *Smilax seisuiensis* (Hayata) T.C. Hsu & S.W. Chung

大型草質藤本，全株無刺。葉心形、卵形、橢圓形或卵狀披針形，葉柄橫截面近圓形，無翼。雄花在同花序中近同時成熟，橢球狀，寬約 3 公釐；雄蕊 7 ～ 12 枚，花絲圓柱狀，基部 1/4 ～ 2/3 合生；花藥長大於寬。

分布於中國。台灣產於中、南部及東部低至中海拔山區，常生長於多岩石環境。短柱土茯苓（*Heterosmilax septemnervia* F.T. Wang & Tang）形態落在本種變異範圍之內，應視為異名。

雌花序（許天銓攝）

大型草質藤本，全株無刺。（許天銓攝）

雄花序（許天銓攝）

雄蕊 7 ～ 12 枚。花絲圓柱狀，基部 1/4 ～ 2/3 處合生。（許天銓攝）

山何首烏（台灣山馬薯）

屬名 菝葜屬
學名 *Smilax sieboldii* Miq.

有刺攀緣藤本，莖具縱稜，可長至 4 公尺。葉草質，闊卵形，具長尾尖，葉背綠色，葉長 2 ～ 2.5（～ 7）公分，寬 1.5 ～ 2.5（～ 3）公分。外輪花被片三角狀卵形，內輪花被片披針形，長 4 ～ 4.5 公釐，雄蕊 6。果徑 5 ～ 6 公釐。

產於中國、韓國及日本。分布於台灣中央山脈海拔 1,800 ～ 2,600 公尺山區。

有刺攀緣藤本

雌花

葉草質，闊卵形，具長尾尖。

台北土茯苓 特有種

屬名 菝葜屬
學名 *Smilax taipeiensis* T.C. Hsu & S.W. Chung, *sp. nov.*

Close to *Smilax plenipedunculata* but distinguished in having terete, wingless petioles and staminate flowers with tubular-fusiform (vs. obovate) perianth tubes, less dilated filaments and ovate (vs. broadly ovate) anthers. — Type: Taiwan, New Taipei, Chiachiuliao, 11 Jun 2011, *T.C.Hsu 4121* (holotype: TAIF), here designated.

大型草質藤本，全株無刺。葉多為卵狀心形或卵狀披針形，基部常為深心形，葉柄橫截面近圓形，無翼。雄花在同花序中近同時成熟，管狀梭形，寬 1.5～2 公釐；雄蕊 2～3 枚，花絲圓柱狀，與花藥近等寬，基部 1/3～3/4 合生；花藥長大於寬。

分布於北部低至中海拔山區，多生長於林緣地帶。

雄蕊 2～3 枚，花絲圓柱狀，基部 1/3～3/4 處合生。

台北土茯苓（許天銓攝）

開花植株（許天銓攝）

玉山菝葜

屬名 菝葜屬
學名 *Smilax vaginata* Decaisne

直立灌木，無刺，葉鞘佔葉柄之 1/2。葉片卵形至寬卵形，長 1.5～2.5（～3.5）公分，寬 1.2～2（～3）公分，葉下表白色，葉不具捲鬚。花枝之繖形花序 1 或 2，花被片長 2 公釐，三角狀卵形，黃綠色微帶紅色，開展；柱頭紅色。

產於中國、日本、印度及喜馬拉雅山區。分布於台灣中央山脈海拔 2,000～3,000 公尺山區。

雄花

雌花

植株無刺

石蒜科 AMARYLLIDACEAE

多年生草本，具鱗莖，較少為根莖。葉基生，線形。花兩性，單生或數朵排列成繖形花序，生於花莖頂端，下有一總苞，通常由 2 至多枚膜質苞片構成；花被片 6 枚，二輪，下部常合生成長短不同的花冠筒，裂片上偶有附屬物（副花冠）；子房下位。蒴果或肉質漿果。除本書收錄類群外，引進栽培的蔥蘭（*Zephyranthes candida* (Lindl.) Herb.）與韭蘭（*Z. carinata* Herb.）偶見逸出族群。二者花朵皆為單生，易與其他原生類群區辨。

特徵

葉基生，線形。（百子蓮 *Ayapanthus* sp.）

花被片 6 枚，二輪，數朵排列成繖形花序，生於莖頂。（紅花石蒜）

花被片 6 枚，二輪，花單生。（蔥蘭 *Zephyranthes candida*）

鱗莖（山蒜）

蔥屬 ALLIUM

多 年生草本，具鱗莖，有蔥味。葉基生。花莖頂生，上方具2膜狀苞片，繖形花序；花被片6，離生或基部合生，通常單脈；雄蕊6，於花被片基部著生；子房上位，柱頭頭狀或三叉。蒴果，胞背開裂。

台灣有3種。玉山蒜（*A. morrisonense* Hayata）及野蒜頭（*A. thunbergii* G. Don）僅1～2次記錄，已多年沒有發現。

繖形花序

山蒜

屬名	蔥屬
學名	*Allium macrostemon* Bunge

鱗莖球形，外皮膜質，完整。葉線形，長35～50公分，寬2～3公釐。花淺紅至紫紅。

韓國、日本、琉球。台灣北部（新北、新竹、苗栗）低山地區；在台灣稀有，馬祖則普遍分布。

花被片6，通常單脈；雄蕊6，著生於花被片基部。　具有鱗莖　　　　　　　　　　野外植株（許天銓攝）

花序常生珠芽

花序（許天銓拍攝）

文珠蘭屬 CRINUM

多 年生草本，具有鱗莖。葉基生，無柄。花頂生，總苞片 2，繖形花序；花被片合生，花冠筒纖細，伸長，裂片 6；雄蕊 6，著生於花筒喉部，離生；子房下位，花柱下彎，柱頭不明顯三裂。蒴果通常頂端具突出之喙。

文珠蘭

屬名	文珠蘭屬
學名	*Crinum asiaticum* L.

葉質厚，葉緣波狀，長 50 ～ 80 公分，寬 6 ～ 12 公分。繖形花序；花被片白色，基部合生，花筒纖細，伸長，裂片 6；雄蕊 6，著生於花筒喉部；子房下位，花柱下彎，柱頭不明顯 3 裂。蒴果近球形。

　　印度到中國南部，琉球和日本。台灣全島海邊沙地，並廣泛用為園藝植栽。

葉質厚，邊緣波狀。

蒴果頂端具突出喙。（楊智凱攝）

花頂生，白色，總苞片 2，繖形花序；花被片 6；雄蕊 6，著生於花筒喉部。（楊智凱攝）

石蒜屬 LYCORIS

多 年生草本，具有皮鱗莖；葉基生，無柄。花頂生，總苞片 2，繖形花序；花被片合生，花筒纖細，伸長，裂片 6；雄蕊 6，著生於花筒喉部，離生；子房下位，花柱下彎，柱頭不明顯三裂。蒴果通常頂端具突出喙。

龍爪花

屬名	石蒜屬
學名	*Lycoris aurea* Herb.

多年生草本，具鱗莖。葉基生，質厚，線形，葉長可達 60 公分；寬 12 ～ 16 公分。繖形花序，花 5 ～ 10 朵生一花莖上；花被片鮮黃色，長 6 ～ 8 公分，邊緣明顯波浪狀；花柄長 10 ～ 15 公釐；雄蕊 6 枚，同花柱伸出花冠外；子房下位，3 室，花柱纖弱細長，柱頭細頭狀。瘦果背裂。種子多數。花開完後再長葉子。

　　日本、琉球及中國。台灣北部、中部及東部之海邊山崖或溪谷峭壁潮濕處。

種子

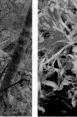

花被片鮮黃色，邊緣明顯波浪狀。

花先葉開放。常生於近海的山坡上。但亦可在山區的原生林內見之。

花開後，果漸熟，並長出新葉。本族群於太魯閣山區。

繖形花序，花 5 ～ 10 朵生一花莖上。

紅花石蒜

屬名　石蒜屬
學名　*Lycoris radiata* Herb.

多年生宿根性草本。葉基生，線形或帶形，長 15 ～ 30 公分，寬 1 ～ 2 公分。花葶高 20 ～ 35 公分，繖形花序，著生花 4 ～ 6 朵；苞片膜質，棕褐色，披針形；花兩性，花冠紅色，下部短管狀，先端六裂瓣，裂瓣狹倒披針形，長約 3.5 ～ 4 公分，反捲；雄蕊 6 枚；子房下位，三室，花柱纖弱細長，柱頭細頭狀。瘦果背裂，種子多數。

　　中國長江流域以南至西南部地區。台灣產於馬祖。

花冠紅色，下部短管狀，先端六裂瓣，裂瓣反捲。

馬祖原生地

換錦花

屬名　石蒜屬
學名　*Lycoris sprengeri* Comes *ex* Baker

鱗莖為卵形，直徑 3.5 公分，花葶高可達 60 公分。葉帶狀，長 30 公分，寬 1 公分。4 ～ 6 朵花組成繖形花序，花被 6 片，花筒長約 1 ～ 1.5 公分，先端裂片倒披針形，長約 4.5 公分，花色淺粉至極深紅色，頂端通常微帶藍色；雄蕊與花被近等長；花柱略伸出於花被外。蒴果具三稜。種子近球形，直徑 0.5 公分，黑色。

　　生長在馬祖東引及西引島的開闊山坡和竹林中。

花被紫紅色，先端具藍色條紋。

生長在東引的開闊山坡上（王明文攝）

花色淺粉至極深紅色，先端通常微帶藍色。

花葶高可達 60 公分（王明文攝）

天門冬科 ASPARAGACEAE

灌木、藤本或草本。單葉，互生，全緣，平行脈；具正常葉，有些葉退化成鱗片狀。多年生，具根莖。植物體直立或攀緣或逆時針纏繞。花單生，總狀、穗狀或聚繖花序；花小，三數，花被片 6，離生，或基部合生，二輪，綠色、白色或黃色；有些種類有副花冠。

特徵

藤本（天門冬）

花小，三數，花被片 6，離生，或基部合生，二輪。（異蕊草）

有些種類為灌木（番仔林投）

龍舌蘭屬 AGAVE

無莖或具短莖。葉片長帶狀，邊緣略白並帶有細銳刺，先端具黑刺；叢生於短莖，向上成放射狀排列。花序穗狀、總狀或圓錐狀；花成對或繖形叢聚，黃色、黃綠色至近綠色；花被筒狀至鐘形，花葯突出。蒴果，胞間開裂。

龍舌蘭

屬名	龍舌蘭屬
學名	*Agave americana* L.

葉自中部向下彎曲或反捲，葉緣具刺，葉長 1 ～ 1.5 公尺，寬 12 ～ 25 公分，灰綠色。花淺黃色。
墨西哥原產。台灣南部低海拔歸化。

未成熟之蒴果

花葯突出

開花之植株；葉子較白綠色，葉子鋸齒緣，具刺。

瓊麻

屬名	龍舌蘭屬
學名	*Agave sisalana* Perrine *ex* Enghlm.

葉片直，不彎曲，葉緣不具刺或基部具疏齒，葉長 1 ～ 1.8 公尺，寬 7 ～ 15 公分，深綠色。花綠色至黃綠色。
墨西哥原產。恆春半島植為纖維作物，廣泛歸化。

花序部分

植株（許天銓攝）

花序部分

葉子較深綠，鋸齒不明顯。（許天銓攝）

天門冬屬 ASPARAGUS

葉退化成鱗片，小枝近葉狀，稱葉狀枝（cladode），扁平、銳三稜形或近圓柱形而有幾條稜或槽，常多枚成簇生狀。花小，兩性或單性，有時雜性，腋生，單生或叢生，或排成總狀花序；花鐘狀，花被片離生，少有基部稍合生；雄蕊6枚，著生於花被片的基部；子房3室，每室有胚珠2至多顆。果為一球形的小漿果，有種子3～6顆。

天門冬

屬名	天門冬屬
學名	*Asparagus cochinchinensis* (Lour.) Merr.

攀緣性植物，塊根紡錘狀。葉狀枝通常3枚成簇。花1～4朵簇生於葉腋，白色或黃白色，下垂；花被6枚，排成2輪，長卵形或卵狀橢圓形，長約0.2公分；雄蕊6枚，花藥丁字形；雌蕊1枚，子房3室，壺狀，柱頭3歧。漿果圓形，徑約0.8公分，熟時鮮紅色，內有黑褐色種子1枚。

中國大陸、日本、琉球、菲律賓和越南。在台灣分布於全島中、低海拔開闊地。

結果的植株

雄花開花株

葉退化成鱗片，小枝近葉狀，稱葉狀枝；葉狀枝通常3枚成簇。

雌花

雄花

蜘蛛抱蛋屬 ASPIDISTRA

多 年生草本，根莖通常粗壯。葉互生，單生或 2～4 枚簇生，具狹長假葉柄，中肋明顯。花單一，腋生；花被片通常 6 或 8，合生，鐘形或壺形；雄蕊 6～12，於花被片上著生，花絲短或無；子房上位，花柱單一，柱頭盾狀；花梗短。漿果，球形。

薄葉蜘蛛抱蛋 特有種

屬名	蜘蛛抱蛋屬
學名	*Aspidistra attenuata* Hayata

葉長 30～80 公分，寬 4～10 公分。花筒狀鐘形，下部紫磚紅色或黃白色，花被筒較長（1.5～2.5 公分），長度明顯大於寬度。雄蕊數目與花被裂片同數，且與其對生，雄蕊位於雌蕊柱頭以下，花藥長卵形，長約 0.3 公分；花柱長約 0.4 公分，子房長約 0.1 公分，3 或 4 室。果實為球形漿果，表面有顆粒物，徑 2～4 公分。

　　台灣特有種。產台灣全島中海拔山區林內。

其花長在植株之基部

花被筒超過 1.5 公分長。長度大於寬度。.

花被片通常 6 或 8，合生成鐘形。

漿果，球形。

大武蜘蛛抱蛋 特有種

屬名　蜘蛛抱蛋屬
學名　*Aspidistra daibuensis* Hayata

葉長 85～150 公分，寬 8～12
公分。花壺狀鐘形，下部紫磚紅
色或黃白色，花被筒小於 1 公分，
長度略等於寬度，先端裂片厚且
短。雄蕊數目與花被裂片同數，
花藥卵形，長約 0.2 公分；花柱
短，紫色，稀黃色，長約 0.1 公分；
子房 4 室。果表面具小點突起物，
徑約 2 公分。

　　產於台灣東部、中部及南部
中海拔及低海拔山區。

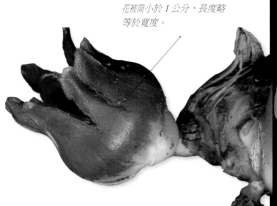

花被筒小於 1 公分，長度略
等於寬度。

雄蕊插生花被基被（剖面，楊智凱攝）

果

貼地，花開在植株基部，朝天。（楊智凱攝）

較少見之黃白花個體（剖面，楊智凱攝）

花呈闊鐘形（楊智凱攝）

植株形態

花開在植株基部（楊曆縣攝）

綿棗兒屬 BARNARDIA

多 年生草本；鱗莖葉由正常葉之葉基及花莖苞片所形成。葉基生，線形。總狀花序密集，苞片及先出葉甚小；花粉紅色；花被片 6，離生；雄蕊 6，花絲基部膨大；子房上位，短柄，具蜜腺。蒴果，頂端開裂。台灣有 1 種。

綿棗兒

| 屬名 | 綿棗兒屬 |
| 學名 | *Barnardia japonica* (Thunb.) Schultes & J.H. Schultes |

具一橢圓形之鱗莖。葉長 10～25 公分，寬 5～7 公釐，花序總狀，花粉紅色密生；花被片 6，披針形，長 2～4 公釐，淡紫紅色，有深紫色的脈紋 1 條；雄蕊 6，花絲有毛，花藥黃色，伸出花外；柱頭小，呈頭狀，子房 3 室，倒卵形，基部有柄。蒴果倒卵形，長橢圓形，長 5 公分，亮黑色。

中國大陸、日本、韓國及琉球。台灣北部及東部沿海山坡開闊地。

花粉紅色：花被片 6，離生。

蒴果

鱗莖橢圓形

密總狀花序

生於北部及東部沿海山坡開闊地

開口箭屬 CAMPYLANDRA

穗狀花序腋生，苞片顯著；花被片 6，肉質，基部合生，先端裂片短；雄蕊 6，與花被筒聯生；子房上位，花柱 1，不明顯，柱頭三裂。漿果，通常熟時紅色。

台灣有 1 種。

開口箭

屬名	開口箭屬
學名	*Campylandra chinensis* (Baker) M.N. Tamura

葉通常 3 ～ 7 片，肉質，披針形、倒披針形至廣披針形，長 40 ～ 70 公分，寬 3 ～ 7 公分。穗狀花序腋生，花由綠色轉黃色或淡橙黃色；花苞上半部苞片顯著，突出。漿果，通常熟時紅色。

日本及中國大陸。台灣北部及東部低中海拔林下及草地潮濕處。

花由綠色轉黃色或淡橙黃色，花苞上半部苞片顯著，突出花叢。

穗狀花序腋生

假寶鐸花屬 DISPOROPSIS

多年生草本，具伸展的根莖；莖直立或斜昇。葉側生，二列，近無柄。花腋生，單一或叢聚，下垂，花梗頂端具關節；花被片 6，基部合生，鐘形，白色，有時內面帶紫色；副花冠膜狀；雄蕊 6，無花絲，花藥與花被片對生，背部著生於面對花被片之副花冠凹陷處；子房上位，花柱單一，柱頭頭狀至三裂。漿果，種子多數。

阿里山假寶鐸花

屬名	假寶鐸花屬
學名	*Disporopsis aspersa* (Hua) Engl. *ex* K. Kraus.

高可達 40 公分，葉卵狀長橢圓形，長 10 ～ 15 公分，寬 3 ～ 4 公分。花 1 ～ 2 朵，白色，長 9 ～ 15 公釐，花被筒約 1/3 至 1/2 長，副花冠裂全緣或淺裂。柱頭頭狀至微三裂。

中國大陸華中及華西。台灣全島中海拔林內。

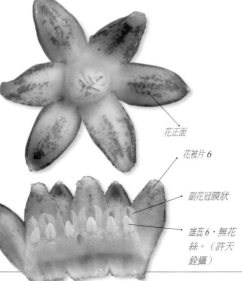

花正面

花被片 6

副花冠膜狀

雄蕊 6，無花絲。（許天銓攝）

結果植株

龍血樹屬 DRACAENA

草本或灌木。花序頂生；花柄關節性掉落；花常叢聚；花被片白色或黃色；子房上位。漿果。

番仔林投

屬名	龍血樹屬
學名	*Dracaena angustifolia* Roxb.

灌木，高可達 4 公尺。葉叢聚莖枝頂端，劍形，長可達 40 公分，寬 2 ～ 4 公分，無柄。花白色或淺黃色。漿果橙紅色。

　　菲律賓至印度及澳洲。產台灣南部低地及蘭嶼地區。

開花植株（許天銓攝）

果實（許天銓攝）

葉叢聚莖枝頂端

異黃精屬 HETEROPOLYGONATUM

大多為附生植物，花頂生及腋生，雄蕊不等長。
台灣有 1 種。

台灣黃精 特有種

屬名	異黃精屬
學名	*Heteropolygonatum altelobatum* (Hayata) Y.H. Tseng, H.Y. Tzeng & C.T. Chao

根莖圓直，直徑 1 ～ 3 公分。莖高 20 ～ 60 公分。葉身長橢圓披針形，長 8 ～ 15
公分，寬 2.5 ～ 5 公分。花 1 ～ 2 朵，白色；花被筒長 1 ～ 2 公分，先端裂片長 5 ～
7 公釐。

　　台灣特有種，分布於中部及北部低中海拔林內。

花被先端具毛被物

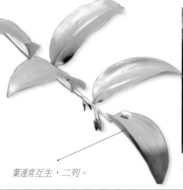

葉通常互生，二列。

1 ～ 2 朵花；花下垂。

常著生於大樹上，葉身長橢圓披針形，長 8 ～ 15 公分，
寬 2.5 ～ 5 公分。

麥門冬屬 LIRIOPE

多年生草本。葉基生，叢生，無柄，線形。總狀花序；花數朵簇生於苞片腋內；花被片 6；雄蕊 6，彎曲；子房下位，
柱頭頭狀，彎曲。果實具 1 粒種子。
台灣有 3 種。

細葉麥門冬

屬名	麥門冬屬
學名	*Liriope minor* (Makino) Makion var. *angustissima* (Ohwi) Ying

植株具匍匐莖。葉線形，長 15 ～ 45 公分，寬 2 ～ 4 公釐，3 ～ 5 脈。花序長
7 ～ 15 公分；花通常 2 ～ 4 朵簇生，偶單一；花柄長約 4 公釐；花被片長 4
～ 7 公釐。

　　中國大陸、日本及韓國。台灣全島低海拔山區草地、林內及陰濕處。

花通常 2 ～ 4 朵簇生，偶單一；花柄
長約 4 公釐；花被片長 4 ～ 7 公釐。

花被片 6；雄蕊 6，花絲彎曲。

果熟時呈藍色

葉線形，長 15 ～ 45 公分，寬 2 ～
4 公釐，3 ～ 5 脈。

闊葉麥門冬

屬名　麥門冬屬
學名　*Liriope muscari* (Decaisne) Bailey

根常膨大成紡錘狀塊根。葉線形，長 20 ～ 60 公分，寬 8 ～ 15 公釐，9 ～ 15 脈。花序長 8 ～ 30 公分；花通常 3 ～ 6 朵簇生；花柄長 4 ～ 5 公釐；花被片長 3.5 ～ 5 公釐。

　　中國大陸、日本及琉球。台灣全島低海拔山區林下及潮濕陰涼處或海邊山坡。

花被片長 3.5 ～ 5 公釐

葉較寬，寬 8 ～ 15 公釐，9 ～ 15 脈。（趙建棣攝）

全島低海拔山區林下及潮濕陰涼處或海邊山坡

總狀花序

麥門冬

屬名　麥門冬屬
學名　*Liriope spicata* (Thunb.) Lour.

葉線形，長 25 ～ 50 公分，寬 4 ～ 8 公釐，7 ～ 11 脈，明顯 5 脈。花序長 10 ～ 25 公分；花通常 3 ～ 5 朵簇生；花柄長 4 ～ 5 公釐；花被片長 4 ～ 5 公釐。

　　中國大陸、日本、琉球、韓國及緬甸。台灣全島低海拔及中海拔林下、草坡及潮濕陰涼處。

花被片長 4 ～ 5 公釐
（趙建棣攝）

果實

花序

葉寬度介於台產同屬另 2 種之中間，寬 4 ～ 8 公釐，7 ～ 11 脈，明顯 5 脈。

鹿藥屬 MAIANTHEMUM

多年生草本，具根莖。莖直立，單一。葉互生，二列，通常有柄。花序頂生；花被片 4 或 6，通常離生；雄蕊與花被片同數，通常著生於花被片基部；子房上位，花柱頭狀。漿果，近球形，熟時紅色。

台灣有 2 特有種。

鹿藥 特有種

屬名	鹿藥屬
學名	*Maianthemum formosanum* (Hayata) LaFrankie

葉互生，二列，通常有柄，長橢圓形，長 5 ～ 10 公分，寬 1 ～ 5 公分，脈 3 ～ 5；柄長 2 ～ 4 公釐，有毛。總狀花序至圓錐花序，花白色；花梗長 2 公釐；花被片 6 枚，長 3 ～ 5 公釐；花絲 1 ～ 2 公釐。

特有種，分布海拔 3,000 公尺以上高山。

圓錐花序較小些，長 3 ～ 5 公分。

與原氏鹿藥相比較，本種之植株較矮，約 5 ～ 30 公分高。　花柱短，不顯著。　　　　　長在較高海拔之山區

原氏鹿藥 特有種

屬名	鹿藥屬
學名	*Maianthemum harae* Y.H. Tseng & C.T. Chao

莖 30 ～ 75 公分高。葉 9 ～ 12 枚，披針形，長 15 ～ 25 公分，寬 5 ～ 10 公分，脈 5 ～ 7。圓錐花序；花梗長 5 公釐；花柱長 2 公釐，柱頭三裂。

特有種，分布中高海拔 1,500 ～ 2,800 公尺山區。

開花植株

花梗較長

花柱顯著

本種之植株及花序較鹿藥大

沿階草屬 OPHIOPOGON

多年生草本；根莖粗，常木質化，有時具匍匐莖。葉互生，基生（無莖）或莖生，通常線形，無柄。總狀花序；花被片6，基部合生或離生，具腺體；雄蕊6，著生於花被片基部；子房下位或半下位，花柱單一，長錐狀，柱頭頭狀。果實具1粒種子，發育早期不規則開裂。

台灣有2種。

間型沿階草

屬名	沿階草屬
學名	*Ophiopogon intermedius* D. Don

植株通常具匍匐莖。根纖細，直徑最多達1.5公釐，具明顯紡錘狀或長橢圓狀之塊根。葉基生，叢聚，長10～45公分，寬1.5～5公釐，3～5脈。花被片白色，有時紫色，花藥綠色。種子橢圓形，長6～7公釐，寬4～6公釐，藍色。

巴基斯坦、印度、斯里蘭卡、孟加拉、尼泊爾、不丹、緬甸、泰國、柬埔寨、越南、印尼（蘇門答臘、爪哇島）、菲律賓、中國。台灣全島中高海拔森林中。

花藥綠色

具明顯紡錘狀或長橢圓狀之塊根

葉基生，叢聚，3～5脈。

高節沿階草

屬名	沿階草屬
學名	*Ophiopogon reversus* C.C. Huang

植株通常無匍匐莖。根粗厚，直徑可達4公釐，有時部分形成不明顯紡錘狀塊根。葉叢聚，長10～75公分，寬3～9公釐，5～10脈。花被片白色至紫色，花藥淡白色或黃色。種子卵形至橢圓形，長6～12公釐，寬5～9公釐，深藍色。

中國南方（海南島、香港）、廣西西部、日本西南部（與那國島、琉球）。台灣全島低海拔森林中，部分山區上延至中海拔。

花藥淡白色或黃色
（李祈德攝）

葉寬3～9公釐，5～10脈。（李祈德攝）

開花植株（李祈德攝）

球子草屬 PELIOSANTHES

多年生草本；根莖延伸，通常無地上莖。葉基生，長柄，中肋中空。穗狀或總狀花序；花柄頂端具關節；花被片6，合生，深紫色；雄蕊6，花絲下部合生成一圈肉質內彎的副花冠；子房半下位，花柱不明顯，柱頭三裂。果具 1～3 粒種子，發育初期不規則開裂。種子成熟時藍紫色。

　　台灣有 2 種，其中 1 種為特有種。

高氏球子草 [特有種]

屬名	球子草屬
學名	*Peliosanthes kaoi* Ohwi

子房外表光滑無毛

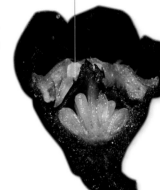

葉基生，長柄，中肋中空；葉身披針形，長6～8公分，寬1.5～2公分，5主脈；葉柄長3～5公分。花莖長 4～5 公分；花序軸長 3～5 公分；花梗長 1.5～2 公釐；花筒狀，直徑 4～5 公釐；子房光滑。

　　特有種，台灣中南部及東部低海拔山區。

花被片6，合生，深紫色。

葉身長 6～8 公分

矮球子草

屬名	球子草屬
學名	*Peliosanthes macrostegia* Hance

子房外表被毛

葉身披針長橢圓形，長20～25公分，寬5～8公分，5～9主脈；葉柄長 15～25 公分。花莖長 6～10 公分；花序軸長 9～25公分；花梗長 3～6 公釐；花鐘形，直徑 6～12 公釐；子房密生毛。

　　廣泛分布於亞洲東南部和西南部地區。台灣全島低海拔山區林下和潮濕山崖處。

總狀花序

葉身長 20～25 公分

果實

黃精屬 POLYGONATUM

多年生草本，具根莖。莖直立或斜昇，單一。葉通常互生，二列，通常無毛，柄極短。花序腋生，1 至數朵花；花通常下垂，花柄頂端具關節；花被片 6，基部至少 1/2 長合生；雄蕊 6，於花被片上著生；子房上位，花柱單一，柱頭三裂。漿果。台灣有 1 特有種。

萎蕤

屬名	黃精屬
學名	*Polygonatum arisanense* Hayata

根莖多少念珠狀，直徑 1 ～ 2.5 公分。莖高 80 ～ 200 公分。葉身披針形至狹長橢圓形，長 8 ～ 20 公分，寬 2.5 ～ 5 公分。花 2 ～ 4 朵，白色，略帶淡黃色，先端有時帶綠色；花被筒長 10 ～ 28 公釐，先端裂片長 3 ～ 6 公釐。

特有種，全島中低海拔林下。台灣各地族群之間存在細微之形態差異，是否包含更多物種仍有待深入研究。

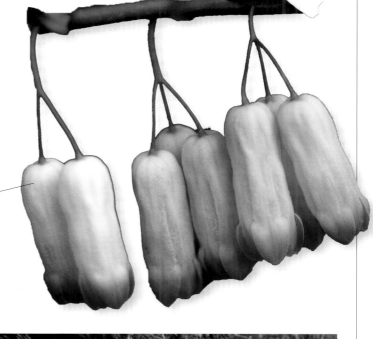

花被筒長 10 ～ 28 公釐，裂片長 3 ～ 6 公釐。

花 2 ～ 4 朵，白色，略帶淡黃色，先端有時帶綠色。

有時植株可高達 2 公尺

虎尾蘭屬 SANSEVIERIA

葉 基生。花白綠色，單生或成總狀花序。果實為紅色或橙色漿果。
葉有硬葉及軟葉兩種類型，硬葉虎尾蘭源於乾旱氣候，而軟葉虎尾蘭起源於熱帶和亞熱帶較濕潤之地區。

虎尾蘭

屬名	虎尾蘭屬
學名	*Sansevieria trifasciata* Hort. ex D. Prain

多年生常綠草本，根狀莖匍匐。葉直立狀，長25～100公分，線狀披針形至倒披針形，1～6枚簇生，質厚，兩面有許多深綠色橫帶狀斑紋。花葶連同花序高30～80公分，白色至淡綠色花，3～8朵簇生成總狀花序。

歸化植物。原產非洲及印度。

花淡白綠色，有香氣。

歸化植物。原產非洲及印度。（許天銓攝）

花葶連同花序高30～80公分，白色至淡綠色花。

異蕊草屬 THYSANOTUS

葉 基生，線形，基部鞘狀。單花或花序頂生，花柄下端具關節；花被片6，淡紫色或藍色，外輪線狀披針形，全緣，內輪寬卵形，毛緣；雄蕊6，離生，花絲絲狀，基著藥，內向縱裂；子房上位，3室，每室2個胚珠，柱頭頭狀。蒴果，通常球形，每室具1～2顆種子。

台灣有1種。

異蕊草

屬名	異蕊草屬
學名	*Thysanotus chinensis* Benth.

高可達40公分，葉卵狀長橢圓形，長10～15公分，寬3～4公分。花1～2朵，白色，長9～15公釐，花被筒約1/3至1/2長；副花冠裂全緣或淺裂；柱頭頭狀至微三裂。

中國大陸、菲律賓至澳洲。台灣產於北部中低海拔草地上；金門亦有分布。

內輪花被片寬卵形，緣毛。

外輪的花被片披針形，全緣。

葉基生，線狀，圓柱狀，葉長15～30公分，寬1公釐。

王蘭屬 YUCCA

圓錐狀或總狀花序；花鐘形至球形；花被片離生或基部合生，白色、綠白色或帶紫紅色，花藥內含。

王蘭

屬名	王蘭屬
學名	*Yucca aloifolia* L.

莖極短至約 4 公尺高。葉劍形，長可達 65 公分，寬 4 ～ 6 公分。花白色，先端偶帶紫暈。
原產中美洲及北美。台灣零星栽植，南部低海拔平野歸化。

花鐘形至球形

開花植株

仙茅科 HYPOXIDACEAE

具有塊莖或球莖。葉基生,通常有顯著的平行葉脈或具摺扇狀葉脈。花生在花莖上,花被片為 3 的倍數,輻射對稱。果實為蒴果或假漿果。

特徵

葉根生或基生,通常有顯著的平行葉脈或具摺扇狀葉脈。

花生在花莖上,花瓣為 3 的倍數,輻射對稱。(許天銓攝)

仙茅屬 CURCULIGO

多年生草本。根莖直立，常分枝。穗狀花序；花黃色，花被片 6，離生；雄蕊 6；子房下位，被長毛。漿果，頂端宿存有細長喙狀的子房筒。

船子草（大仙茅）

屬名	仙茅屬
學名	*Curculigo capitulata* (Lour.) Kuntz.

葉身長橢圓形，具摺扇狀脈，長 50～90 公分，寬 8～15 公分。花序似頭狀，稍下垂，花被片 6，外被毛狀物，離生，黃色，花柱突出。漿果，近球形。

　　印度、斯里蘭卡、尼泊爾、孟加拉、緬甸、寮國、越南到中國南部、馬來西亞、澳洲及阿根廷。間斷分布於台北至基隆、南投、屏東至台東，及綠島、蘭嶼之低海拔山區林下陰濕處。

花被片 6，黃色，花柱突出。

漿果，近球形。

葉身長橢圓，具摺扇狀脈。

仙茅

屬名	仙茅屬
學名	*Curculigo orchioides* Gaertn.

葉披針形，長 20～30 公分，寬 1～2 公分。穗狀花序，花莖短，常隱藏於葉鞘內，花萼先端有毛，花黃色，花被片 6，離生。漿果。

　　東南亞、中國、日本、琉球、澳洲。台灣全島及蘭嶼低至中海拔開闊草地或林緣。

花黃色

葉子通常 2～3 枚，通常葉較寬處在中央。

花莖較短（許天銓拍攝）

小仙茅屬 HYPOXIS

多年生草本，根莖肥厚，球形或長橢圓形，通常被覆老葉柄的纖維殘餘。葉基生，背面中肋及葉緣被毛。花 1 至數朵，花梗與總花梗相接處有小苞片；花被片 6，離生，宿存；雄蕊 6；子房下位，柱頭 3，直立。蒴果，胞間開裂。台灣有 1 種。

小金梅草

屬名	小仙茅屬
學名	*Hypoxis aurea* Lour.

葉基生，葉線形，長 10 ～ 30 公分，寬 2 ～ 6 公釐，背面中肋及葉緣被毛。花 1 至數朵，花梗與總花梗相接處有小苞片，花被片 6，離生，花黃色。蒴果棒狀，胞間開裂。

　　印度、馬來西亞、中國、琉球及日本。台灣零散分布於海岸至海拔 2,700 公尺山區之開闊草坡、灌叢間或疏林下。

花金黃色

長在草叢的葉子較細

花 1 至數朵；花被片 6。

與仙茅相近，但本種的花梗抽出，細長。

鳶尾科 IRIDACEAE

多年生草本，常具地下莖，莖單生或成束由地下莖生出。葉線形，側扁，排成二列。花排列成圓錐或聚繖花序，常由一鞘狀苞內抽出，兩性花，放射對稱，花被片 6，二輪，內外輪均花瓣狀；雄蕊 3 枚；子房下位，3 室，中軸胎座，花柱 1 個，柱頭 3 個，有時擴大而呈花瓣狀或分裂。果實為蒴果。除本書收錄類群外，引進栽培的馬蝶花（*Neomarica northiana* (Schneev.) Sprague）偶見逸出歸化族群，其花朵近似鳶尾屬（*Iris*），但花序扁平，葉狀，且生有不定芽，易於識別。

特徵

花被片 6，二輪，內外輪均花瓣狀，雄蕊 3 枚，花柱 1 個，柱頭 3 個。（射干）

葉線形，側扁，排成二列。（鳶尾 *Iris tectorum*）

花柱 1 個，柱頭 3 個，有時擴大而呈花瓣狀或分裂。（台灣鳶尾）

射干屬 BELAMCANDA

多年生草本，具根狀莖。葉二列，劍形。花橙色而有紅色斑點，排成頂生2歧狀的繖房花序；花被片6，基部合生成一短管；雄蕊3；子房下位，3室，花柱3。蒴果，有黑色的種子多顆。分子親緣研究顯示本屬應歸入廣義的鳶尾屬（*Iris*）之中，但因鳶尾屬之界定仍有爭議，本書暫維持獨立地位。

射干

屬名	射干屬
學名	*Belamcanda chinensis* (L.) Redouté

多年生草本，具肉質地下莖；莖長50～100公分。葉數片，劍形，二列排列，葉長30～60公分，寬2～4公分，無中肋，具平行脈，全緣，綠色，常帶白粉，兩面光滑無毛，質硬。花被片長橢圓至狹橢圓形，下表面黃色，基部深紅色，上表面橘紅色，具深紅色斑點。果倒卵狀橢圓形。應紹舜氏曾發表 *Belamcanda chinensis* (L.) Redouté var. *taiwanensis* S.S. Ying（台灣射干），作者赴模式標本採集地和平島觀察研究，發現此群植物與原變種射干並沒有顯著差異。

韓國、日本、琉球、印度北部和中國大陸。台灣北部及東北部近海岸地區。

花

果實

果熟裂開，黑色種子露出。

花被片長橢圓至狹橢圓形，上表面橘紅色，具深紅色斑點。

長在海邊山坡的族群

觀音蘭屬 CROCOSMIA

屬特徵如種之描述。

觀音蘭（射干菖蒲）

屬名	觀音蘭屬
學名	*Crocosmia × crocosmiiflora* (V. Lemoine) N.E. Br.

多年生草本植物，地下具肥大球莖；高 70 ～ 120 公分。葉互生，淡綠色，披針形，自基部作扇狀開展。花序自葉叢抽出，花莖分枝狀，呈偏向一側的穗狀花序，花漏斗形，花被片 6，花徑 4 ～ 5 公分，橙紅色。

園藝雜交種，親本原產南非好望角。1908 年引入，在台灣已成野生馴化狀態。

花漏斗形，花被片 6，橙紅色。

花莖分枝狀，呈偏向一側的穗狀花序。

葉披針形，自基部作扇狀開展。

鳶尾屬 IRIS

多年生草本，有塊莖或匐匍狀根莖。葉劍形，嵌疊狀。花由 2 個苞片組成的佛焰苞內抽出，次第開放，但有時僅有花 1 朵，亦有些種類排成總狀花序或圓錐花序；花被花瓣狀，基部合生成一長或短的花被筒，外面 3 枚花被片大，外彎，內面 3 枚常較小，直立而常作拱形；雄蕊 3；花柱分枝 3，擴大，花瓣狀而有顏色，外展而覆蓋著雄蕊；子房下位，3 室；胚珠多數。蒴果，有稜 3 ～ 6。

花白色，帶天藍色，花被筒白色。

台灣鳶尾 特有種

屬名	鳶尾屬
學名	*Iris formosana* Ohwi

葉長達 120 公分，寬達 4.5 公分，具脈 3 ～ 5 條。花白色，帶天藍色，花被筒白色，長約 1 公分，向上漸寬；外輪 3 花被片，長 4 ～ 5 公分，寬約 2.5 公分，中央至近基部具褐色斑點並具天藍色條紋，不整齊齒緣，先端深凹；內輪 3 花被片，倒披針狀長橢圓形，略較外輪者短，帶天藍色，不整齊細齒緣，先端深凹，花柱淡天藍色或白色，深撕裂狀而呈花瓣狀，下方蓋著雄蕊。

特有種，中央山脈低中海拔地區。

野外植群

外輪 3 花被片較大，內輪 3 花被片較小；花柱深撕裂狀而呈花瓣狀。

庭菖蒲屬 SISYRINCHIUM

草本，有根莖或有纖維狀根；莖不分枝或少分枝，通常壓扁或有時圓柱狀。葉線狀披針形而扁平或圓柱形。花小，藍紫色或淡黃色，排成疏散、繖形的花序，由二裂的佛焰苞內抽出；花被輻射對稱，鐘狀或輪狀，花被筒短或缺，裂片 6，近相等；雄蕊 3，著生於花被片的基部；子房下位，3 室，有胚珠極多數，花柱絲狀。蒴果闊卵形或圓柱形。

黃花庭菖蒲

屬名	庭菖蒲屬
學名	*Sisyrinchium exile* E.P. Bicken

本種植株與鳶尾葉庭菖蒲相似（見 285 頁），但花被片黃色，近基部帶紫紅色。

　　原產熱帶美洲，西元 1910 ～ 1920 年引進台灣，生長於中部及北部低至中海拔潮濕地或砂地。

果實

花被片上半部黃色

常生於濕潤處之草地上

鳶尾葉庭菖蒲

屬名　庭菖蒲屬
學名　*Sisyrinchium iridifolium* Kunth

葉線形至劍形，寬2～5公釐。佛焰苞披針形。花藍紫色、白色、淺紫色或紫色，基部黃色，花瓣先端尾尖。果球形至倒卵形，具疏毛。

　　低至中海拔地區潮濕草生地或沙石地。

花被輻射對稱，裂片6，近相等，白色或紫色，花心黃色，花徑可達1.8公分；雄蕊3枚。

花被片先端紫色，基部黃色。

果具疏毛

葉線形至劍形

花色多樣，亦有白色花者。（楊智凱攝）

蘭科 ORCHIDACEAE

蘭科為開花植物中最大科之一，全世界約有 800 ～ 900 屬，20,000 ～ 30,000 種，分布遍及極地外之世界各地，但多數類群集中於熱帶及亞熱帶氣候濕潤的地區。主要鑑別特徵包含兩側對稱的花朵，雌、雄蕊合生為蕊柱，可孕雄蕊大多 1 枚，少數 2 ～ 3 枚，以及果實內含數量龐大但體積極小的種子。所有蘭科植物均為多年生草本，但形態變化極為多樣，生活型包含地生、岩生、附生及少數攀緣性藤本；常綠或休眠，或開花期與營養期錯開；亦有一些葉綠素退化的真菌異營物種。

本書介紹台灣物種 108 屬 459 種，其中未見假蘭亞科物種，喜普鞋蘭亞科僅 1 屬 4 種，凡尼蘭亞科 5 屬 17 種，餘下均分屬蘭亞科及樹蘭亞科。

特徵

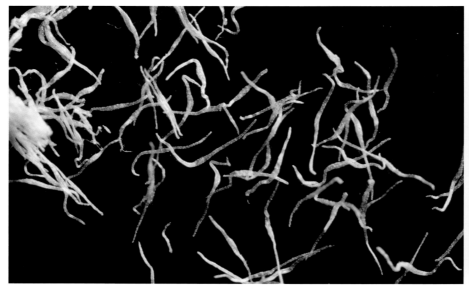

果實大多維紡錘狀之蒴果（葦草蘭）

花被六枚，瓣、萼分化不顯著，但其中一枚常高度特化，稱為「唇瓣」（雅美萬代蘭）。

種子非常細小，無胚乳（冬赤箭）。

雌、雄蕊合生為蕊柱（紫苞舌蘭）。

亞科識別

依目前系統分類學之研究，蘭科下可再細分為 5 亞科：

1. 假蘭亞科 (APOSTASIOIDEAE)

花近輻射對稱，唇瓣近似花瓣，無明顯分化；具 2 或 3 枚可孕雄蕊。

2. 喜普鞋蘭亞科 (CYPRIPEDIOIDEAE)

花兩側對稱，唇瓣囊袋狀；具 2 枚可孕雄蕊及 1 枚假雄蕊。

3. 凡尼蘭亞科 (VANILLOIDEAE)

地生或攀緣性藤本，不具塊根或假球莖等膨大的儲存構造；葉常肉質，中肋不顯著；唇瓣基部常與蕊柱合生為管狀；可孕雄蕊 1 枚，花粉塊 2 枚，粉狀，無花粉塊柄及明顯的黏盤。

4. 蘭亞科 (ORCHIDOIDEAE)

多地生，植物體柔軟或肉質，常有塊根或橫走根莖；上萼片與花瓣常部分貼合形成盔狀；可孕雄蕊 1 枚，花粉塊 2 枚，粉狀或切丁狀。

5. 樹蘭亞科 (EPIDENDROIDEAE)

常著生，較少地生，莖葉多少革質，不具塊根，但常有膨大的假球莖；可孕雄蕊 1 枚，花粉塊 2、4、6 或 8 枚，通常堅硬，少數呈切丁狀。

脆蘭屬 ACAMPE

類 似萬代蘭（*Vanda* spp.）形態的單軸附生蘭；花不轉位，唇瓣表面被毛，囊狀距內無附屬物。

蕉蘭

屬名	脆蘭屬
學名	*Acampe rigida* (Buch.-Ham. *ex* Sm.) P.F. Hunt

大型單軸類岩生或附生蘭，植株粗壯，可達 1 公尺以上。葉片二列互生，線形，肥厚堅韌，長 25～30 公分。圓錐花序直立，通常不高於植物體。花徑約 2 公分，半展，肉質，花被有紅色橫紋；唇瓣被毛，先端卵形。

生態上特別喜好陽光充足，通風良好之開闊溪谷，在台灣全島皆有零散分布，常大片生長於溪流兩岸垂直岩壁，或附生於突出之樹木枝幹上，海拔 200～1,000 公尺；此外亦廣泛分布於東南亞至非洲東部。

圓錐花序，花不轉位。

唇瓣被毛　　花被肉質

常大片群集

罈花蘭屬 ACANTHEPHIPPIUM

地 生蘭；假球莖圓柱狀，聚生，包含數個節間；葉 1～4 枚近頂生，具縱摺。花序短，唇瓣外之五枚花被大部分合生，形成罈狀。

延齡罈花蘭

屬名	罈花蘭屬
學名	*Acanthephippium pictum* Fukuy.

中型地生蘭，高 40～60 公分。早期文獻多誤併入 *A. sylhetense*，但由花色及唇瓣特徵可明確區分。本種花冠筒基部黃色，末端漸轉為暗紅色並有紅色脈紋；花瓣匙形，基部爪狀；唇瓣中裂片白色，唇盤具五條高低不等之稜脊，外側之稜脊最高且頂部略向內彎。

　　在台灣僅紀錄於蘭嶼，生長於濕潤的季風雨林底層，海拔 200～500 公尺；此外亦分布於琉球之西表島。

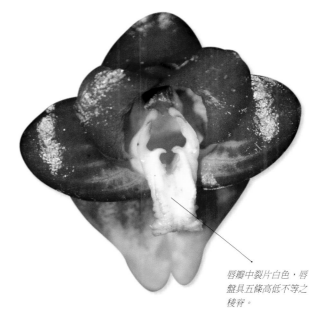

唇瓣中裂片白色，唇盤具五條高低不等之稜脊。

生長於濕潤的季風雨林底層

花冠筒基部黃色，末端漸轉為暗紅色並有紅色脈紋。

一葉罈花蘭

屬名 罈花蘭屬

學名 *Acanthephippium striatum* Lindl.

中型地生蘭，高 30 ～ 40 公分。假球莖彼此貼近，圓柱狀，多節，基部略寬。葉單生於假球莖頂端，長橢圓形，末端尖。花序自假球莖節上伸出，甚短，花 3 ～ 5 朵。花罈狀，白色，花冠筒上有多條平行的縱向紅色脈紋，長 3 ～ 4 公分；唇瓣白色，末端有紅斑。

　　普遍分布於全島 200 ～ 1,500 公尺潮濕闊葉林或竹林下，亦分布喜馬拉雅地區至東南亞一帶。

花冠筒上有多條平行的縱向紅色脈紋

葉單生，花序短。

台灣罈花蘭

屬名 罈花蘭屬

學名 *Acanthephippium sylhetense* Lindl.

外觀接近一葉罈花蘭（*A. striatum*），但植株通常較粗壯，假球莖上有葉 2 ～ 4 枚。花罈狀，冠筒基部為米白色，末端密布紅斑；花瓣倒批針形，基部不呈爪狀；唇瓣中裂片黃色，唇盤具三條等高之稜脊。

　　見於全島 1,000 公尺以下樹林或竹林下，但族群量遠少於一葉罈花蘭；亦分布印度、中國南部、中南半島至馬來西亞。

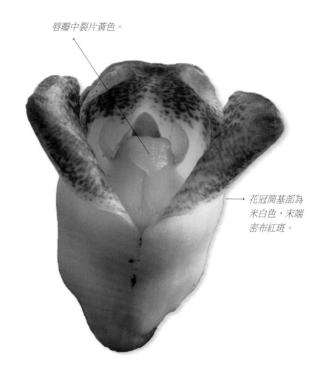

唇瓣中裂片黃色。

花冠筒基部為米白色，末端密布紅斑。

假球莖上有葉 2 ～ 4 枚

氣穗蘭屬 AERIDOSTACHYA

附 生蘭，自傳統的廣義絨蘭屬（*Eria*）獨立而出，特徵包含假球莖由肉質鞘包覆，花序具星狀毛，花朵通常具甚長之頦。

細花絨蘭

屬名	氣穗蘭屬
學名	*Aeridostachya robusta* (Blume) Brieger

中型附生蘭，株高 20～40 公分。假球莖聚生，完全由黑褐色葉鞘包腹，長達 7 公分，徑約 3 公分。葉 2～4 枚，革質，倒披針形，長 20～40 公分，寬 3～4 公分。花序與葉片約略等長，花密生於前段，徑約 1 公分，紫褐色，具下延之頦部；花序及花被外側散生淡褐色星狀毛。

廣泛分布於東南亞地區，台灣為世界分布之北界，族群侷限於屏東浸水營地區以南之熱帶霧林區域，喜好高濕而通風的環境，因此多生長於森林上部枝幹，假球莖埋於深厚蘚苔中。

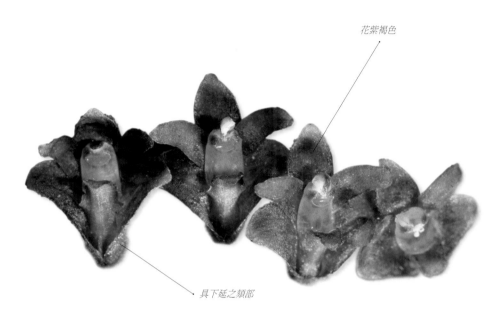

花紫褐色

具下延之頦部

生長於熱帶霧林環境，假球莖埋於深厚蘚苔中。

花序及花被外側散生淡褐色星狀毛

禾葉蘭屬 AGROSTOPHYLLUM

附生蘭；莖多叢生，不明顯膨大，扁壓狀，完全由葉鞘包覆；葉二列互生，葉鞘具黑邊；花序頂生，由宿存之總苞片包圍。

台灣禾葉蘭 特有種

屬名	禾葉蘭屬
學名	*Agrostophyllum formosanum* Rolfe

中型附生蘭，株高可達 60 公分。莖叢生，多節；葉二
列，帶狀，基部具關節。花於莖頂聚生，外觀呈無柄
的球狀，並由許多鞘狀苞片包覆，直徑 1.5 ～ 2.5 公
分，由密生的短縮總狀花序構成，每一花序有 2 ～
3 朵花。花甚小，淡黃白色，徑 6 ～ 7 公釐；萼
片與花瓣相似；唇瓣基部囊狀；蕊柱短，足部
不明顯。

　　台灣特有，但很可能亦分布於菲律賓。
僅分布於中央山脈最南段 400 ～ 1,000 公
尺左右闊葉林內，極為罕見。

花聚生為球狀，甚小。

莖叢生，由葉鞘包覆。

葉二列互生，帶狀。

兜蕊蘭屬 ANDROCORYS

休眠性地生蘭,地下具球狀塊根,葉1枚基生。花甚小,唇瓣無距,基部有一對蜜腺。

小兜蕊蘭 特有種

屬名	兜蕊蘭屬
學名	*Androcorys pusillus* (Ohwi & Fukuy.) Masam.

細小的地生蘭,株高5～10公分,外觀略似蕨類之瓶爾小草屬(*Ophioglossum*)之植物,地下具球形塊莖。葉1枚,基生,卵形或橢圓形,長2～4公分。花序直立,疏生3～15朵花。花極小,徑約4公釐,綠色;萼片具乳突狀毛緣;唇瓣舌狀,無距,基部具一對略凹陷之蜜腺。

　　台灣特有,分布於雪山及中央山脈海拔2,800～3,500公尺針葉林下或灌叢內遮蔭良好且地被較疏之環境,周圍常有短距粉蝶蘭(*Platanthera brevicalcarata*,見第二卷)伴生。

萼片具乳突狀毛緣

唇瓣舌狀,無距,基部具一對略凹陷之蜜腺。

花疏生,子房直立,無毛。

葉單生,外觀極似瓶爾小草。

生長於高山針葉林底層

安蘭屬 ANIA

地生蘭，常被併入杜鵑蘭屬（*Tainia*），但分子證據顯示分開較合適，區別特徵為假球莖為肥大的卵錐狀，葉草質，唇瓣基部短距裸露，不被側萼片包覆。

綠花安蘭

屬名　安蘭屬
學名　*Ania penangiana* (Hook. f.) Summerh.

地生蘭，株高 30 ～ 60 公分。其植物體由基部卵球狀，暗綠或紫色，表面光亮之假球莖以及頂生 1 枚具長柄之草質葉片組成，易於識別。花序直立，側生於假球莖基部；花 3 ～ 10 朵疏生，徑約 4 ～ 5 公分，黃褐色或紅褐，具短距而無頦；唇瓣白色略帶淡黃暈，表面有淡紫斑點，三裂，中央有三條縱稜自基部延伸至中裂片中央。

　　散生於苗栗以南 1,200 公尺以下山區，偏好略乾燥之次生林或竹林。

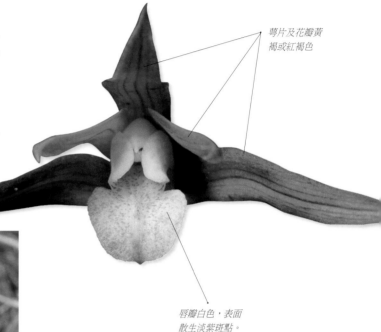

萼片及花瓣黃褐或紅褐色

唇瓣白色，表面散生淡紫斑點。

葉 1 枚，具長柄。

假球莖大型，卵球狀。

金線蓮屬 ANOECTOCHILUS

地 生蘭；葉色深綠，表面具淺色網狀脈紋；唇瓣為三段結構，基部為角狀距，中段伸長，常有梳齒狀或板狀裂片，末端二裂；蕊柱通常甚肥大，柱頭 2 枚分開，位於蕊柱腹側側邊。

台灣金線蓮

屬名	金線蓮屬
學名	*Anoectochilus formosanus* Hayata

台灣的 3 種金線蓮屬植物外觀均十分相似，為 10 ～ 20 公分高之小型地生蘭，葉面墨綠且具白色網狀脈紋，葉背淡紫紅色。本種花轉位 180°，唇瓣先端向下伸展；唇瓣中段具黃色之梳齒狀裂片；距短於 3 公釐，末端圓。

　　分布於台灣及琉球群島；廣泛生長於全島 200 ～ 1,500 公尺山區，但受常年商業採摘影響，已不易發現較密集之族群。

唇瓣中段具黃色之梳齒狀裂片

花轉位 180°。唇瓣先端向下伸展

距短於 3 公釐，末端圓。

葉面墨綠且具白色網狀脈紋

恆春金線蓮

屬名	金線蓮屬
學名	*Anoectochilus koshunensis* Hayata

花不轉位，唇瓣先端向正上方伸展；唇瓣中段具一對板狀裂片，長 3 ～ 3.5 公釐，寬約 2 公釐；唇瓣末段小裂片長 5 ～ 9 公釐，寬 2 ～ 3.5 公釐；花粉塊柄長橢圓形。

　　分布於台灣及琉球群島；全島 200 ～ 1,300 公尺山區皆有零星紀錄。

花不轉位，唇瓣先端向正上方伸展。

植物體與台灣金線蓮不易分辨，需由花序鑑別。（余勝焜攝）

半轉位金線蓮 特有種

屬名　金線蓮屬
學名　*Anoectochilus semiresupinatus* T.C. Hsu & S.W. Chung, *sp. nov.*

Similar to *Anoectochilus koshunensis* but distinguished in having semi-resupinate flowers, longer mesochile flanges, larger epichile lobes and lanceolate tegula. — Type: Taiwan, Ilan, Mt. Tochiashen, 12 Jul 2011, *T.C.Hsu 4300* (holotype: TAIF), here designated.

與恆春金線蓮（*A. koshunensis*，見 293 頁）十分接近，主要差異為花轉位約 90°，唇瓣先端多朝向側方伸展；唇瓣中段板狀裂片長 4 ～ 5 公釐，寬約 2.5 公釐；末段小裂片長 8 ～ 10 公釐，寬 3.5 ～ 4.5 公釐；花粉塊柄披針形；此外花期亦略早。

　　台灣特有，目前發現於中北部及東部 900 ～ 2,200 公尺山區。

唇瓣中段板狀裂片略大於恆春金線蓮。末段小裂片寬 3.5 ～ 4.5 公釐。

植物體與台灣金線蓮不易分辨，需由花序鑑別。

唇瓣先端多朝向側方伸展

花轉位約 90°

無葉蘭屬 APHYLLORCHIS

真菌異營地生蘭，具細長地下莖與發達之根部。總狀花序，萼片與花瓣形態接近，唇瓣為二段結構，前後段交界處收狹呈關節狀，基部有一對耳狀裂片。

山林無葉蘭

屬名	無葉蘭屬
學名	*Aphyllorchis montana* Rchb. f. var. *montana*

真菌異營之地生蘭，高 30～70 公分。花莖淡黃色帶有紫色斑塊。總狀花序，具多花疏生；花柄和子房平展，長 1.6～2 公分。花半展，花被均為淡黃色而帶紫斑；唇瓣分成二段，前段具一對三角形耳突，後段不明顯三裂，表面有些許不規則突起。

全島 300～1,200 公尺山區林下偶見；世界分布自日本南部向南抵婆羅洲，東至印度及斯里蘭卡。

唇瓣先端舟狀，表面有些許不規則突起。

花莖淡黃色帶有紫色斑塊

蒴果表面散生紫斑

薄唇無葉蘭 特有種

屬名　無葉蘭屬
學名　*Aphyllorchis montana* Rchb. f. var. *membranacea* T.C. Hsu, *var. nov.*

Very close to *Aphyllorchis montana* var. *montana* but distinguished in having a membranous, uniformly pale yellow (vs. pale yellow variegated with pale yellowish brown) lip with flat (vs. thickened), minutely crenulate (vs. coarsely undulate) apical margin. — Type: Taiwan, Pingtung, Shouka, 3 Sep 2016, *T.C.Hsu 8546* (holotype: TAIF), here designated.

外觀近似山林無葉蘭（*A. montana* var. *montana*，見 295 頁），差異為唇瓣整體為淺黃色，無任何斑紋，質地甚薄；中裂片邊緣不增厚，具細齒緣。

　　特有變種，僅知分布於恆春半島山區。

唇瓣淺黃，膜質，無斑紋。

唇瓣中裂片具細齒緣

生長於闊葉林下。

圓瓣無葉蘭

屬名　無葉蘭屬
學名　*Aphyllorchis simplex* Tang & F.T. Wang

本類群可能是山林無葉蘭（*A. montana*，見 295 頁）之整齊花型，形態幾乎一致，主要差異為唇瓣與花瓣形態接近，表面平坦，無任何附屬物。*A. rotundatipetala* 為本種異名。

　　零星發現於北部及中部山區，亦分布於中國南部及越南。

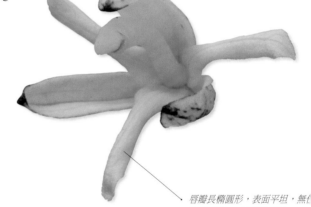

唇瓣長橢圓形，表面平坦，無任何附屬物。（余勝焜攝）

外觀與山林無葉蘭十分接近（余勝焜攝）

花黃色略帶紫斑（余勝焜攝）

竹節蘭屬 APPENDICULA

大多為附生蘭，少數地生；莖不膨大，葉二列互生且位於同一平面；花通常甚小，唇瓣基部狀似囊狀，實際上是蕊柱足部與唇瓣下緣貼合形成。

長葉竹節蘭

屬名	竹節蘭屬
學名	*Appendicula fenixii* (Ames) Schltr.

地生或低位著生。莖直立至下垂，長可達 60 公分。葉二列，長 4～5 公分，寬約 1 公分，披針狀長橢圓形，末端漸尖。花序頂生及側生，長約 1.5 公分，具約 10 朵花。花白色，半展。

　　侷限分布於蘭嶼及菲律賓之巴丹群島；在蘭嶼見於 200～500 公尺之雨林中。

花白色，半展。

地生或低位著生，莖長可達 60 公分。

葉二列互生，披針狀長橢圓形。花序極短。

蘭嶼竹節蘭 特有種

屬名	竹節蘭屬
學名	*Appendicula kotoensis* Hayata

小型附生蘭，株高 10～30 公分。本種常被併入台灣竹節蘭（*A. reflexa*，見 298 頁），但植株、葉片均明顯較小，花序幾乎全為頂生，花帶紅褐色暈，蕊柱足部較短，應視為不同物種。

　　目前僅知分布於蘭嶼，海拔 200～400 公尺；在林中多半生長於樹木中至高處枝幹，亦與台灣竹節蘭之生態習性有所差異。

大多為高位著生

植物體明顯小於台灣竹節蘭

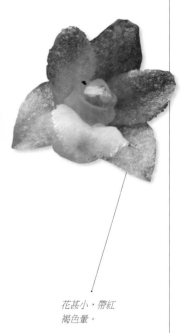

花甚小，帶紅褐色暈。

多枝竹節蘭

屬名　竹節蘭屬
學名　*Appendicula lucbanensis* (Ames) Ames

附生蘭。莖叢生，老莖常多分枝，達60公分。葉二列互生，膜質，長橢圓形，近末端具極細齒緣。花序單一頂生，下垂，苞片宿存，二列互生，花依序開放。花淡綠色漸轉黃，半展，具甚長之頦；唇瓣白色帶紫暈及稀疏紫斑，基部有一大型肉突。

　　新近發現於中央山脈南段霧林環境，附生於中或高層枝幹。

側萼片基部形
成甚長之頦

花序下垂，苞片宿存，二列互生，花依序開放。

新近發現於中央山脈南段闊葉林內

花淡綠色漸轉黃。唇瓣白色帶紫暈及稀疏紫斑。

台灣竹節蘭

屬名　竹節蘭屬
學名　*Appendicula reflexa* Blume

附生蘭。莖叢生，斜昇至下垂，長可達50公分。葉片二列互生，彼此貼近，長2.5～4公分，寬1～1.5公分，卵狀長橢圓形。花序頂生及側生，長約1公分，密生5～15朵小花。花白綠色，半展，徑約4公釐。

　　分布自花蓮、台東至恆春半島東側海拔1,200公尺以下闊葉林中，以南部較常見，多著生於樹幹中、低處或倒木上；亦廣布於東南亞及南太平洋地區，台灣為其地理分布之北界。

花白綠色，徑約4公釐。

花序甚短

葉片二列互生，彼此貼近，卵狀長橢圓形。

常為低位著生

龍爪蘭屬 ARACHNIS

類似萬代蘭（*Vanda* spp.）形態的單軸附生蘭；植物體壯碩，花序甚長，萼片及花瓣線形；唇瓣可上下活動，基部有囊狀短距，末段唇片有一縱向肉突。

龍爪蘭

屬名	龍爪蘭屬
學名	*Arachnis labrosa* (Lindl. *ex* Paxt.) Rchb. f.

大型單軸附生或岩生蘭。與外觀接近物種如蕉蘭（*Acampe rigida*，見 286 頁）、隔距蘭（*Cleisostoma* spp.，見第二卷）、豹紋蘭（*Staurochilus luchuensis*，見第二卷）及雅美萬代蘭（*Vanda lamellata*，見第二卷）等之區別特徵包含葉寬達 3～4 公分，近先端處常明顯扭轉，先端具不等長之 2 圓頭狀裂片，以及細長懸垂，長達 40～150 公分之花莖。花鬆散排於軸上，花徑約 3 公分，開展，黃綠色，常密被紫褐色斑塊，不具香味；萼片及花瓣線形；唇瓣肉質，基部可活動，三裂；側裂片甚短，直立；中裂片大，基部具短圓錐狀距。

在台灣見於全島 1,000 公尺以下山區，以中南部族群較多；亦分布於中國南部、中南半島至印度東北。

萼片及花瓣線形

唇瓣肉質，表面無毛。

大型懸垂之圓錐花序甚為醒目

葉寬達 3～4 公分，近先端處常明顯扭轉。

葦草蘭屬 ARUNDINA

形態見種之描述。

葦草蘭

屬名　葦草蘭屬

學名　*Arundina graminifolia* (D. Don) Hochr.

大型地生蘭，高可達 2 公尺。外型略似禾本科的蘆葦或蘆竹，但葉較窄，質地較柔軟，且莖基部具膨大之假球莖。總狀花序頂生，花逐次開放，甚大，徑約 6 公分，紅紫色至近白色。

　　廣泛分布於東南亞，並歸化於太平洋地區。昔日為中、北部平地及低海拔地區普遍分布的物種，但目前野外族群已變得十分罕見，多發現於開闊濕潤之草坡。

唇瓣紫紅色，邊緣波浪狀。

生長於開闊草生環境

外型略似禾本科的蘆葦或蘆竹，花序頂生。

白及屬 BLETILLA

地生或岩生蘭，物種外觀均接近，僅花色及唇瓣細部構造差異較大，各部形態參見種之描述。

台灣白及

屬名　白及屬

學名　*Bletilla formosana* (Hayata) Schltr.

岩生或地生蘭。植物體大小變化極大，高 10 ～ 70 公分。球莖陀螺狀，常埋於基質內，頂生 2 ～ 8 枚葉片。葉帶狀，表面具縱摺，長 8 ～ 40 公分，寬 0.7 ～ 3.5 公分。花序直立，常分枝，花鬆散排列，逐次開放。花半展，白色或帶有淺至深之紫紅色暈；唇瓣上有紅棕色斑點及 5 條黃色縱稜。

　　廣泛分布於全島及蘭嶼、綠島及龜山島，海岸至海拔 3,000 公尺開闊岩坡或草地，偶見於建物牆縫；亦分布於琉球群島及中國南部。

唇瓣上有紅棕色斑點
及 5 條黃色縱稜

生長於開闊環境

植物體尺寸及花色變化多端

苞葉蘭屬 BRACHYCORYTHIS

休眠性地生蘭，葉螺旋狀散生於莖上；總狀花序，具大型葉狀苞片；花朵構造與粉蝶蘭（*Platanthera*）相當接近，但花甚大且為粉紅或紫色系。

寬唇苞葉蘭

屬名　苞葉蘭屬
學名　*Brachycorythis galeandra* (Rchb.f.) Summerh.

地生蘭，株高可達 40 公分。葉螺旋狀互生，長可達 6 公分。花序頂生，具明顯之葉狀苞片。花數朵疏生，黃綠色而具淡紫紅色唇瓣。唇瓣倒卵形，先端凹入，長 7 ～ 12 公釐；距角狀，長約 3 ～ 5 公釐。

　　零星紀錄於中、南部及東部中海拔山區，生長於開闊草坡、灌叢或疏林下，極為罕見。亦分布於中國南部、中南半島至印度東北。

唇瓣倒卵形，先端凹入。（*S. W. Gale* 攝）

花序頂生，具明顯之葉狀苞片。（S. W. Gale 攝）

北大武苞葉蘭

屬名　苞葉蘭屬
學名　*Brachycorythis helferi* (Rchb.f.) Summerh.

地生蘭，與寬唇苞葉蘭（*B. galendra*，見本頁）相較，具有較長之葉片與苞片，花亦略大，半展。唇瓣展平後近圓形，長及寬各約 2 ～ 3 公分，末端圓鈍；距長 7 ～ 10 公釐。

　　目前僅發現於北大武山區，海拔約 1,000 公尺；亦分布於中南半島至印度東北一帶。

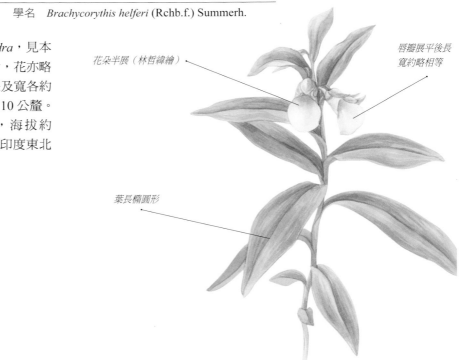

花朵半展（林哲緯繪）

唇瓣展平後長寬約略相等

葉長橢圓形

豆蘭屬 BULBOPHYLLUM

附生蘭，具短縮至延長之根莖；大多數物種具有卵形至錐形之假球莖，頂生 1 葉，但部分物種假球莖極度退化，因此看似葉片直接生於根莖上。花單生或總狀花序，許多物種花序軸短縮而使花朵呈扇形排列；且這些物種側萼片常向前延展且彼此貼合。唇瓣多呈舌狀，肥厚，基部具關節，可上下活動。豆蘭屬為蘭科最大屬之一，台灣的部分類群可能仍處於旺盛分化的階段，形態變異多端，其間之親緣及分類處理仍有待進一步釐清。同時，寶石蘭屬（*Sunipia*）依分子證據處理為豆蘭屬之異名。

紋星蘭

屬名	豆蘭屬
學名	*Bulbophyllum affine* Lindl.

附生蘭，常大片包覆樹幹。根莖粗硬；假球莖間距約 4 ～ 7 公分，圓柱狀。葉帶狀長橢圓形，硬革質，長 6 ～ 10 公分。花單生，開展，徑約 3 公分；花被底色為淡黃色，表面具多條紫色縱紋；萼片近等長。

　　廣泛分布於全島海拔 100 ～ 1,000 公尺山區，生長於濕潤的闊葉林或柳杉、杉木人工林內；亦分布琉球群島、中國南部、中南半島至印度東北一帶。

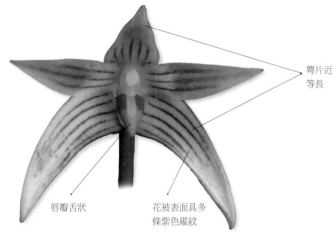

萼片近等長

唇瓣舌狀

花被表面具多條紫色縱紋

根莖發達，常大片包覆樹幹。（余勝焜攝）

白毛捲瓣蘭 特有種

屬名	豆蘭屬
學名	*Bulbophyllum albociliatum* (T.S. Liu & H.J. Su) K. Nakaj. var. *albociliatum*

附生蘭，植物體在台灣的同屬物種中較為纖細。假球莖疏生，卵形；葉橢圓至長橢圓形。花序長 3 ～ 6 公分，具 2 ～ 6 朵花排列成扇形。花橙紅色至磚紅色，上萼片及花瓣邊緣具白色絲狀緣毛；側萼片長 7 ～ 12 公釐，上緣部分貼合，形成鞋狀之合萼片，單一側萼片展平後最寬處靠近末端；唇瓣角狀，長約 2 公釐。

　　台灣特有，分布於全島海拔 1,200 ～ 2,500 公尺之檜木林帶，偏好氣候涼爽，雲霧盛行之環境，多附生於主幹或較大枝幹中部，偶見於岩壁上。

上萼片及花瓣邊緣具白色絲狀緣毛

側萼片邊緣貼合形成鞋狀

植物體及花序較纖細

杉林溪捲瓣蘭 特有種

屬名　豆蘭屬
學名　*Bulbophyllum albociliatum* (T.S. Liu & H.J. Su) K. Nakaj var. *shanlinshiense* T.P. Lin & Y.N. Chang

外觀與白毛捲瓣蘭（*B. albociliatum* var. *albociliatum*，見 303 頁）十分接近，主要鑑別特徵為側萼片通常略長，展平後最寬處較靠近基部，先端長漸尖。

　　台灣特有，發現於南投及台東山區，海拔 1,300～2,500 公尺。

側萼片先端長漸尖

植物體與白毛捲瓣蘭相同

小豆蘭 特有種

屬名　豆蘭屬
學名　*Bulbophyllum aureolabellum* T.P. Lin

附生蘭。在台灣的豆蘭屬中假球莖退化，僅具根莖的物種包含本種、狹萼豆蘭（*B. drymoglossum*，見 306 頁）、雙花豆蘭（*B. hymenanthum*，見 309 頁）、白花豆蘭（*B. pauciflorum*，見 314 頁）及小葉豆蘭（*B. tokioi*，見 320 頁），其中本種特色為葉間距甚長，可達 3～7 公分；葉橢圓形至長橢圓，長 1～4 公分，寬 8～10 公釐，革質；花序明顯短於葉片，具 1～3 朵花。花白色，甚小，徑約 5 公釐；萼片近等常；唇瓣橙色，角狀，長約 1.5 公釐。

　　台灣特有種，但與菲律賓之近緣種關係仍有待確認。分布自新北烏來及坪林一帶沿花東山區、海岸山脈至中央山脈南段之浸水營一帶的闊葉林環境，海拔 200～1,600 公尺。多生長於樹冠層附近之枝幹，但在風衝稜線環境則可發現於低位枝幹或岩壁上。

側萼片略長於上萼片。唇瓣橙色。

假球莖退化，葉革質。

短梗豆蘭 特有種

屬名	豆蘭屬
學名	*Bulbophyllum brevipedunculatum* T.C. Hsu & S.W. Chung

附生蘭，外觀接近白毛捲瓣蘭（*B. albociliatum*，見303頁）但略為纖細。花序甚短，5～7公釐，具1～4朵花。花橙紅色，上萼片與花瓣具白色短緣毛；上萼片橢圓形，長約3.5公釐；側萼片基部向內扭轉，上緣於末端相互貼合或偶分離，展平後接近平行四邊形，長5～7公釐，寬2～3公釐；花瓣長約2公釐；唇瓣角狀，長約2公釐。

　　台灣特有種，僅紀錄於宜蘭及花蓮山區，生長在原生之暖溫帶闊葉林及混合林，海拔1,600～2,200公尺之雲霧帶環境；植株著生於樹幹中、下部，偶見於岩石上。

上萼片及花瓣有白色緣毛

側萼片長5～7公釐

外觀近似白毛捲瓣蘭，但花序甚短。

毛緣萼豆蘭 特有種

屬名	豆蘭屬
學名	*Bulbophyllum ciliisepalum* T.C. Hsu & S.W. Chung

附生蘭；根莖粗硬，匍匐；假球莖間距0.5～1.2公分，卵圓形，長與寬約1公分。葉硬革質，橢圓至長橢圓形，長1～2.5公分。花序長2.5～6公分，花3～6朵呈扇形排列。上萼片、花瓣均具有白色絲狀緣毛；上萼片具長尾尖；側萼片黃色至橙紅色，長3.5～4公分，基部扭轉，上緣除基部與末端外均相互緊貼，下緣具流蘇狀緣毛，上緣近無毛；唇瓣長約2.5公釐。

　　台灣特有種，紀錄於苗栗、台中及南投山區，海拔1,900～2,500公尺左右之檜木林帶，喜好氣溫冷涼，光線充足，通風良好，雲霧盛行之環境；常大片著生於紅檜、鐵杉及台灣二葉松等裸子植物巨木接近樹冠之枝幹上。

側萼片長3.5～4公分

上萼片、花瓣均具有白色絲狀緣毛。

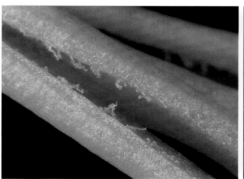

側萼片下緣具流蘇狀緣毛，上緣近無毛。

葉硬革質，花序長2.5.～6公分，花呈扇形排列。

斷尾捲瓣蘭 特有種

屬名　豆蘭屬

學名　*Bulbophyllum confragosum* T.P. Lin & Y.N. Chang

植株形態與觀霧豆蘭（*B. kuanwuense*，見 311 頁）較為接近；特徵為花序長 10 ～ 15 公分，花 2 ～ 3 朵，綠色至黃綠色；上萼片及花瓣具白色絲狀之長緣毛；側萼片長 1.2 ～ 1.6 公分，上緣彼此貼合，末端突縮為一褐色尖突，邊緣略被短毛。

　　台灣特有種，目前僅發現於台中及南投山區，海拔 1,900 ～ 2,400 公尺。

側萼片長 1.2 ～ 1.6 公分，先端突縮為一褐色尖突。（沈伯能攝）

形態與觀霧豆蘭較為接近，但花為黃綠色。（沈伯能攝）

狹萼豆蘭

屬名　豆蘭屬

學名　*Bulbophyllum drymoglossum* Maxim. *ex* Okubo

附生蘭；植物體具發達根莖，但假球莖退化，外觀與蕨類之伏石蕨（*Lemmaphyllum microphyllum*）頗為近似；葉橢圓形，長 0.6 ～ 2 公分。花單朵，乳黃色，萼片近等長，膜質，長 9 ～ 16 公釐，末端漸尖；唇瓣常略帶紫紅色暈，卵形，長約 4 公釐，末端鈍。

　　分布於中國東南、日本及韓國；在台灣分布於全島及蘭嶼海拔 300 ～ 1,500 公尺山區，喜好陽光充足，通風良好之環境。

唇瓣卵形，先端鈍。

萼片近等長

假球莖退化，外觀略似伏石蕨，花序僅具單花。

流蘇豆蘭 特有種

屬名 豆蘭屬
學名 *Bulbophyllum fimbriperianthium* W.M. Lin, L.L.K. Huang & T.P. Lin

附生蘭；營養形態與朱紅冠毛蘭（*B. hirundinis* var. *hirundinis*，見308頁）及翠華捲瓣蘭（*B. flaviflorum*，見本頁）相當接近，花部形態則近似毛緣萼豆蘭（*B. ciliisepalum*，見305頁）、長軸捲瓣蘭（*B. sui*，見318頁）及鵝冠蘭（*B. setaceum*，見317頁），唯本種可藉由上萼片末端圓鈍，以及花被邊緣的流蘇狀長緣毛與其他近緣物種明確區隔。

　　台灣特有種，分布於南部山區之闊葉林內，目前僅紀錄於屏東縣春日鄉之大漢山林道一帶，海拔1,000～1,400公尺，附生於接近樹冠層之枝幹上。

上萼片先端圓鈍，具
流蘇狀長緣毛。

植物體硬革質，花序高於葉叢。

側萼片有黃色緣毛

翠華捲瓣蘭 特有種

屬名 豆蘭屬
學名 *Bulbophyllum flaviflorum* (T.S. Liu & H.J. Su) Seidenf.

附生蘭；假球莖近生，高1～1.5公分；葉長橢圓形，長4～7公分。花4～7朵排成扇狀，黃綠色；上萼片及花瓣具黃綠色緣毛；側萼片長2～4公分，先端呈長尾尖，彼此分離但平行伸展，邊緣無毛。本種與分布於中國及越南的 *B. pectenveneris* 接近，但後者花較大，橙紅色，側萼片長達5～6公分，因此暫視為不同物種。

　　台灣特有種，分布全島海拔700～1,500公尺，但以中、南部較為常見，可發現於闊葉林、混合林及柳杉或福州杉人工林，附生於中至高處枝幹。

花4～7朵
排成扇狀

側萼片長2
～4公分

假球莖近生，葉長4～7公分。

上萼片先端尾狀漸尖。上萼片及花瓣具黃綠色緣毛。

溪頭豆蘭

屬名　豆蘭屬
學名　*Bulbophyllum griffithii* (Lindl.) Rchb. f.

植物體外觀與阿里山豆蘭（*B. pectinatum*，見314頁）相當接近，僅假球莖略短，葉先端較尖。花略小於阿里山豆蘭，徑約2公分，米白色底而密布紅斑。台灣的族群常具閉鎖花，僅少數花朵開展。

　　在台灣目前僅紀錄於南投、雲林及嘉義之阿里山山系，海拔1,300～1,800公尺，可發現於原生林、柳杉人工林或森林遊樂區之花圃灌叢間。亦分布於中國雲南、不丹、印度東北、尼泊爾與越南。

花被密布紅斑，萼片近等長。

假球莖彼此緊貼，花單生，常呈閉鎖狀。

正常開展的花朵較罕見

朱紅冠毛蘭

屬名　豆蘭屬
學名　*Bulbophyllum hirundinis* (Gagnep.) Seidenf. var. *hirundinis*

植物體及花部形態與翠華捲瓣蘭（*B. flaviflorum*，見307頁）均十分接近，主要區別為本種上萼片、花瓣及其緣毛均為橙紅色；側萼片黃色至橙紅色，長2～4公分；唇瓣先端銳尖；此外上萼片與側萼片之夾角亦較小。

　　以花蓮、台東一帶族群較多，其他各地零星分布，多發現於通風良好的原生闊葉林內，海拔300～1,000公尺；亦分布於中國南部及越南北部。

側萼片長2～4公分，多為鮮黃色，先端長尾狀。

花排列為扇形，甚為醒目。

側萼片橙紅色之個體曾被發表為「張氏捲瓣蘭」

少數個體側萼片為均勻的橙紅色

無毛捲瓣蘭 特有種

屬名	豆蘭屬
學名	Basionym: *Bulbophyllum hirundinis* (Gagnep.) Seidenf. var. *calvum* (T.P. Lin & W.M. Lin) T.C. Hsu, *comb. nov.*

Bulbophyllum electrinum Seidenf. var. *calvum* T.P. Lin & W.M. Lin, Taiwania 54: 325. 2009.

與朱紅冠毛蘭的區別在於側萼片較短（1～2公分），末端常明顯岔開。

　　台灣特有變種，目前僅知分布於恆春半島，多生長於原生林內迎風處之大樹枝幹上，海拔300～400公尺。

側萼片長 1～2 公分，先端明顯向外岔開。

外觀與朱紅冠毛蘭不易區辨

上萼片及花瓣具紅色緣毛

雙花豆蘭

屬名	豆蘭屬
學名	*Bulbophyllum hymenanthum* Hook. f.

植物體僅有匍伏之根莖而無明顯假球莖，外觀形態介於狹萼豆蘭（*B. drymoglossum*，見306頁）與小葉豆蘭（*B. tokioi*，見320頁）之間，且與前者在未開花時有時甚難區辨。重要的形態特徵包含：葉圓形至橢圓形，長6～11公釐；花常2朵；萼片長約5.5公釐；花瓣橢圓形；唇瓣近基部強裂反折，先端漸尖狀。*B. tenuislinguae* 為本種異名。

　　零星散布於中、北部之中海拔山區，海拔1,400～1,800公尺之間，通常大片著生於喬木中上部接近冠層之枝幹上，偏好光線充足，通風良好，雲霧盛行之環境。亦分布於喜馬拉雅地區。

萼片長約 5.5 公釐

唇瓣先端漸尖

葉長 6～11 公釐，肉質。

形態接近小葉豆蘭但葉與花均較大

穗花捲瓣蘭 特有種

屬名	豆蘭屬
學名	*Bulbophyllum insulsoides* Seifenf.

附生蘭；假球莖聚生，常呈紫黑色；葉長橢圓，長 8 ～ 20 公釐。
花序斜出，長 6 ～ 12 公分，花 8 ～ 15 朵總狀排列。花淡黃綠色；
側萼片明顯長於上萼片，達 7 ～ 10 公釐，彼此分離，末端長尾狀；
唇瓣白色，帶有紫紅色紋路。

　　台灣特有種，零星分布於海拔 1,000 ～ 2,000 公尺之霧林區
域，多發現於濕度甚高的原生林內。

花瓣邊緣流蘇狀

側萼片明顯長
於上萼片

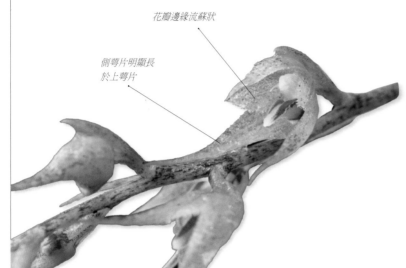

穗花捲瓣蘭為台灣豆蘭屬中唯一具有明顯總狀花序的物種

日本捲瓣蘭

屬名	豆蘭屬
學名	*Bulbophyllum japonicum* (Makino) Makino

附生蘭；假球莖高 8 ～ 12 公釐，間距 0.5 ～ 2 公分；葉長 3 ～
8 公分。花序略矮於葉叢或約略等高，具 3 ～ 5 朵花，呈偏向
一側之繖形排列。花黃綠色帶紫暈及紫紅紋路，花被均無緣毛；
側萼片明顯長於上萼片，上緣彼此貼合呈鞋狀；唇瓣紫紅色，
先端突增厚成瘤狀。

　　生長於海拔 600 ～ 1,600 公尺間濕潤之原始闊葉林內，常
附生於樹幹中低處；在全島皆有紀錄，但以北部及東北部較為
常見。亦分布於日本及中國南部。

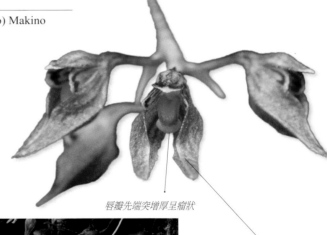

唇瓣先端突增厚呈瘤狀

側萼片明顯長
於上萼片

常大片著生於樹幹

花序等長或略短於葉叢，花繖形排列。

觀霧豆蘭 特有種

屬名　豆蘭屬
學名　*Bulbophyllum kuanwuense* S.W. Chung & T.C. Hsu var. *kuanwuense*

附生蘭；根莖粗硬；假球莖間距 0.5 ～ 2 公分，卵圓形，高 1
～ 2 公分。葉橢圓至長橢圓形，長 1 ～ 7 公分。花莖長 1 ～ 3
公分，花 2 ～ 5 朵。上萼片、花瓣均具有紅色脈紋及白色長緣
毛；上萼片長 7 ～ 8 公釐，尾狀漸尖；側萼片磚紅色，長 9 ～
15 公釐，基部扭轉，上緣貼合或偶分離，下緣分離，先端鈍
至銳尖，疏生白色緣毛；花瓣長約 4 公釐，先端圓；唇瓣角狀，
長 2 ～ 3 公釐。

　　台灣特有，分布於中部山區，海拔 1,800 ～ 2,500 公尺雲
霧盛行之檜木林帶；常大片生長於紅檜、鐵杉等原生裸子植物
主幹中、上部及較大側枝上。

上萼片、花瓣均
具白色長緣毛。

側萼片先端鈍至銳尖

上萼片先端尾狀漸尖

植物體硬革質，花序甚短。

常著生於檜木林帶之大樹高處

生長於遮蔭處個體植物體拉長，曾被發表為「石仙桃豆蘭」。

北大武豆蘭 特有種

屬名　豆蘭屬

學名　*Bulbophyllum kuanwuense* S.W. Chung & T.C. Hsu var. *peitawuense* T.C. Hsu, *var. nov.*

Very close to *Bulbophyllum kuanwuense* var. *kuanwuense* but distinguished by acuminate to shortly caudate (vs. long caudate) dorsal sepal and shorter (7–9 mm vs. 10–18 mm) lateral sepals with obtuse-rounded (vs. acute) apices. — Type: Taiwan, Pingtung, Mt. Peitawu, 2000–2500 m elev., 21 Apr 2010, *T.C.Hsu 2714* (holotype: TAIF), here designated.

　　植物體與觀霧豆蘭（*B. kuanwuense*，見 311 頁）相同，但上萼片末端漸尖或短尾尖；側萼片較短，僅 7 ～ 9 公釐，末端圓。

　　台灣特有，分布於北大武山地區，生育環境亦同於觀霧豆蘭。

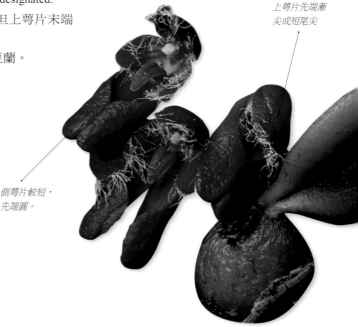

上萼片先端漸尖或短尾尖

側萼片較短，先端圓。

植物體與觀霧豆蘭相同

烏來捲瓣蘭

屬名　豆蘭屬

學名　*Bulbophyllum macraei* (Lindl.) Rchb. f.

　　附生蘭。假球莖近生，高 1 ～ 3 公分。葉橢圓形，長 10 ～ 18 公分，寬 3 ～ 6 公分，厚革質。花莖纖細，長於葉叢；花 2 ～ 6 排列成扇狀。花淡黃色，多少帶紅暈；側萼片線狀披針形，長 3 ～ 3.7 公分，稍貼合。

　　廣泛分布於全台海拔 200 ～ 800 公尺溫暖而濕潤之原生闊葉林內，多生長於溪谷附近。亦產於日本南部、越南、印度及斯里蘭卡。

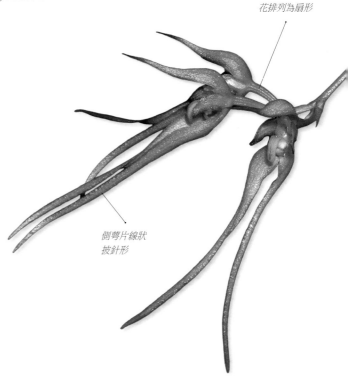

花排列為扇形

側萼片線狀披針形

葉大而肥厚，但花朵卻頗為纖細。（余勝焜攝）

紫紋捲瓣蘭

屬名　豆蘭屬
學名　*Bulbophyllum melanoglossum* Hayata

附生蘭；假球莖卵形，直立；葉帶狀長橢圓形，硬革質，長 5 ～ 10 公分。花
序長於葉叢，花朵呈扇狀排列，近白色底而有密集之紫色線紋或線狀排列之斑
點；上萼片及花瓣具紫色緣毛；側萼片長 12 ～ 15 公釐，上緣大部分貼合，末
端略鈍；唇瓣黃色帶紫暈。

　　在台灣全域皆有紀錄，但以北部、東部至東南部山地最為常見，海拔
800 ～ 2,000 公尺；亦分布於中國福建及海南。

假球莖疏生，花序細長。

花被具紫色線狀
紋路或斑點

側萼片甚長，上
緣彼此貼合。

毛藥捲瓣蘭

屬名　豆蘭屬
學名　*Bulbophyllum omerandrum* Hayata

附生蘭；假球莖卵形，
表面光亮，間距 1 ～ 5
公分。葉長橢圓形，末
端鈍。花序短於葉叢，
具 1 ～ 3 朵花。花黃色
帶紫褐暈；上萼片末端、
花瓣前緣及藥帽具流蘇
狀邊飾。側萼片長 2 ～
3.3 公分，內捲，分離或
僅末端彼此接觸。

　　主要分布於台灣西
部南投至高雄之間，及
東部花蓮一帶，海拔
1,300 ～ 1,900 公尺闊葉
林或混合林中；亦見於
中國南部。

假球莖疏生，葉長橢圓。

上萼片及花瓣先端具
紫色流蘇狀邊飾

側萼片甚長，彼
此分離。

白花豆蘭

屬名	豆蘭屬
學名	*Bulbophyllum pauciflorum* Ames

小型附生蘭；假球莖退化，根莖短，直立或斜昇；葉近叢生，長 1.5～3 公分，厚革質。花序短於葉叢，具 1～2 朵花。花甚小，半展，淡黃色，徑約 6 公釐；側萼片略長於上萼片，彼此分離。

　　零星紀錄於東北部、東部及東南部，海拔 200～900 公尺之原生闊葉林中，附生於喬木高層枝幹；亦產於菲律賓群島及越南。

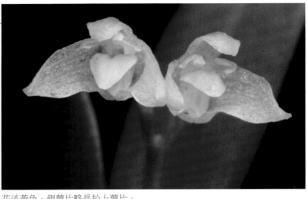

花淡黃色。側萼片略長於上萼片。

葉厚革質，花 1～2 朵。

假球莖退化，葉近叢生。

阿里山豆蘭

屬名	豆蘭屬
學名	*Bulbophyllum pectinatum* Finet

附生蘭；假球莖彼此緊貼，卵形，歪斜。葉長橢圓形或橢圓形，軟革質。花莖長 4～6 公分，花單生，具杯狀苞片。花甚開展，徑約 4 公分，黃綠色，常有脈紋及細小紫斑；側萼片與上萼片近等長；唇瓣基部具齒緣，末端舌狀，下彎，肉質。

　　分布於全島海拔 800～2,000 公尺森林中；亦產中國雲南、緬甸、泰國、越南北部及印度東北。

花被黃綠色

唇瓣先端舌狀

假球莖緊密排列；花單朵，具杯狀苞片。

大花豆蘭 特有種

屬名 豆蘭屬
學名 *Bulbophyllum pingtungense* S.S. Ying & S.C. Chen

附生蘭，根莖粗壯，假球莖間距 2 ～ 10 公分，葉長 3 ～ 15 公分。花序略長於葉叢，2 ～ 4 朵花成繖形排列。花被外側黃綠色，內側密布暗紅色斑點；上萼片及花瓣具緣毛，花瓣先端另有甚長之流蘇狀邊飾；側萼片長 2.5 ～ 4 公分，內捲，上緣靠近先端處相互緊靠；唇瓣基部被毛。

　　台灣特有種，侷限分布於台東大武、達仁至屏東滿州一帶受季風影響區域，生長於海拔 100 ～ 700 公尺之稜線附近，常大片附生於闊葉林大樹主幹之中高處。

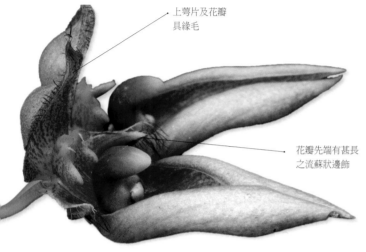

上萼片及花瓣
具緣毛

花瓣先端有甚長
之流蘇狀邊飾

根莖發達，常大片群生。

黃萼捲瓣蘭

屬名 豆蘭屬
學名 *Bulbophyllum retusiusculum* Rchb. f.

植物體近於紫紋捲瓣蘭（*B. melanoglossum*），但本種假球莖通常略為歪斜，葉長橢圓，質地較軟。與綠花寶石蘭（*B. sasakii*）植株則可依假球莖卵形，表面光澤弱，乾旱時產生數條縱溝等特徵鑑別。花序略長於葉叢；花朵排列成扇狀；上萼片及花瓣紫紅色，無緣毛；側萼片鮮黃色，上緣彼此貼合；台灣的族群合萼片均呈橢圓形。

　　普遍生長於全島海拔 500 ～ 1,500 公尺山區；亦廣泛分布於中國南部、中南半島及喜馬拉雅地區。

花排成扇狀

側萼片鮮黃色，上緣彼
此貼合為鞋狀。

常大片群生（余勝焜攝）

紅心豆蘭

屬名　豆蘭屬
學名　*Bulbophyllum rubrolabellum* T.P. Lin

附生蘭；植物體與日本捲瓣蘭（*B. japonicum*，見 310 頁）
相近，但本種假球莖緊貼，葉末端較尖。花序極短，4-8
朵花簇生於假球莖附近。花淺黃色；側萼片開展，與上萼
片近等長；唇瓣紅色。

　　零星紀錄於苗栗、南投、高雄、屏東等山區，海拔
1,000 ～ 2,200 公尺；亦分布於中國雲南。

上萼片

萼片近等長

側萼片

唇瓣紅色

假球莖緊貼，葉長橢圓形。

花序極短，花簇生。

綠花寶石蘭

屬名　豆蘭屬
學名　*Bulbophyllum sasakii* (Hayata) J.J. Verm., A. Schuit. & de Vogel

外觀略似紫紋捲瓣蘭（*B. melanoglossum*，見 313 頁）或黃萼捲瓣蘭（*B. retusiusculum*，見
315 頁），但其根莖較粗壯，假球莖圓球狀，飽滿具光澤，較乾時則常不規則皺縮而不具縱溝；
葉亦略為窄長。花序極短，通常具 2 朵花。花甚開展，上萼片與側萼片形態接近，淡黃綠色
帶淡紫脈紋；花瓣基部具邊飾；唇瓣黃色，基部淺盤狀，末端具尖銳尾尖。

　　廣泛分布於全島海拔 1,500 ～ 2,500 公尺山區，常大片附生於原始林內大樹高層枝幹；亦
產於中國南部、中南半島及喜馬拉雅地區。

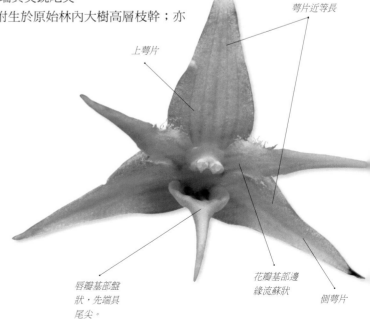

萼片近等長

上萼片

花瓣基部邊
緣流蘇狀

側萼片

唇瓣基部盤
狀，先端具
尾尖。

假球莖疏生，表面具光澤。花序短，具 2 朵花。

鶴冠蘭 特有種

屬名	豆蘭屬
學名	*Bulbophyllum setaceum* T.P. Lin var. *setaceum*

附生蘭；根莖粗硬，假球莖間距 1 ～ 2 公分，卵球形；葉片橢圓形至長橢圓形，硬革質，長 2.5 ～ 5 公分。花序長 15 ～ 25 公分，花 5 ～ 16 朵呈偏向一側之纖形或扇形排列。花黃綠色至橙紅色，上萼片及花瓣具白色絲狀緣毛；側萼片長 2 ～ 5 公分，上緣部分貼合，先端具長尾尖。

　　台灣特有種，分布於全島 1,200 ～ 2,500 公尺山地，於原生闊葉林、混合林或柳杉人工林之大樹枝幹上均有機會發現，亦偶生於岩壁。

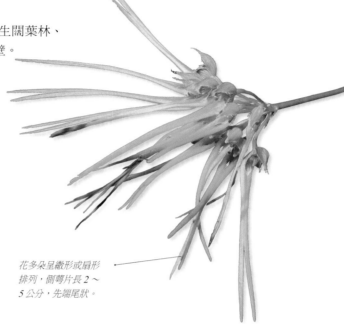

花多朵呈纖形或扇形
排列，側萼片長 2 ～
5 公分，先端尾狀。

假球莖近生，葉長 2.5 ～ 5 公分。

部分個體側萼片具緣毛

全島 1,200 ～ 2,500 公尺山區之大樹幹上均有機會發現

上萼片及花瓣具白色絲狀緣毛

畢祿溪豆蘭 特有種

屬名　豆蘭屬
學名　*Bulbophyllum setaceum* T.P. Lin var. *pilusiense* T.C. Hsu, *var. nov.*

Very close to *Bulbophyllum setaceum* T.P. Lin var. *setaceum* but distinguished by having wider sepals (ca. 3 mm vs. ca. 2 mm) with distinctly ciliate (vs. glabrous) margins. ——
Type: Taiwan, Nantou, Piluhsi Workstation, 2000–2500 m elev., 23 Jun 2013, *S.K. Yu 8*
(holotype: TAIF), here designated.

附生蘭，外觀近似鶴冠蘭（*B. setaceum* var. *setaceum*，見 317 頁），
但側萼片較寬且邊緣密生流蘇狀緣毛。

　　發現於中部山區，海拔約 2,200 公尺。

側萼片邊緣密生
流蘇狀毛

形態與鶴冠蘭接近（余勝焜攝）

側萼片略寬於鶴冠蘭（余勝焜攝）

長軸捲瓣蘭 特有種

屬名　豆蘭屬
學名　Basionym: *Bulbophyllum sui* (T.P. Lin & W.M. Lin) T.C. Hsu, *stat. nov.*

Bulbophyllum electrinum Seidenf. var. *sui* T.P. Lin & W.M. Lin, Taiwania 54: 324. 2009.
附生蘭；根莖粗硬，直徑約 1 公釐；假球莖間距 0.5 ～ 1.5 公分，高 1 ～ 1.5
公分；葉橢圓形至長橢圓，厚革質，長 2.5 ～ 4 公分。花序軸可達 8 ～ 15
公分，花 4 ～ 7 朵形成繖形排列之總狀花序，上萼片及花瓣黃綠色，有紅
褐色脈紋，且具棍棒狀緣毛，側萼片黃色至橘紅色；上萼片長 5 ～ 6 公釐，
末端長漸尖；側萼片基部向前彎折，彼此平行，上緣相互貼合，長 1.6 ～
2 公分，上下緣均有黃色流蘇狀緣毛；唇瓣長約 2.5 公釐。

　　台灣特有種，零星紀錄於台北、桃園、新竹、花蓮及台東等地海
拔 1,000 ～ 1,500 公尺之闊葉林或混合林，喜好雲霧盛行環境，著
生於樹木中至高處。

上萼片與花瓣具
棍棒狀緣毛。

側萼片邊緣大部分貼合

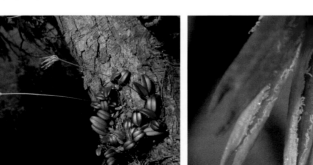

花序遠高於葉叢

側萼片密生黃色流蘇狀緣毛

側萼片黃色至橙色，長 1.6 ～ 2 公分。

台灣捲瓣蘭 特有種

屬名　豆蘭屬
學名　*Bulbophyllum taiwanense* (Fukuy.) Nakajima

附生蘭；根莖粗壯，假球莖間距 5 ～ 15 公釐，卵形，歪斜。葉橢圓至長橢
圓形，長 4 ～ 12 公分。花 5 ～ 8 朵近生，橘紅色。上萼片及花瓣具橘色緣毛；
側萼片長 13 ～ 15 公釐，彼此岔開，先端尾狀。

　　台灣特有種，侷限分布於台東達仁、大武至牡丹、滿州一帶，海拔
200 ～ 1,000 公尺，多生長於稜線附近之闊葉林中高層枝幹。

上萼片及花瓣
具橘色緣毛

側萼片長 13 ～ 15 公釐，彼此岔開，
先端尾狀。

喜好光線充足，通風良好之環境。

假球莖近生；花序長於葉叢。

小葉豆蘭

屬名　豆蘭屬
學名　*Bulbophyllum tokioi* Fukuy.

小型附生蘭，具根莖而無假球莖。葉橢圓形，卵狀橢圓形至近圓形，長 4 ～ 7 公釐，甚肥厚。花序長 1 ～ 3 公分，具 2 朵花；花淡黃色，常帶紫暈，花被均為膜質，全緣；萼片近等長，約 2.5 ～ 4 公釐；唇瓣卵狀三角形，末端圓鈍。

　　分布於全島海拔 1,200 ～ 1,800 公尺山區，喜好通風良好環境，多附生於原生闊葉林大樹之中高層枝幹，不易觀察；近年亦發現於中國南部。

植物體非常細小，假球莖退化。

唇瓣先端圓鈍

萼片近等長

花成對

傘花捲瓣蘭

屬名　豆蘭屬
學名　*Bulbophyllum umbellatum* Lindl.

附生蘭；假球莖近生，角錐狀；葉長 8 ～ 12 公分。花序與葉叢近等高，4 ～ 6 朵花成繖形排列。花黃綠色帶淡褐暈，花被均全緣；側萼片長 1.6 ～ 1.8 公分，內捲，末端彼此平行而不貼近。

　　分布全島海拔 1,000 ～ 1,700 公尺山區，偏好冬季稍乾燥之環境，生長於闊葉樹枝幹或偶見於岩壁。亦產於中國南部、中南半島及泛喜馬拉雅地區。

假球莖角錐狀，葉帶狀長橢圓形。

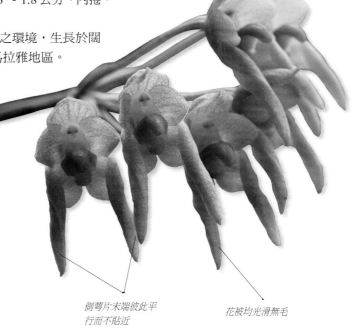

側萼片末端彼此平
行而不貼近

花被均光滑無毛

維明豆蘭 特有種

屬名　豆蘭屬
學名　*Bulbophyllum weiminianum* (T.P. Lin & Kuo Huang) T.C. Hsu, *stat. nov.*

Bulbophyllum albociliatum var. *weiminianum* T.P. Lin & Kuo Huang, Taiwania 50: 290. 2005.

附生蘭，植物體近似於白毛捲瓣蘭（*B. albociliatum*，見303頁），但通常略大一些。花4～8朵。上萼片及花瓣邊緣具較長之白色絲狀緣毛；上萼片先端圓鈍；側萼片部分貼合，形成鞋狀，長約1公分；唇瓣長3～4公釐；蕊柱具向下彎折之臂狀附屬物。

　　台灣特有種，僅紀錄於台東向陽至栗園一帶，海拔 1,800～2,200 公尺。

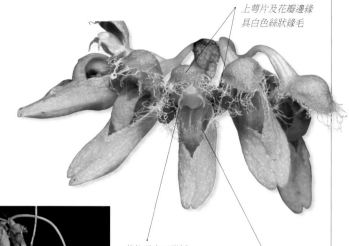

上萼片及花瓣邊緣
具白色絲狀緣毛

蕊柱具向下彎折
之臂狀附屬物

唇瓣舌狀，長
3～4公釐。

側萼片長約1公分

外觀近似白毛捲瓣蘭但稍微粗壯

長萼白毛豆蘭

屬名　豆蘭屬
學名　*Bulbophyllum* sp.

附生蘭。根莖纖細；假球莖疏生，卵形；葉橢圓至長橢圓形，長3～8公分。花序彎垂，略長於葉片，花2～5朵排列成扇形。花磚紅色；上萼片及花瓣具白色絲狀緣毛；側萼片下垂，長2～3公分，內捲，上緣於中段相互緊貼，邊緣近無毛，先端漸尖；唇瓣角狀，長約3公釐。

　　零星分布於東北部及東部海拔 1,300～1,800 公尺森林內。本種可能是 *B. remotifolium* 但其分類問題尚未完全釐清。

假球莖疏生，外觀近似白毛捲瓣蘭，花序通常下垂。

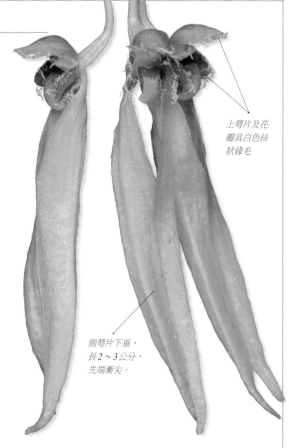

上萼片及花瓣具白色絲狀緣毛

側萼片下垂，長2～3公分，先端漸尖。

根節蘭屬 CALANTHE

通常為地生蘭；假球莖及根莖不發達，葉膜質或紙質，具縱摺；唇瓣三裂，花粉塊 8 枚。本書採用狹義的根節蘭屬界定，僅包含植物體常綠性，花序苞片宿存，唇瓣基部與蕊柱大部分合生為筒狀之類群。

細點根節蘭

屬名	根節蘭屬
學名	*Calanthe alismatifolia* Lindl.

地生蘭。葉 2 ～ 3 枚，卵狀橢圓形，基部柄狀鞘常略長於葉身。花密生呈塔狀，白色，柄狀子房及萼片外側密布細小黑點；唇瓣白色略帶紫暈，三裂，中裂片扇狀倒卵形，先端二中裂，唇盤具黃色大型肉突。

　　分布於北部、中部及東部低至中海拔（700 ～ 1,500 公尺）山區。亦產日本南部、中國西南及喜馬拉雅地區。

白色花朵在陰暗林下甚引人注目

唇瓣基部三深裂

中裂片扇狀倒卵形，先端再二中裂。

萼片外側密布細小黑點

羽唇根節蘭

屬名	根節蘭屬
學名	*Calanthe alpina* Hook.f. *ex* Lindl.

地生蘭；葉約 3 枚，橢圓形至倒卵狀橢圓形。花疏生，淡紫色，不甚開展；唇瓣淡帶有紫褐色條紋與斑點，不明顯分裂，邊緣流蘇狀。

　　僅分布於宜蘭至花蓮北部，中央山脈北段之中海拔（1,800 ～ 2,600 公尺）山區，常發現於溪澗兩側之濕潤林下。亦產日本、中國西南及喜馬拉雅地區至印度東北部。

花被淡紫色

唇瓣不明顯分裂，邊緣流蘇狀。

生長於中海拔冷涼之林下

尾唇根節蘭 特有種

屬名　根節蘭屬
學名　*Calanthe arcuata* Rolfe

地生蘭；葉線形，邊緣呈波浪狀。花疏生，開展；萼片紅褐色，帶黃綠邊；唇瓣白色漸轉淡黃，三淺至中裂；中裂片不分裂，具短尾尖；基部有短距。

　　全島中海拔（1,500 ～ 2,800 公尺）山區皆有分布，生長於林下略透空之環境。亦分布於中國南部及西南部。

距短於子房

萼片紅褐色具黃綠邊

唇瓣白色漸轉淡黃，具短尾尖。

葉線形，邊緣波浪狀。

阿里山根節蘭

屬名　根節蘭屬
學名　*Calanthe arisanensis* Hayata

地生蘭；葉 2 ～ 3 枚，橢圓狀倒披針形。花疏生，白色，常多少帶粉紅或淡紫暈，點頭狀，開展；唇瓣形狀變化大，大致呈闊卵形，中裂片具短尾尖；距長 12 ～ 16 公釐。果實具 6 條明顯的翼狀稜脊。

　　台灣特有種，普遍分布於全島海拔 700 ～ 2,000 公尺山區，生長於濕潤林下。

花疏生，白色或多少帶粉紅或淡紫暈。

唇瓣闊卵形，中裂片具短尾尖。

翹距根節蘭

屬名	根節蘭屬
學名	*Calanthe aristullifera* Rchb. f.

形態上略似阿里山根節蘭（*C. arisanensis*，見 323 頁），但葉較寬大，花數較多，花白色至淡紫，下垂，距通常垂直上翹，長 20 ～ 32 公釐。

　　主要分布於北部及東部海拔 1,500 ～ 2,500 公尺山地，生長於濕潤林下。亦產日本及中國南部。

花白色至淡
紫皆有

唇瓣不明顯分裂

花點頭狀

距垂直上翹

略似阿里山根節蘭但葉柄較寬

長葉根節蘭

屬名　根節蘭屬
學名　*Calanthe davidii* Franch. var. *davidii*

地生蘭；葉線形或線狀倒披針形，邊緣平直。花序遠高於葉叢，下部苞片略反折，上部多平展；花密生，黃色或黃綠色，甚開展；萼片及花瓣強烈反折；唇瓣三裂，側裂片扇形；中裂片甚小，深二裂，小裂片長橢圓至披針形或線形；距近等長或略短於柄狀子房。

　　零星分布於新竹、苗栗及花蓮一帶；亦產日本、中國、越南北部、印度北部及尼泊爾。

花正面

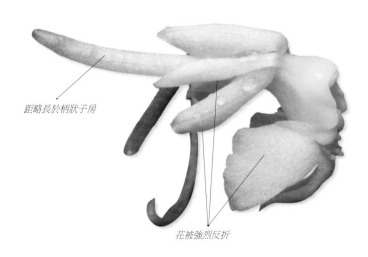
葉窄長，邊緣平直。

花序

松田氏根節蘭

屬名　根節蘭屬
學名　*Calanthe davidii* Franch. var. *matsudae* (Hayata) T.C. Hsu, *comb. & stat. nov.*

Calanthe matsudae Hayata, Icon. Pl. Formosan. 9: 112. 1920. [as *matsudai*].

苞片強烈反折，花近白色或淡綠色，距通常略長於柄狀子房。

　　全島中海拔（900 ～ 2,200 公尺）山區零星分布；亦產中國南部。

距略長於柄狀子房

花被強烈反折

花序甚長

苞片反折，花近白色或淡綠色

長距白鶴蘭

屬名	根節蘭屬
學名	*Calanthe* ×*dominyi* Lindl.

此分類群為白鶴蘭（見 329 頁）及長距根節蘭（見 328 頁）之雜交種，其各部位形態特徵均介於二親本之間，根徑約 3 ～ 4 公釐；花白色帶紫暈，粉紅或淡紫色，老化時由唇瓣開始逐漸轉為黃色；唇瓣中裂片基部爪狀但不呈柄狀，倒心形至中或深二裂，小裂片通常明顯寬於側裂片；距長 24 ～ 32 公釐。

　　野生個體目前已知發現於日本、琉球群島及台灣，發現於低至中海拔（300 ～ 1,300 公尺）闊葉林下，喜好溫暖潮濕，中至高度遮蔭的環境。因兩親本在東南亞許多地區均有共域分布，因此推測實際發生範圍應較文獻上之紀錄廣泛許多。

側裂片

唇瓣中裂片
之小裂片通
常明顯寬於
側裂片

花淡紫，粉紅或近白色。

形態介於白鶴蘭與長距根節蘭之間

細花根節蘭

屬名	根節蘭屬
學名	*Calanthe graciliflora* Hayata

植物體近似阿里山根節蘭（*C. arisanensis*，見 323 頁）側帶紫暈，徑約 3 公分；唇瓣白色，三裂，邊緣平直；距直立向上，最末端彎曲呈鉤狀。

　　僅零星分布於北部及東部低至中海拔（600 ～ 1,500 公尺）山區，以陽明山及烏來山區數量較多，生長於濕潤林下。亦分布於中國。

花被黃褐色，
外側帶紫暈。

唇瓣白色，三
裂，邊緣平直。

花朵疏生，垂頭狀。

植物體近似阿里山根節蘭

新竹根節蘭 特有種

屬名　根節蘭屬
學名　*Calanthe* ×*hsinchuensis* Y.I Lee

阿里山根節蘭（*C. arisanensis*，見 323 頁）與黃根節蘭（*C. sieboldii*，見 328 頁）之天然雜交種；花為淡黃色，其他特徵亦介於二種之間。

偶見於桃園及新竹中海拔山區兩親本族群混生之處。

花淡黃色。唇瓣明顯三裂。（余勝焜攝）

形態介於阿里山根節蘭及黃根節蘭之間

唇瓣基部具短距（余勝焜攝）

反捲根節蘭

屬名　根節蘭屬
學名　*Calanthe reflexa* Maxim.

地生蘭；葉 3 ～ 6 枚，長橢圓狀倒披針形，葉緣常呈波浪狀。花疏生，淡紫至紫色；萼片及花瓣均反折；唇瓣三裂，表面無肉突，基部無距。

　　普遍分布於中海拔山區；亦產中國、日本、韓國。

萼片及花瓣反折

唇瓣三裂，表面無肉突，基部無距。

植物體通常較小，葉緣波浪狀。

黃根節蘭

屬名	根節蘭屬
學名	*Calanthe sieboldii* Decne. *ex* Regel

地生蘭；葉 2 ～ 3 枚，橢圓形，具短突尖。花疏生，鮮黃色，開展，徑約 3.5 公分；唇瓣三裂，中裂片橢圓形；唇盤上具 5 條稜脊。

　　僅分布於桃園至苗栗一帶中海拔（1,200 ～ 1,800 公尺）山區；亦產中國及日本。

花被鮮黃色

唇盤上有 5 條稜脊
（余勝焜攝）

生長於中海拔林下（鐘詩文攝）

長距根節蘭

屬名	根節蘭屬
學名	*Calanthe sylvatica* (Thouars) Lindl.

地生蘭；葉約 5 枚，長橢圓形，具波浪緣。花密生呈塔狀，淡紫色至紫紅色；唇瓣淺紫，老熟後漸轉為黃色，三裂，側裂片甚小，中裂片扇形，先端凹入；唇盤上有黃色或橙紅色肉突；距長 2.5 ～ 5 公分。

　　全島低至中海拔（200 ～ 1,600 公尺）山區普遍分布。亦廣布於東亞、東南亞至非洲東部。

花被淡紫色至紫紅色

唇瓣中裂片扇
形，先端凹入。

唇瓣老熟後漸轉為黃色

生長於低至中海拔濕潤森林中

三板根節蘭

屬名　根節蘭屬
學名　*Calanthe tricarinata* Lindl.

地生蘭；葉 2 ～ 4 枚，橢圓形
或倒卵狀倒披針形，銳頭。花
疏生，開展，黃綠色或黃色；
唇瓣紅褐色，基部略白，三裂，
側裂片甚小；中裂片近圓形，
邊緣具波浪狀摺皺；唇盤上具
5 條稜脊；無距。

　　零星分布於中至高海拔
（2,000 ～ 3,000 公尺）山區林
下或林緣；亦分布日本、中國
南部及喜馬拉雅地區。

唇盤上具 5 條稜脊

*中裂片近圓形，邊緣具
波浪狀摺皺。*

花多而鮮麗

白鶴蘭

屬名　根節蘭屬
學名　*Calanthe triplicata* (Willemet) Ames

地生蘭；葉 3 ～ 6 枚，長橢圓形至倒卵狀長橢圓形。花密生呈塔狀，
白色，開展；唇瓣三裂，中裂片再深裂為人字形，唇盤上有一黃色
或橙色肉突；距長 15 ～ 20 公釐，彎曲。

　　全島及蘭嶼低海拔林下，相當常見。亦廣布於中國南部、東南
亞、南太平洋至馬達加斯加島。

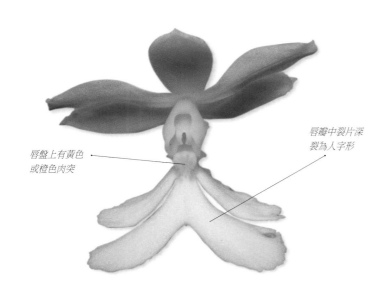

*唇盤上有黃色
或橙色肉突*

*唇瓣中裂片深
裂為人字形*

低海拔森林中最常見的地生蘭之一

頭蕊蘭屬 CEPHALANTHERA

地生蘭，具休眠性，部分類群為真菌異營植物。地下具根莖，地上莖直立；葉互生，無柄，基部多少抱莖，表面具縱摺。花序頂生，總狀；花白色或黃色，大多不甚開展。萼片與花瓣形狀接近；唇瓣 3 裂，中裂片上常有多列縱脊。

高山頭蕊蘭

屬名	頭蕊蘭屬
學名	*Cephalanthera alpicola* Fukuy.

地生蘭，冬季休眠。株高 20 ～ 50 公分；葉二列互生，5 ～ 8 枚，橢圓狀披針形或披針形，紙質，先端尖，具顯著平行脈。總狀花序頂生，花朵疏生。花白色，不甚開展；萼片長 10 ～ 15 公釐；唇瓣長 7 ～ 12 公釐，基部無距或至多稍呈囊狀，中裂片上有一黃斑及 3 ～ 5 條乳突狀之縱脊；蕊柱長 5 ～ 7 公釐。

　　台灣特有種，分布於北部及中部海拔 2,000 ～ 3,000 公尺之亞高山地帶，多生長於略乾燥，地被稀疏的林下或林緣坡地。

唇瓣有一黃斑

花序

生長於中、高海拔林緣或疏林下，花不甚開展。

銀蘭

屬名	頭蕊蘭屬
學名	*Cephalanthera erecta* (Thunb.) Blume

植物體較高山頭蕊蘭（C. alpicola，見本頁）矮小，葉僅 2 ～ 4 枚；花半展，萼片長 6 ～ 10 公釐；唇瓣長 5 ～ 7 公釐，基部具角狀之短距明顯突出於側萼片之間，中裂片上有 3 ～ 5 條黃褐色縱脊；蕊柱長 3.5 ～ 4 公釐。

　　本種在 1999 年已記錄於台灣，但為多數文獻忽略。偶見於東北部中海拔山區濕潤林下；分布中國、日本、韓國。

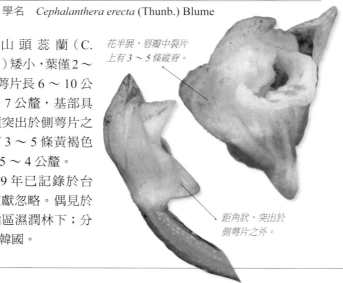

花半展，唇瓣中裂片上有 3 ～ 5 條縱脊。

距角狀，突出於側萼片之外。

株高 10 ～ 30 公分

肖頭蕊蘭屬 CEPHALANTHEROPSIS

地生蘭，外觀接近根節蘭屬（Calanthe）、落苞根節蘭屬（Styloglossum）、鶴頂蘭屬（Phaius）及副鶴頂蘭屬（Paraphaius），但可由唇瓣無距且與蕊柱完全分離區辨。本屬之物種外型均非常接近，花色及唇瓣形態為主要鑑別依據。

長頸肖頭蕊蘭 特有種

屬名　肖頭蕊蘭屬
學名　*Cephalantheropsis dolichopoda* (Fukuy.) T.P. Lin

形態與長軸肖頭蕊蘭（C. longipes，見332頁）非常接近，區別為唇瓣中裂片基部收窄之頸部較長。

　　台灣特有種，分布於北部及東北部中低拔山區，生長於濕潤之闊葉林或柳杉林下。

花近白色漸轉為淡黃

唇瓣中裂片頸部較長
（余勝焜攝）

形態與長軸肖頭蕊蘭非常接近（余勝焜攝）

細葉肖頭蕊蘭

屬名　肖頭蕊蘭屬
學名　*Cephalantheropsis halconensis* (Ames) S.S. Ying

地生蘭，高15～30公分。外觀形態與長軸肖頭蕊蘭（C. longipes，見332頁）甚為接近，區辨特徵包含明顯植株矮小，葉片較窄（1.5～4公分），花較小且不甚開展，唇瓣中裂片略呈方形，末端不明顯擴張。

　　僅分布於菲律賓之呂宋島以及台灣南部，在台灣目前僅知分布於台東成功以及恆春半島南仁山等地，生長於東北季風迎風面之山脊稜線兩側半開闊之林下，海拔400～1,000公尺，環境濕潤且常有雲霧。

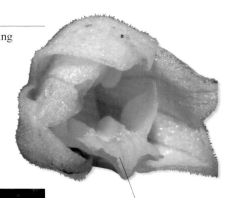

花不甚開展。唇瓣中裂片先端不明顯擴張。

花被淺黃色，被毛。

植物體較同屬之其他種類小，葉片稍窄。

長軸肖頭蕊蘭

屬名 肖頭蕊蘭屬

學名 *Cephalantheropsis longipes* (Hook f.) Ormerod

地生蘭；具拉長之直立莖，達 30 ～ 50 公分；葉 4 ～ 7 枚，長橢圓形，長 10 ～ 25 公分。花莖自莖下部抽出，常略矮於葉叢，花疏鬆排列，略懸垂。花白色，成熟後漸轉淡黃，點頭狀，半展，徑約 1 公分；花萼與花瓣近同型，長橢圓形，先端尖，長 8 ～ 10 公釐；唇瓣下部展平後為倒三角形，中裂片先端擴大，邊緣褶皺狀，唇盤具兩條隆起之稜脊。

　　台灣主要分布於東部及東南部中低海拔山區，生長於濕潤之闊葉林下。亦分布於喜馬拉雅地區與中國南部。

花近白色漸轉為淡黃

花序常矮於葉叢或近等高

綠花肖頭蕊蘭

屬名　肖頭蕊蘭屬
學名　*Cephalantheropsis obcordata* (Lindl.) Ormerod var. *obcordata*

植物體通常較同屬其他物種高大，達 40～80 公分。花序通常高於葉叢。花黃綠色漸轉黃，甚開展，花被通常反折；唇瓣下部展平後近方形，中裂片具 1.5～2 公釐長之頸部，先端擴大，邊緣明顯摺皺。

　普遍分布於全島低至中海拔山區，生長於林下或林緣。亦廣泛分布於琉球群島、中國南部至東南亞地區。

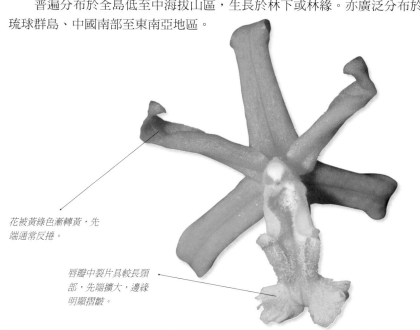

花被黃綠色漸轉黃，先端通常反捲。

唇瓣中裂片具較長頸部，先端擴大，邊緣明顯摺皺。

莖細長直立，葉散生於上部；花序通常高於葉叢。

淺黃肖頭蕊蘭 特有種

屬名　肖頭蕊蘭屬
學名　*Cephalantheropsis obcordata* (Lindl.) Ormerod var. *alboflavescens* T.C. Hsu, *var. nov.*

Close to *Cephalantheropsis obcordata* but distinguished by having pale yellowish (vs. yellow or yellowish green) flowers, obtrapezoid (vs. subrectangular) hypochiles, and shorter (1.0–1.5 mm vs 1.5–2 mm) stalk-like bases of epichiles. — Type: Taiwan, Taitung, Lanyu, Mt. Hungtou, 400–500 m elev., 30 Nov 2010, *T.C.Hsu 3429* (holotype: TAIF), here designated.

植物體近似綠花肖頭蕊蘭（見本頁），但花為淡黃色，唇瓣下部展平後呈倒梯形，中裂片基部收縮之頸部較短。

　僅發現於蘭嶼山區，生長於季風雨林底層。

花被淡黃色

唇瓣中裂片頸部甚短

目前僅發現於蘭嶼。花半展，

附生羊耳蒜屬 CESTICHIS

大多附生或岩生；本屬包含傳統的廣義羊耳蒜屬（*Liparis*）中幼葉對摺狀，葉基具關節的類群。

一葉羊耳蒜

屬名	附生羊耳蒜屬
學名	Basionym: *Cestichis bootanensis* (Griff.) T.C. Hsu, *comb. nov.*

Liparis bootanensis Griff., Not. Pl. Asiat. 3: 278. 1851.

小型附生或岩生蘭；假球莖成列聚生，卵形。葉1枚，長橢圓狀倒披針形，漸尖頭。花序扁平，彎曲。花疏生，上舉，綠褐色漸轉為橘色；蕊柱近頂處有一對三角形，下彎呈鉤狀之翼。

全島低至中海拔（200～1,600公尺）山區普遍分布，生長於濕潤闊葉林或人工林之中、低樹幹或岩壁。亦分布中國南部、中南半島及喜馬拉雅地區。

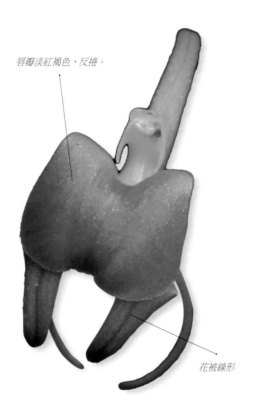

唇瓣淡紅褐色，反捲。

花被線形

常群生於濕潤環境

蕊柱近頂處有一對鉤狀翼

葉1枚，長橢圓狀倒披針形。

叢生羊耳蒜

屬名　附生羊耳蒜屬

學名　*Cestichis caespitosa* (Lam.) Ames

小型附生蘭；假球莖卵形，緊貼，頂生一葉，帶狀長橢圓形，長 3 ～ 5 公分。花序長 3 ～ 8 公分，花黃綠色，萼片長約 3.5 公釐，唇瓣長 2.5 ～ 3 公釐；果實長 3 ～ 4 公釐。本種形態接近樹葉羊耳蒜（*C. laurisilvatica*，見 339 頁），但植株與花均較小，花朵數較多而密。

　　零星紀錄於全島海拔 500 公尺以下之低海拔山區，生長於溪流兩岸之原生闊葉林中層枝幹。此種廣布於東南亞一帶，並可能延伸至非洲。

唇瓣長 2.5 ～ 3 公釐，反捲。

假球莖聚生，葉一枚。

常自花授粉，故結果率較高。

葉帶狀長橢圓形，長 3 ～ 5 公分。

長腳羊耳蒜

屬名	附生羊耳蒜屬
學名	*Cestichis condylobulbon* (Rchb.f.) M.A. Clem. & D.L. Jones

附生蘭，具發達根莖，假球莖間距 2～4 公分，長圓錐狀，葉 2 枚生於頂端附近。花序自成熟假球莖抽出，基部具鞘狀總苞。花莖密生花朵而呈圓柱狀；花近白色，徑約 5 公釐；唇瓣淡橙色，卵形，反捲，表面被毛。

主要分布於東部低海拔（100～800 公尺）地區，生長於闊葉林大樹之中高層枝幹，常成片繁生。廣布於東南亞至太平洋群島。

花被均反折。唇瓣表面被毛。

大片叢生於低海拔大樹枝幹

具發達根莖，假球莖疏生，葉 2 枚。

扁球羊耳蒜

屬名	附生羊耳蒜屬
學名	*Cestichis elliptica* (Wight) M.A. Clem. & D.L. Jones

附生蘭；假球莖圓形或卵形，扁壓狀，兩側為尖銳稜脊，上有斜向之葉鞘痕跡。葉 2 枚，長橢圓狀橢圓形，質地略薄。花序懸垂，花多朵密生。花淡綠色，半透明狀；唇瓣近基部有一對耳狀之折皺。

常見於全島低至中海拔（300～1,700 公尺）山區，生長於闊葉林或人工林內濕潤且遮蔭良好之樹木枝幹。亦分布中國南部、印度至東南亞地區。

花被半透明。唇瓣先端具短尾尖。

假球莖聚生，葉 2 枚；花序下垂。

恆春羊耳蒜

屬名　附生羊耳蒜屬
學名　Basionym: *Cestichis grossa* (Rchb.f.) T.C. Hsu, *comb. nov.*

Liparis grossa Rchb. f., Gard. Chron., n. s. 19: 110. 1883.

附生蘭。假球莖聚生，卵形，略扁壓狀；葉 2 枚頂生，葉長橢圓形，革質，先端鈍。花序自成熟假球莖抽出，基部具鞘狀總苞。花密集，橙色；花被反捲；唇瓣楔形，於中段反折，先端二裂，小裂片頂端具齒緣。

　　分布於台東至恆春半島東側山區及蘭嶼，生長於闊葉林大樹之中高層枝幹，海拔 100 ～ 500 公尺。亦分布於菲律賓。

花被反捲。唇瓣楔形，於中段反折，先端二裂，小裂片頂端具齒緣。

植物體肥厚，假球莖卵形，葉 2 枚。

生長於陽光充足之枝幹

川上氏羊耳蒜

屬名　附生羊耳蒜屬

學名　*Cestichis kawakamii* (Hayata) Maek.

形態與虎頭石（*C. nakaharae*，見 340 頁）
較接近，但植物體通常略小，葉倒披針狀
長橢圓形，短於 12 公分，花序直立或斜昇，
唇瓣長 5 ～ 6 公釐。

　　全島低至中海拔（400 ～ 1,600 公尺）
皆有分布，生長於林緣或林下略透空之岩
壁或土坡。亦分布於琉球群島。

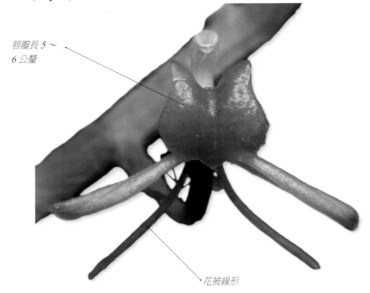

唇瓣長 5 ～
6 公釐

花被線形

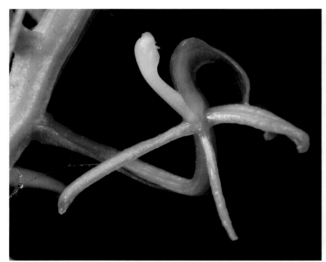

唇瓣自中段反捲

假球莖卵球狀，彼此緊貼。

葉較虎頭石寬短，花序直立或斜生。

樹葉羊耳蒜 特有種

屬名	附生羊耳蒜屬
學名	*Cestichis laurisilvatica* (Fukuy.) Maek.

植物體略似叢生羊耳蒜（*C. caespitosa*，見 335 頁）但較大；花疏生，
唇瓣長 4.5 ～ 6 公釐。

　台灣特有種，普遍分布於中海拔（800 ～ 1,600 公尺）山區，
生長於濕潤森林內之中低層枝幹。

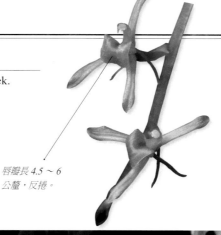

唇瓣長 4.5 ～ 6
公釐，反捲。

假球莖密集，葉一枚。

蕊柱具三角形之下延側翼

三裂羊耳蒜

屬名	附生羊耳蒜屬
學名	Basionym: *Cestichis mannii* (Rchb. f.) T.C. Hsu, *comb. nov.*

Liparis mannii Rchb. f., Flora 55: 275. 1872.

附生蘭，假球莖卵形，聚生，長約 2.2 公分，頂生一葉。葉線形，長 20 ～ 26 公分，
寬 1.3 ～ 1.4 公分。花序略短於葉片，具多花密生。花淡綠色，徑約 2 ～ 3 公釐；
萼片及花瓣線狀長橢圓形，長 2.3 ～ 2.5 公釐；唇瓣長約 2 公釐，明顯三裂，中
裂片近菱形，向下彎折；蕊柱長約 1 公釐。*Liparis liangzuensis* 為本種異名。

　僅紀錄於新北烏來山區，生長於溪畔岩石上。分布中國南部、越南、不丹及
印度東北。

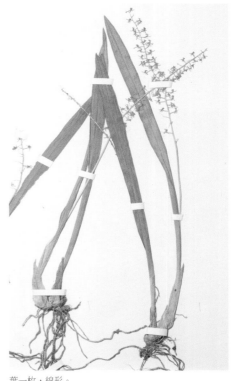

葉一枚，線形。

唇瓣明顯三裂，側
裂片三角形。

虎頭石 特有種

屬名　附生羊耳蒜屬
學名　*Cestichis nakaharae* (Hayata) Kudo

附生或岩生；假球莖卵狀橢圓形，成列聚生，歪斜而略呈匍伏狀。葉2枚，線形，長14~40公分。花莖扁平，斜下或斜上而末端平伸。花黃綠色；唇瓣提琴形，長7～11公釐。

　　台灣特有種，普遍分布於低至中海拔（400～1,500公尺）山區，生長於半開闊至遮蔭良好之岩壁、土坡及樹幹基部，常形成極大群落。

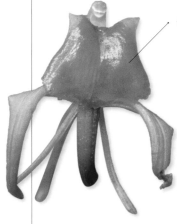

唇瓣提琴形，長7～11公釐。

常大片群生於岩壁環境。假球莖成列聚生；葉2枚，線形。

花黃綠色

能高羊耳蒜 特有種

屬名　附生羊耳蒜屬
學名　*Cestichis nokoensis* (Fukuy.) Maek.

形態接近川上氏羊耳蒜（*C. kawakamii*，見338頁），但植物體通常更小；花序基部斜出，末端平伸或略彎垂，花亦較小，唇瓣長3～4公釐。

　　台灣特有種，分布於低至中海拔（600～1,600公尺）山區，多生長於不甚濕潤之岩壁上。

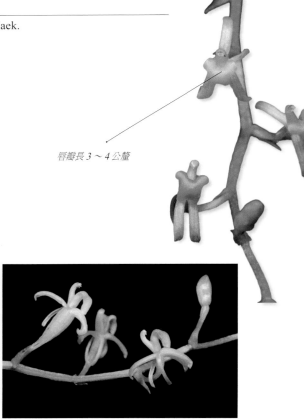

唇瓣長3～4公釐

假球莖聚生，葉2枚，橢圓至長橢圓形。

花甚小，花被反折。

高士佛羊耳蒜

屬名　附生羊耳蒜屬

學名　Basionym: *Cestichis somae* (Hayata) T.C. Hsu, *comb. nov.*

Liparis somae Hayata, Icon. Pl. Formosan. 4: 33. 1914. [as somai].

附生蘭；假球莖近叢生，卵錐狀，表面具數條縱稜。葉 2 枚，線狀倒披針形，長 10 ～ 22 公分，寬 2 ～ 2.5 公分。總狀花序自假球莖頂部抽出，密生多數小花。花淡黃白色，徑約 5 公釐；萼片披針形，先端尖；花瓣線形；唇瓣反捲，展平後呈卵形，長約 3 公釐，寬約 2 公釐，不明顯三裂。

　　侷限分布於恆春半島東側之低海拔山區，如南仁山及牡丹一帶，生長於溪流兩岸闊葉林枝幹；亦分布於中國南部及越南北部。

唇瓣近全緣，展平後呈卵形，長約 3 公釐。

假球莖聚生，葉 2 枚，線狀倒披針形。

假球莖卵錐狀，表面具數條縱稜。

淡綠羊耳蒜

屬名　附生羊耳蒜屬

學名　Basionym: *Cestichis viridiflora* (Blume) T.C. Hsu, *comb. nov.*

Malaxis viridiflora Blume, Bijdr. Fl. Ned. Ind. 8: 392. 1825.

形態略似長腳羊耳蒜（*C. condylobulbon*，見 336 頁）但假球莖密生，根莖不發達，花淡綠色，唇瓣表面光滑。

　　零星分布於低至中海拔（200 ～ 1,500 公尺）山區，生長於濕潤且遮蔭良好之樹幹或岩壁。廣布於中國南部至南亞及東南亞一帶。

花淡綠色。唇瓣表面光滑。

假球莖密生，根莖不發達，葉 2 枚。

指柱蘭屬 CHEIROSTYLIS

地生或岩生，不具正常根部；莖下部匍伏且膨大為蠕蟲狀，直立部分通常短於 10 公分，葉螺旋狀排列。總狀花序頂生；萼片大部分合生為筒狀；唇瓣為二段構造，末端通常具有一對寬闊之小裂片。

中國指柱蘭 特有種

屬名	指柱蘭屬
學名	*Cheirostylis chinensis* Rolfe

小型地生蘭，高 10 ～ 15 公分。根莖匍伏，蠕蟲狀，直立莖極短；葉卵形，長 1.2 ～ 3 公分，灰綠色。花淡綠色，萼片外側被毛，長 3 ～ 4 公釐；唇瓣白色，上唇二裂，裂片寬大，扇形，邊緣各具 4 ～ 8 齒狀裂。

　　台灣特有種，分布於中、南部及東部低海拔（100 ～ 800 公尺）林下或林緣，多生長於乾濕季較明顯的區域。

上唇二裂，裂片寬大，扇形，邊緣各具 4 ～ 8 齒狀裂。

子房及萼筒外側被腺毛

植物體矮小，僅在花季時較顯眼。

斑葉指柱蘭

屬名	指柱蘭屬
學名	*Cheirostylis clibborndyeri* S.Y. Hu & Barretto

小型地生蘭；根莖匍伏，蠕蟲狀，直立莖甚短；葉卵形，長 2 ～ 3 公分，綠色，中肋兩色具少許灰色斑塊。花似全唇指柱蘭（*C. takeoi*，見 347 頁）及德基指柱蘭（*C. derchiensis*，見 344 頁），皆有全緣，平坦之唇瓣；但本種子房及萼筒光滑無毛，唇瓣匙形。

　　分布於全島及蘭嶼低至中海拔（200 ～ 1,300 公尺）林下；亦產於中國南部。

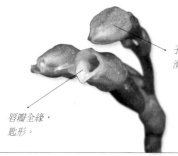

子房及萼筒光滑無毛

唇瓣全緣，匙形。

葉綠色，中肋兩色具少許灰色斑塊。

生長於陰暗林下

雉尾指柱蘭

屬名 指柱蘭屬

學名 *Cheirostylis cochinchinensis* Blume

小型地生蘭，植物體與斑葉指柱蘭（*C. clibborndyeri*，見 342 頁）完全相同，
但唇瓣先端二裂，小裂片寬大，邊緣各具 5 ～ 8 條裂。

　　零星紀錄於中、南略乾燥林下，海拔 400 ～ 1,300 公尺；亦分布中國
南部及越南。

植物體與斑葉指柱蘭無法分辨

唇瓣先端二裂，小裂片寬
大，邊緣各具 5 ～ 8 條裂。

葉中肋兩側具灰色斑塊

子房及萼筒光滑無毛

德基指柱蘭 特有種

屬名	指柱蘭屬
學名	*Cheirostylis derchiensis* S.S. Ying

植物體與琉球指柱蘭（*C. liukiuensis*，見本頁）近似，主要的區別在於本種唇瓣舌狀，全緣，不具裂片或突起。

　　全島低至中海拔（500～1,500 公尺）山區零星分布，生長於闊葉林，人工林或竹林下。

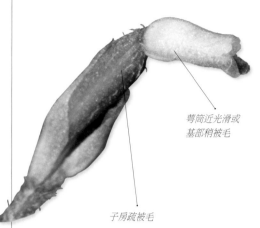

萼筒近光滑或基部稍被毛

子房疏被毛

唇瓣舌狀，全緣。

植物體與琉球指柱蘭無法分辨

琉球指柱蘭

屬名	指柱蘭屬
學名	*Cheirostylis liukiuensis* Masam.

小型地生蘭，高 10～20 公分；根莖蓮藕狀，紅褐色；直立莖明顯；葉散生，卵狀三角形，墨綠色，背面帶紫。子房及萼筒基部疏被毛；唇瓣先端二裂，小裂片各具 2～4 波狀齒裂。

　　全島及蘭嶼低至中海拔山區，亦分布琉球群島。

唇瓣先端二裂，小裂片各具 2～4 波狀齒裂。

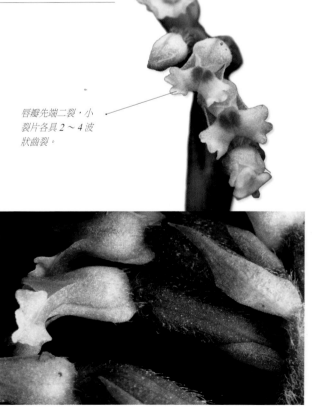

葉墨綠色，背面帶紫暈。

植物體帶紅暈；葉散生於直立莖上。

子房及萼筒基部疏被毛

羽唇指柱蘭

屬名　指柱蘭屬
學名　*Cheirostylis octodactyla* Ames

小型地生蘭；根莖多少呈蓮藕狀，直立莖明顯；葉綠色。花序近無柄，結果時方伸展。花 1 ～ 3 朵，白色；萼筒長 8 ～ 10 公釐，光滑無毛；唇瓣先端二裂，小裂片各 3 ～ 5 條狀深裂。

　　普遍分布於全島中海拔（1,200 ～ 2,400 公尺）濕潤之林下；亦分布於中國，越南及菲律賓。

唇瓣先端二裂，小裂片各 3 ～ 5 條狀深裂。

萼筒窄長，光滑無毛。

直立莖明顯，葉綠色，花序近無柄

結果時花序伸長

紅衣指柱蘭 特有種

屬名　指柱蘭屬
學名　*Cheirostylis rubrifolius* T.P. Lin & W.M. Lin

小型地生蘭；莖長約10公分；蠕蟲狀。葉多集生於莖頂附近，卵狀披針形，紅褐色，長約2.1公分，寬約0.8公分。花序長約8公分，總狀花序，花約5朵。柄狀子房長5～7公釐，被毛；萼片約1/2合生為筒狀，長約5公釐，被毛；花瓣鐮形，長約5公釐；唇瓣長約5公釐，寬約2公釐，基部囊狀，中段具一對內捲之半圓形摺片，末段長橢圓形，全緣，兩側邊緣內捲。

　　台灣特有種，分布於中、南部低至中海拔山區。

花不甚開展

子房與萼筒被毛

全株呈紫紅色

葉卵狀披針形，紅褐色。

全唇指柱蘭

屬名 指柱蘭屬
學名 *Cheirostylis takeoi* (Hayata) Schltr.

小型地生蘭；根莖肥大，蠕蟲狀，直立莖極短；葉 2 ～ 3 枚，卵形至卵狀橢圓形，長 2 ～ 4 公分，綠色，中肋附近顏色較淡。子房及萼筒密被毛；唇瓣全緣，長橢圓形。

分布全島低至中海拔山區，生長於略乾燥之林下，土坡，岩壁，或偶見於人工建物縫隙中。亦紀錄於中國南部及越南北部。

唇瓣全緣，長橢圓形。

葉蓮座狀聚生，綠色，中肋附近顏色較淡。

開花時葉片常已凋萎

子房及萼筒密被毛

和社指柱蘭 特有種

屬名	指柱蘭屬
學名	*Cheirostylis tortilacinia* C.S. Leou

小型地生蘭；植物體近似紅衣指柱蘭（見 346 頁），但葉面為墨綠色，唇瓣先端二裂，裂片寬大，邊緣各 4 ～ 5 短條裂。

台灣特有種，僅紀錄於中部山區，大多發現於竹林下，海拔 1,200 ～ 1,600 公尺。

唇瓣先端二裂，裂片寬大，邊緣各 4 ～ 5 短條裂。

植物體墨綠，稍帶紫暈。

舟形指柱蘭

屬名	指柱蘭屬
學名	*Cheirostylis* sp.

小型地生蘭；形態接近羽唇指柱蘭（*C. octadactyla*，見 345 頁），但唇瓣全緣，先端圓鈍，不具條狀裂片。

唇瓣全緣，先端圓鈍。

花側面

植物體近似羽唇指柱蘭（余勝焜攝）

大蜘蛛蘭屬 CHILOSCHISTA

附生蘭，莖極短，葉退化，由發達之綠色根部行光合作用。花序被毛；花疏生，甚開展，唇瓣囊狀，中裂片退化。

寬囊大蜘蛛蘭

屬名	大蜘蛛蘭屬
學名	*Chiloschista parishii* Seidenf.

與大蜘蛛蘭（*C. segawae*）的差異僅在唇瓣囊袋底部略寬；此外花被通常帶有褐斑。兩種的關係仍有待深入釐清。

在台灣目前僅發現於屏東一處低海拔溪谷；亦分布於泰國。

唇瓣囊袋先端圓鈍

植物體與大蜘蛛蘭十分接近

大蜘蛛蘭 特有種

屬名	大蜘蛛蘭屬
學名	*Chiloschista segawae* (Masam.) Masam. & Fukuy.

小型附生蘭；根發達，灰綠色，寬 2 ～ 4 公釐；莖、葉幾乎不發育。花序總狀，被毛，花疏生。花黃綠色，有時具褐斑，開展，徑約 8 公釐；萼片外側被毛；唇瓣三裂，側裂片直立，中裂片幾乎退化；囊袋略呈圓錐狀，底部縮狹且略向前彎。

台灣特有種，分布於中、南部低至中海拔山區，多生長於接近溪谷之樹木枝幹。

囊袋略呈圓錐狀，底部縮狹且略向前彎。

莖、葉退化，由綠色根部行光合作用。

黃唇蘭屬 CHRYSOGLOSSUM

地生蘭；假球莖與花序交替排列於根莖上；假球莖卵錐形至近圓柱狀，頂生一葉，葉具縱摺。花瓣與花萼形狀接近，基部具短頦；唇瓣基部兩側各有耳狀之捲曲，表面有 3 條縱脊；蕊柱中段有一對鉤狀突起。

台灣黃唇蘭 特有種

屬名	黃唇蘭屬
學名	*Chrysoglossum formosanum* Hayata

與金蟬蘭（*C. ornatum*）相較，植株較大，假球莖卵狀圓錐形，徑 2～3 公分；花莖綠色。花亦略大，萼片長 15～18 公釐；蕊柱中段突起下彎呈鉤狀，尖頭。

　　台灣特有種，普遍分布於中海拔山區林下。

蕊柱中段耳狀突起為尖頭

萼片長 15～18 公釐

花序

植物體及花序較金蟬蘭高大

金蟬蘭

屬名	黃唇蘭屬
學名	*Chrysoglossum ornatum* Blume

中型地生蘭，高 40～60 公分。假球莖近生，近圓柱狀，徑約 1 公分，頂生一葉；葉橢圓形，具長柄。花序紫綠色；花黃綠色，半展，萼片長 12～15 公釐，內面具規則排列之紅點；唇瓣基部兩側邊緣強烈捲曲形成耳狀構造，三裂，唇盤具三條龍骨；蕊柱中央具一對平展或略下彎，鈍頭之耳狀突起。

　　分布於南北兩端低海拔山地，生長於陰暗潮濕之林床。亦廣泛分布於東南亞地區。

萼片長 12～15 公釐。蕊柱中段耳狀突起為鈍頭。

假球莖近圓柱狀，徑約 1 公分。

分布於南北兩端低海拔山地

隔距蘭屬 CLEISOSTOMA

類 似萬代蘭（*Vanda* spp.）形態的單軸附生蘭；花通常較小，唇瓣不可動，距圓錐狀，距口為內壁之突起遮擋；花粉塊4枚。

虎紋蘭	屬名　隔距蘭屬
	學名　*Cleisostoma paniculatum* (Ker Gawl.) Garay

單軸類附生蘭。葉二列，線形，革質，彎曲，末端深二瓣裂。花序為多分枝之圓錐狀；花甚小，開展，黃色，帶有褐色條紋，徑約8公釐；唇瓣囊袋圓柱狀，上唇與囊袋近等寬，具有3個尖頭。

花被有褐色條紋。上唇與囊袋近等寬，具有3個尖頭。

北部淺山族群量較大（鐘詩文攝）

葉彎曲，先端深二瓣裂。（鐘詩文攝）

綠花隔距蘭	屬名　隔距蘭屬
	學名　*Cleisostoma uraiense* (Hayata) Garay & H.R. Sweet

與虎紋蘭（*C. paniculatum*）的區別為葉較疏，先端淺裂；花序分枝少或無；花黃綠色，無條紋，上唇半圓形。

　　僅分布於蘭嶼，生長於海拔200～400公尺之雨林內樹幹上；亦產於菲律賓。

花被黃綠色無條紋

上唇半圓形

生長於蘭嶼雨林枝幹

葉先端淺裂；花序分枝少或無。

花被綠色

唇瓣不明顯扭曲

柯麗白蘭屬 COLLABIUM

地生蘭，偶岩生或低位附生，常有發達根莖，假球莖與花序交替排列於根莖上；假球莖頂生一葉，葉面具縱摺，常有暗色斑塊。總狀花序，花被多少不對稱扭轉；唇瓣基部爪狀，末端三裂。

柯麗白蘭

屬名	柯麗白蘭屬
學名	*Collabium chinense* (Rolfe) Tang & F.T. Wang

地生蘭；根莖匍匐，假球莖棒狀，長 4 ～ 7 公分。葉單一，卵形至橢圓形，長 10 ～ 18 公分，寬 5 ～ 8 公分，表面具縱摺。花莖高 10 ～ 15 公分，花 3 ～ 6 朵，花徑約 2 公分。萼片與花瓣均為綠色，長 10 ～ 12 公釐，寬約 3 公釐；唇瓣白色帶紅斑，長約 12 公釐，寬約 9 公釐，基部具短距，三裂，唇盤上有 3 條龍骨。

分布中國南部，越南及泰國。台灣僅紀錄於新北市烏來與坪林間之低海拔山區。

花 3 ～ 6 朵疏生

花徑約 2 公分

植物體較台灣柯麗白蘭壯碩

台灣柯麗白蘭

屬名	柯麗白蘭屬
學名	*Collabium formosanum* Hayata

地生，偶岩生或附生於樹幹基部；根莖細長匍伏；假球莖間距 3 ～ 5 公分，狀似葉柄；葉卵形，長 5 ～ 10 公分，表面具縱摺並散生紅斑。花半展，所有花被均不對稱扭曲；萼片及花瓣黃綠色，先端紅褐色；唇瓣白色帶紅斑，三裂，唇盤上有兩條龍骨。

散生於全島中海拔（1,000 ～ 2,000 公尺）山區，族群以北部較多，生長於極濕潤之霧林環境。

唇瓣不對稱扭曲，三裂。

花被先端紅褐色

葉表面具縱摺並散生紅斑，花 2 ～ 5 朵。

常群生於土坡或樹幹基部

盔蘭屬 CORYBAS

地生或岩生，地下具纖細根莖及球狀塊莖；植物體甚小，僅具一枚心形葉片。花單生；上萼片與唇瓣貼合形成喇叭狀或罈狀構造；側萼片及花瓣線形。

豔紫盔蘭 特有種

屬名	盔蘭屬
學名	*Corybas puniceus* T.P. Lin & W.M. Lin

地生蘭，冬季休眠，地下具球形塊莖。葉心形，貼於地表，長 1 ～ 2 公分，具網脈。花單生，花莖長約 2 ～ 4.5 公分。花深紫紅色，長約 1.1 公分，徑約 1.3 公分。側萼片及花瓣完全分離，線形；上萼片披針狀長橢圓形，先端銳尖，與唇瓣貼合形成筒狀。唇瓣明顯短於上萼片，末端外捲，內側密被短毛，基部有一對角錐狀距。

　　台灣特有種，目前僅紀錄於南投至嘉義海拔 1,200 ～ 1,500 公尺山區，多發現於竹林附近，植株散布於較陡斜之土坡上，常生於苔蘚叢中。

上萼片先端銳尖

側萼片與花瓣均離生

花序具長梗

杉林溪盔蘭

屬名	盔蘭屬
學名	*Corybas shanlinshiensis* W.M. Lin, T.C. Hsu & T.P. Lin

地生蘭，冬季休眠，地下具球形塊莖。葉心形，貼於地表，長 1.5 ～ 2.5 公分，具網脈。花單生，花莖極短。上萼片倒披針形，內凹，與唇瓣貼合為筒狀；側萼片及花瓣均為線形，側萼片近基部相連；唇瓣白色帶紅色紋路，中央有一紅色圓形突起。

　　在台灣目前僅紀錄於南投的杉林溪一帶，中海拔混合林下較開闊處及林緣土坡，亦偶見於柳杉造林地，海拔 2,000 ～ 2,400 公尺；亦分布於中國雲南。

上萼片先端圓鈍

唇瓣中央有一紅色突起。
唇瓣邊緣近全緣。

生長於林下土坡

側萼片基部相連

辛氏盔蘭

屬名　盔蘭屬
學名　*Corybas sinii* T. Tang & F.T. Wang

地生蘭，冬季休眠，地下具球形塊莖。葉單一，心形，貼於地表，長 9 ～ 23
公釐，具白色網脈。花單一，花莖極短，授粉成功後逐漸伸長達 5 公分。花
白色帶有紫紅紋路；上萼片匙形，末端呈尾狀，與唇瓣形成花筒；側萼片及
花瓣長線狀，達 26 公釐；唇瓣先端擴大，邊緣紫紅色，流蘇狀。

　　台灣主要分布於台中、南投及雲林海拔 1,500 ～ 2,300 公尺疏林下或林
緣土坡，常生於苔蘚叢中。亦分布於中國南部。

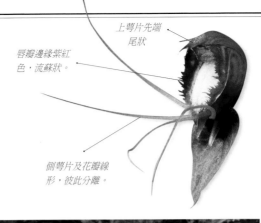

上萼片先端
尾狀

唇瓣邊緣紫紅
色，流蘇狀。

側萼片及花瓣線
形，彼此分離。

生長於杜鵑林下之苔蘚叢間

花正面

紅盔蘭 特有種

屬名　盔蘭屬
學名　*Corybas taiwanensis* T.P. Lin & S.Y. Leu

地生蘭，冬季休眠。形態與辛氏盔蘭（*C. sinii*）相當接近，區別為
上萼片先端銳尖；側萼片較短（12 ～ 15 公釐），基部約 3-4 公釐
合生；唇瓣開口略小，邊緣白色。

　　台灣特有種，零星紀錄於桃園、新竹及南投等地海拔 1,300 ～
1,800 公尺之霧林環境，多生長於稜線附近台灣杜鵑矮林下之苔蘚
叢中。

上萼片先端銳尖

唇瓣邊緣白
色，流蘇狀。

側萼片基部合生

管花蘭屬 CORYMBORKIS

地生蘭，形態見種之描述。

花被窄長

唇瓣先端邊緣摺皺狀

管花蘭

屬名	管花蘭屬
學名	*Corymborkis veratrifolia* (Reinw.) Blume

多年生地生草本。莖直立，單生或叢生，罕有分枝，達
50～300公分。葉均勻散生莖上，窄橢圓形，兩端漸尖，
長20～38公分，寬5～10公分。花序腋生，圓錐狀，長
5～17公分，花朵近同時開展。花近白色，半展，具香氣；
萼片與花瓣線狀倒披針形，長1.5～4公分；唇瓣與其他花
被近等長，基部長爪狀，末端擴大，邊緣摺皺狀；蕊柱圓柱
狀，短於花被。

本種廣泛分布於亞洲及大洋洲地區，北至琉球群島，南
抵澳洲昆士蘭地區，西達印度，東至斐濟；但在台灣目前僅
於蘭嶼與屏東涼山一帶各發現一個族群。

蒴果頂端具宿存之蕊柱

花序腋生

植物體高大

馬鞭蘭屬 CREMASTRA

地生蘭，形態見種之描述。

馬鞭蘭

屬名	馬鞭蘭屬
學名	*Cremastra appendiculata* (D. Don) Makino

地生蘭，冬季常休眠。假球莖球形，常埋於土中，具數個節間。葉通常單生，紙質，狹長橢圓形，先端漸尖，葉面上常散生黃斑。花序自假球莖上的節長出，花 8～15 朵總狀排列。花點頭狀，半展，淡紫色。萼片及花瓣線狀倒披針形，先端尖；唇瓣於先端三裂，表面被紫斑；蕊柱細長棒狀。

　　普遍分布於台灣全島中海拔（1,000～2,500 公尺）山區，生長於闊葉林、混合林或人工林下。亦產於日本、韓國、中國及喜馬拉雅地區。

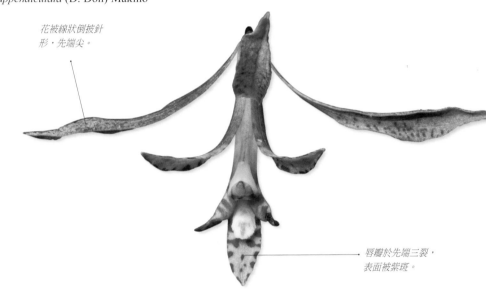

花被線狀倒披針形，先端尖。

唇瓣於先端三裂，表面被紫斑。

葉一枚，表面常散生黃斑。

沼蘭屬 CREPIDIUM

大多為地生,包含傳統分類系統之軟葉蘭屬(*Malaxis*)中,葉片呈摺扇狀,散生於假球莖上,且唇瓣不明顯三裂之類群。

裂唇軟葉蘭

屬名	沼蘭屬
學名	*Crepidium bancanoides* (Ames) Szlach.

地生草本。莖綠色,基部匐伏,於下半部分枝。葉 5-8 枚,二面均綠色,具縱摺。花小而密生,黃色,不轉位,徑約 2.5 公釐;唇瓣基部耳狀,中裂片先端僅有一小缺刻,兩側各具 1 ～ 3 齒。

　　僅見於蘭嶼,普遍分布於海拔 150 ～ 400 公尺雨林底層。亦分布於菲律賓群島。

唇瓣位於花朵上方。中裂片兩側各具 1 ～ 3 齒。

生長於濕潤林下

葉全綠,花黃色。

凹唇軟葉蘭

屬名	沼蘭屬
學名	*Crepidium matsudae* (Yamam.) Szlach.

地生蘭,冬季落葉。莖及葉脈常帶紫暈;葉歪斜,表面具縱摺。花略疏生,綠色或紫色,不轉位;唇瓣基部耳狀,中裂片先端淺至中裂,兩側無齒。

　　普遍分布於台灣全島 600 ～ 1,500 公尺山區,生長於闊葉林、人工林或竹林之林下或林緣;亦紀錄於中國南部。

唇瓣位於花朵上方

中裂片兩側無齒突

花莖纖細,花疏生。

常群生於林下

紫花軟葉蘭

屬名	沼蘭屬
學名	*Crepidium purpureum* (Lindl.) Szlach.

地生草本，冬季落葉。假球莖卵形，幾為葉鞘包覆；葉3～4枚，表面甚為光亮。花疏生，徑約1公分，紫紅色；唇瓣基部耳狀，中裂片先端二中裂，兩側無齒狀突起。

　　台灣僅紀錄於中部山區，生長於低海拔（400～800公尺）半開闊，常時滲水之濕潤土坡。亦分布於菲律賓、中國南部、中南半島、印度及斯里蘭卡。

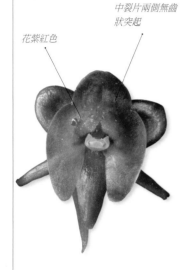
花紫紅色
中裂片兩側無齒狀突起

葉面光亮

偏好生長於半開闊而濕潤之環境

圓唇軟葉蘭

屬名	沼蘭屬
學名	*Crepidium ramosii* (Ames) Szlach.

地生草本；假球莖棒狀，葉2～3枚，近生。花疏生，陸續開放。花黃色，開展，徑約8公釐；萼片卵形，花瓣菱狀倒卵形；唇瓣心形，長約3公釐，緊靠蕊柱，具一對黑色肉突鄰接於蕊柱末端。

　　台灣僅產於蘭嶼，生長於海拔200～400公尺濕潤之雨林底層；亦分布於菲律賓北部。

花瓣寬闊
唇瓣中央有黑色肉突

僅分布於蘭嶼

紫背軟葉蘭 特有種

屬名	沼蘭屬
學名	Basionym: *Crepidium roohutuense* (Fukuy.) T.C. Hsu, *comb. nov.*

Microstylis roohutuensis Fukuy., Trans. Nat. Hist. Soc. Taiwan 22: 415. 1932.

地生草本。莖綠色帶紫暈，基部匍伏，於中段分枝。葉 7 ～ 11 枚，背面帶紫暈。花小而密生，紫紅色，不轉位，徑約 2.5 公釐；唇瓣基部耳狀，中裂片先端淺裂，兩側各具 1 ～ 3 齒。

　　台灣特有種，以恆春半島東側較常見，但分布向北延伸至新北貢寮一帶，生長於低海拔（100 ～ 800 公尺）濕潤闊葉林下。

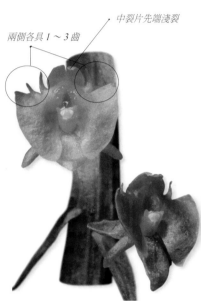

兩側各具 1 ～ 3 齒

中裂片先端淺裂

葉背紫色

分布於台灣本島低海拔林下

黃綠沼蘭

屬名	沼蘭屬
學名	*Crepidium* sp.

地生草本，冬季落葉。植物體與紫花軟葉蘭（*C. purpureum*，見 358 頁）相當接近，但花為黃綠色，唇瓣基部耳狀裂片呈卵狀三角形。

　　分布於中、南部低海拔山區，多生長於冬季乾燥的次生林、竹林或果樹林內。

唇瓣基部耳狀裂片卵狀三角形

生長於炎熱乾燥環境

隱柱蘭屬 CRYPTOSTYLIS

地生蘭，具肉質短根；葉單生或少數叢生，肉質，具長柄；花不轉位，甚開展，萼片及花瓣線形，唇瓣近卵形，基部略凹陷；蕊柱短。

滿綠隱柱蘭

屬名	隱柱蘭屬
學名	*Cryptostylis arachnites* (Blume) Blume

地生蘭，具肉質根及短根莖。葉基生，1～
2 枚，具長柄，肉質，表面深綠色。花序
總狀；花開展，萼片與花瓣黃綠色，線
狀披針形；唇瓣橙色帶紅斑，卵狀橢圓
形，不裂，基部凹陷略呈囊狀；蕊柱
短，藏於唇瓣基部。

　　台灣全島除花蓮、台東以外均
有分布，生長於低海拔（200～
1,000 公尺）闊葉林或人工林下。
亦廣泛分布於中國南部，印度至
東南亞一帶。

唇瓣位於上方，
線狀披針形。

葉面深綠色無明顯斑塊

蓬萊隱柱蘭

屬名	隱柱蘭屬
學名	*Cryptostylis taiwaniana* Masam.

葉面散生墨綠斑點，唇瓣菱狀卵
形至倒卵形，側脈較貼近邊緣，
其它特徵近似滿綠隱柱蘭（*C.
arachnites*）。

　　自宜蘭南部向南至恆春半島東
側之南仁山區，生長於海拔 200～
800 公尺闊葉林下；亦分布於香港
及菲律賓群島。

唇瓣菱狀卵形
至倒卵形

葉面散生墨綠斑點

蕙蘭屬 CYMBIDIUM

地生、岩生或附生，並包含少數真菌異營物種；假球莖多不明顯且包於葉鞘中，少數圓柱狀或紡錘狀；葉多為線形，少數橢圓形。花單生或總狀花序；萼片形狀相似；唇瓣三裂，側裂片直立，中裂片常反捲，唇盤具 2 條龍骨。

香莎草蘭

屬名	蕙蘭屬
學名	*Cymbidium cochleare* Lindl.

附生蘭。植物體近似鳳蘭（*C. dayanum*），但假球莖不顯著，葉較長且質地較軟，邊緣明顯反捲。花序及花朵均下垂，花不甚開展，黃褐色；萼片及花瓣線狀倒披針形；唇瓣倒卵形，三裂，唇盤具二條縱稜。

散生於台灣全島低至中海拔（500 ～ 1,600 公尺）山區，附生於闊葉樹較大枝幹；亦分布於喜馬拉雅鄰近區域。

花下垂，不甚開展。

唇瓣於先端三裂，唇盤具二條縱稜。

花序懸垂

鳳蘭

屬名	蕙蘭屬
學名	*Cymbidium dayanum* Rchb. f.

附生蘭。葉線形，長可達 50 公分，邊緣不明顯反捲。花序下垂，花開展，白色，無氣味；花萼及花瓣中肋有一紅褐色條帶。蒴果橢圓形，頗大，長約 6 公分。

普遍分布於台灣全島平地至海拔 1,500 公尺左右山區，多附生於樹幹上。亦產日本、中國南部、印度及東南亞地區。

花萼及花瓣中肋有
紅褐色條帶

低海拔山區常見附生蘭之一

建蘭

屬名	蕙蘭屬
學名	*Cymbidium ensifolium* (Lindl.) Sw.

地生蘭；根徑 5～6 公釐；葉 2～5 枚，線形，寬 1～2 公分，邊緣平滑或具不明顯細齒，主脈及 2 側脈明顯。花序高 20～40 公分；花多朵，淡綠色至近白色，常有紅褐色脈紋及斑點。

　　散生於台灣全島海拔 500～2,000 公尺山區，偏好略乾燥而半開闊之環境。亦分布於日本、中國南部、印度至東南亞一帶。

花萼線狀橢圓形

花淡綠色至近白色，常有紅褐色脈紋及斑點。

建蘭為蕙蘭屬中分布較廣的物種

九華蘭

屬名	蕙蘭屬
學名	*Cymbidium faberi* Rolfe

地生蘭；根徑 7～10 公釐；葉 6～10 枚，線形，寬 8～15 公釐，邊緣具明顯細齒。花序高 30～50 公分；花多朵，淡黃色，黃綠色或帶淡紫暈，通常無條紋；唇瓣常不規則扭曲。

　　主要分布於台灣中部中至高海拔（1,500～3,000 公尺）林緣及開闊地，多生長於芒草叢間。亦產中國南部，尼泊爾及印度北部。

萼片淡黃色，黃綠色或帶淡紫暈，通常無條紋。

唇瓣邊緣不規則皺曲

生長於中海拔半開闊環境

金稜邊

屬名 蕙蘭屬
學名 *Cymbidium floribundum* Lindl.

附生或岩生；葉通常較鳳蘭（*C. dayanum*，見 361 頁）及香莎草蘭（*C. cochleare*，見 361 頁）短，斜出而甚少下垂，離末端 2 ～ 4 公分處明顯扭曲。花序斜昇至斜下而出，長 20 ～ 30 公分。花磚紅色帶黃邊，開展，無氣味；唇瓣白色帶紅斑及黃色肉突。

　　台灣全島中海拔（1,000 ～ 2,500 公尺）山區皆有分布，多附生於大樹中高層枝幹，偶生長於半開闊岩壁。亦產中國南部及越南北部。

花被磚紅色，邊緣較淡。

唇瓣白色帶紅斑及黃色肉突

花序斜出，花朵密集。

花朵質地肥厚

春蘭

屬名 蕙蘭屬
學名 *Cymbidium goeringii* (Rchb. f.) Rchb. f. var. *goeringii*

地生蘭；根徑 5 ～ 6 公釐；葉 4 ～ 5 枚，寬 7 ～ 12 公釐，邊緣具細齒。花序高 8 ～ 20 公分；花單生或偶雙生，具強烈香氣，淡綠色至近白色，常有紅色紋路；花瓣短而貼近蕊柱。

　　散生台灣全島 900 ～ 1,800 公尺山區，多見於稜線附近陡坡。亦分布日本及中國南部。

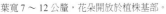

葉寬 7 ～ 12 公釐，花朵開放於植株基部。

花瓣短而貼近蕊柱

花萼淡綠色至近白色，常有紅色紋路。

細葉春蘭 特有種

屬名	蕙蘭屬
學名	*Cymbidium goeringii* (Rchb. f.) Rchb. f. var. *gracillimum* (Fukuy.) Govaerts

與春蘭（*C. goeringii* var. *goeringii*，見363 頁）之區別在於葉較細，通長不超過 5 公釐寬。

　　台灣特有種，分布於全島海拔1,000 ～ 3,000 公尺，多生長於較乾燥而半開闊的稜線、山坡地疏林，或多岩石之環境。

花部形態與春蘭相當接近

花大多單生

葉較春蘭纖細

寒蘭

屬名	蕙蘭屬
學名	*Cymbidium kanran* Makino

地生蘭；根徑 5 ～ 7 公釐；葉 4 ～ 5 枚，寬 10 ～ 18 公釐，邊緣細齒不明顯。花序高 40 ～ 80 公分，花多朵疏生，開展，綠色至褐色，有時具條紋，有香氣；萼片線形，寬 3 ～ 4 公釐。

　　散生於台灣全島低至中海拔（800 ～ 1,500 公尺）山區，族群以北部較多，常生長於稜線附近濕潤且遮蔭良好之林下。亦分布中國、日本及韓國。

萼片線形，狹長，常有脈紋。

花序高大，直立。

生長於潮濕林下，冬季開花。

竹柏蘭

屬名 蕙蘭屬

學名 *Cymbidium lancifolium* Hook. var. *lancifolium*

地生蘭；根莖直立或斜昇；假球莖紡錘狀，長 3 ～ 10 公分；葉 2 ～ 4 枚，倒披針形至長橢圓形，長 10 ～ 18 公分，寬 3 ～ 5 公分，先端具細齒緣。花近白色，萼片線狀倒披針形。

　　散生台灣全島海拔 500 ～ 1,500 公尺山區林下；亦廣布於日本、中國、喜馬拉雅地區及東南亞。

萼片線狀倒披針形，近白色。

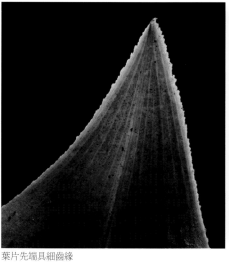

葉片先端具細齒緣

葉身寬闊有別於其他同屬物種

綠花竹柏蘭

屬名 蕙蘭屬

學名 *Cymbidium lancifolium* Hook. var. *aspidistrifolium* (Fukuy.) S.S. Ying

地生蘭；葉緣平滑；花萼淡綠色，略寬短且略厚於竹柏蘭（*C. lancifolium* var. *lancifolium*）。

　　散生台灣全島海拔 500 ～ 1,500 公尺山區陰暗林下；亦紀錄於日本。

葉緣平滑無細鋸齒。

花萼淡綠色，稍為肥厚。

矮竹柏蘭 特有種

屬名	蕙蘭屬
學名	*Cymbidium lancifolium* Hook. var. *papuanum* (Schltr.) S.S. Ying

地生蘭；地下具細長而發達之根莖；葉多為 2 枚，長 5 ～ 10 公分，寬 2 ～ 3 公分。花略小於竹柏蘭（*C. lancifolium* var. *lancifolium*，見 365 頁）。

　　零星發現於台灣東部海拔 1,000 ～ 1,500 公尺山區；亦分布東南亞一帶。

花略小於竹柏蘭

植物體較矮小

大竹柏蘭

屬名	蕙蘭屬
學名	*Cymbidium lancifolium* Hook. var. *syunitianum* (Fukuy.) S.S. Ying

地生蘭；植物體高大，達 50 ～ 100 公分；假球莖長圓柱狀，長 10 ～ 30 公分，葉 5 ～ 7 枚，下部葉片之柄甚短。

　　台灣特有變種，零星分布於苗栗、南投、高雄及花蓮等地海拔 500 ～ 1,500 公尺山區，於闊葉林下地生，常發現於多岩石之環境。

花萼形態接近綠花竹柏蘭（余勝焜攝）

植物體高大，具長圓柱狀假球莖。（余勝焜攝）

大根蘭

屬名　蕙蘭屬
學名　*Cymbidium macrorhizon* Lindl.

台灣產蕙蘭屬中唯一真菌異營的類群；具多分枝之地下根莖，無葉。花形近似竹柏蘭（*C. lancifolium* var. *lancifolium*，見 365 頁），但花被中肋通常具紅色條帶。

　　在台灣僅紀錄於東部海拔 600 ～ 1,500 公尺山區，生長於林下透空處或林緣地帶。亦分布於日本、中國南部、中南半島至印度及巴基斯坦。

花萼中肋具紅色條帶
（余勝焜攝）

葉片完全退化之真菌異營植物（余勝焜攝）

報歲蘭

屬名　蕙蘭屬
學名　*Cymbidium sinense* (Jacks. *ex* Andrews) Willd.

地生蘭；根徑超過 1 公分；葉 3 ～ 4 枚，線形，寬 2 ～ 3.5 公分。花序高 30 ～ 70 公分；花多朵，多為暗紅褐色，偶見淡黃綠色或粉紅色，具香氣；花萼倒披針形，寬 6 ～ 8 公釐。

　　曾普遍分布於台灣全島低海拔（200 ～ 1,200 公尺）闊葉林下，但受長期商業採集影響，目前已不常見。亦產於日本、中國南部、中南半島及印度北部。

花萼有暗紅褐色條紋，倒披針形。

花序具有多朵花　　葉片較寬，色澤深綠。

菅草蘭

屬名	蕙蘭屬
學名	*Cymbidium tortisepalum* Fukuy.

地生蘭；根徑約 10 公釐；葉 6～10 枚，線形，寬 8～10 公釐，邊緣具明顯細齒。花序高 20～40 公分，花通常 2～4 朵，具強烈香氣，形態近似春蘭（*C. goeringii*，見 363 頁），但花萼常稍微扭曲。

　　分布與生育環境均與春蘭相類；亦分布於中國南部。

偶爾亦見單花之花序

花萼常稍微扭曲

葉線形，邊緣具明顯細齒。

葉片勁直如菅芒，因而得名。

非洲紅蘭屬 CYNORCHIS

地生蘭，形態接近小蝶蘭屬（*Ponerorchis*）植物，但蕊柱構造有所差異。

上萼片及花瓣貼合為罩狀

唇瓣具 4 個小裂片

非洲紅蘭

屬名	非洲紅蘭屬
學名	*Cynorchis fastigiata* Thouars

地生蘭；具橢球狀地下塊莖；葉通常 2 枚，披針形至線狀披針形。花序高 10 ～ 40 公分，有 1 ～ 8 朵花聚生於頂端附近。花白色帶粉紅暈；上萼片及花瓣部分貼合為罩狀；側萼片開展或反捲；唇瓣長 10 ～ 15 公釐，三裂，中裂片再深二裂，裂片近長方形至倒披針形；距管狀，長 1.5 ～ 3 公分。

原產於馬達加斯加及印度洋西側小島；在台灣零星歸化於低海拔地區，生長於公路邊坡之開闊草生環境。

距長達 1.5 ～ 3 公分

小型地生蘭，具 2 枚基生葉。

喜普鞋蘭屬 CYPRIPEDIUM

地生蘭，具根莖，無假球莖；葉互生或近對生，摺扇狀。花單朵或數朵頂生，多半大而豔麗；側萼片完全合生；唇瓣囊狀；蕊柱上有 2 枚可孕雄蕊，及 1 枚頂生，常呈盾狀之雄蕊體。

小喜普鞋蘭

屬名	喜普鞋蘭屬
學名	*Cypripedium debile* Rchb. f.

地生蘭，冬季休眠，高 10 ～ 20 公分；葉 2 枚近對生，長 2.5 ～ 6 公分，表面平坦。花柄彎垂，花朝下開放，淡綠色帶紫暈；唇瓣囊袋長約 1 公分。

散生於台灣全島中至高海拔（1,400 ～ 3,100 公尺）山區，生長於遮蔭良好且濕潤之林下。亦產於中國及日本。

花被淡綠色

唇瓣囊袋有
紫色紋路

花朵懸垂狀

生長於中、高海拔冷涼林下。

台灣喜普鞋蘭 特有種

屬名　喜普鞋蘭屬
學名　*Cypripedium formosanum* Hayata

地生蘭，冬季休眠，高 30 ～ 40 公分；葉 2 枚近對生，長 10 ～ 15 公分，表面摺扇狀。花柄直立，花淡粉紅色帶紅斑；唇瓣囊袋長 4.5 ～ 6 公分。

　　台灣特有種，散生全島中至高海拔（1,500 ～ 3,000 公尺）山區，生長於林下透空處或林緣。

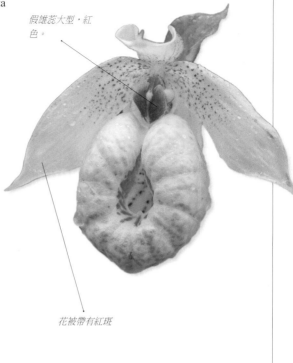

假雄蕊大型，紅色。

花被帶有紅斑

葉 2 枚近對生，表面摺扇狀。

奇萊喜普鞋蘭 特有種

屬名　喜普鞋蘭屬
學名　*Cypripedium macranthos* Sw. var. *taiwanianum* (Masam.) F. Maek.

地生蘭，冬季休眠，高 15 ～ 30 公分；葉 2 ～ 5 枚互生，間距短，彼此略交疊，表面摺扇狀。花粉紅色至淡紫色，具紅紋及紅斑；唇瓣囊袋長 3 ～ 4 公分。

　　本變種為台灣特有，生長於海拔 2,400 ～ 3,700 公尺高山草坡、灌叢及岩石環境。承名變種（*C. macranthos* var. *macranthos*）植物體及花朵均明顯較大，分布於中國東北、日本、韓國及俄羅斯遠東地區。

花被粉紅色至淡紫色，具紅紋及紅斑。

葉 2 ～ 5 枚互生，花單朵頂生。

生長於高海拔半開闊環境。

寶島喜普鞋蘭 特有種

屬名　喜普鞋蘭屬
學名　*Cypripedium segawae* Masam.

地生蘭，冬季休眠，高 20 ～ 30 公分；葉 3 ～ 4 枚互生，間距較長，彼此不交疊，表面摺扇狀。花黃色，罕有紅斑；唇瓣囊袋長 2 ～ 3 公分。

　　台灣特有種，生長於東部海拔 1,400 ～ 3,000 公尺之石灰岩環境的林緣、灌叢或溪床。

花被大多沒有斑點

唇瓣囊袋長 2 ～ 3 公分

花朵鮮黃色

生於台灣東部石灰岩環境

肉果蘭屬 CYRTOSIA

真菌異營植物,全株多為黃褐色或紅褐色。圓錐或總狀花序;唇瓣船形,多具流蘇狀邊飾;果實為肉質漿果狀,表面平滑。本屬包含傳統上置於山珊瑚屬(*Galeola*)的物種。

小囊山珊瑚

屬名	肉果蘭屬
學名	*Cyrtosia falconeri* (Hook. f.) Aver.

真菌異營植物,全株呈淡黃褐色;花序圓錐狀,直立,高達1～3公尺;側枝長10～25公分。花鮮黃色,開展,萼片長2.5～3公分,中肋外側無明顯稜脊;唇瓣基部具一小囊,唇盤密被毛。

　　散生於台灣全島海拔1,000～2,400公尺山區林緣或林下透空處。亦分布印度、喜馬拉雅地區及中國西南部。

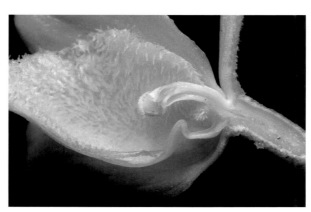

唇瓣表面密被毛

花縱切,可見唇瓣基部之小囊。

花序圓錐狀

植物體高大之真菌異營植物

肉果蘭

屬名	肉果蘭屬
學名	*Cyrtosia javanica* Blume

真菌異營植物；地下莖不發達，根部肥厚，紡錘狀至圓柱狀，直徑 8～12 公釐。花莖高 5～10 公分，偶分枝，花 5～12 朵逐次開放。花鮮黃色，不甚開展；萼片與花瓣橢圓形，被毛；唇瓣半圓形，邊緣內捲，無毛，先端具海綿狀突起。

　　台灣僅紀錄於南投一帶，生長於海拔 1,000～1,600 公尺之竹林下。亦分布印度、斯里蘭卡、泰國、越南及印尼。

果實肉質，表面平滑無稜脊。

花被不甚開展。唇瓣邊緣內捲。先端有海棉狀突起。（余勝焜攝）　植物體矮小

果實呈漿果狀

山珊瑚

屬名	肉果蘭屬
學名	*Cyrtosia lindleyana* Hook. f. & Thomson

真菌異營植物，全株呈淡黃褐色；花序圓錐狀，直立，高達 0.7～1.5 公尺；側枝長 5～15 公分。花鮮黃色，半展，萼片長約 2 公分，中肋外側具明顯稜脊；唇瓣基部無小囊，但有一隔板，唇盤密被毛。

　　散生於台灣全島海拔 1,600～2,700 公尺山區林緣或林下透空處，族群略少於小囊山珊瑚。亦分布印度、喜馬拉雅地區及中國西南部。

花縱切，可見唇瓣基部有一隔板。

圓錐花序，側枝通常較短。

掌裂蘭屬 DACTYLORHIZA

休眠性地生蘭，根莖呈指狀分裂；葉散生莖上。總狀花序頂生，花通常密集；唇瓣末端常三裂，但中裂片有時較小或退化。

綠花凹舌蘭

屬名	掌裂蘭屬
學名	*Dactylorhiza viridis* (L.) R.M. Bateman, Pridgeon & M.W. Chase

地生蘭，冬季休眠；根基部膨大，掌狀分枝。葉 3～4 枚，長橢圓或倒卵狀長橢圓形。花總狀密生，綠色帶紅褐色暈，半展；唇瓣向下伸展，長方形，先端二淺裂。

分布於台灣北部及中部海拔 3,000～3,600 公尺之高山草原、灌叢或林緣。亦廣布於北半球溫帶地區。

花被綠色帶紅暈

唇瓣向下伸展，
先端二裂。

生長於高山草原及灌叢

石斛屬 DENDROBIUM

大多為附生蘭；形態變化極大，但多具硬質或肉質之根莖與莖部。花朵具發達的蕊柱足部及頦，唇瓣表面多具稜脊或肉突，花粉塊 2 組 4 枚，無柄。本書採用廣義之石斛屬界定，包含傳統分類系統之著頦蘭屬（*Epigeneium*）及暫花蘭屬（*Flickingeria*）

黃花石斛

屬名	石斛屬
學名	*Dendrobium catenatum* Lindl.

附生蘭；植物體近似白石斛（*D. moniliforme*）但較粗壯，葉亦略短而略寬。花被亦略寬於白石斛，淡黃色或黃綠色，唇瓣喉部具紅斑。

分布於台灣東北部、東部及東南部海拔 100 ～ 1,500 公尺山區，附生於溪畔樹幹，亦常生長於石灰岩區域之開闊岩壁。亦產於中國及日本。

葉長橢圓形

花側面

附生或岩生植物（鐘詩文攝）

花被淡黃色至黃綠色。唇瓣喉部具紅斑。

長距石斛

屬名　石斛屬
學名　*Dendrobium chameleon* Ames

附生蘭；莖下垂，中段加粗，於基部至中段間分枝，植物體總長可超過 1 公尺。葉二列，披針形或長橢圓形，質地薄。花序多生於落葉之莖部近末端數節，甚短；花 2 ～ 3 朵，白色帶綠色或紫褐色縱紋，半展，頦部發達，與萼片約略等長。

　　台灣全島分布，但以北部、東部及南部較常見，生長於極濕潤之闊葉林內，多附生於中、低層枝幹。亦分布於菲律賓群島。

莖懸垂，花開於無葉之莖節。

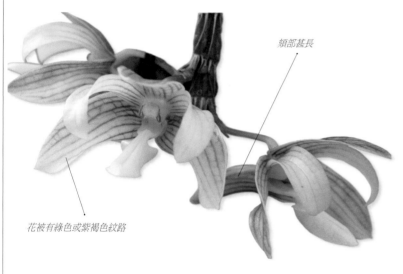

頦部甚長

花被有綠色或紫褐色紋路

金草

屬名　石斛屬
學名　*Dendrobium chryseum* Rolfe

附生蘭；莖叢生，多直立或斜展，長 40 ～ 70 公分，黃綠色；葉二列互生，線狀長橢圓形。花序生於莖頂附近之數節，甚短；花 2 ～ 3 朵，開展，金黃色；唇瓣近圓形，邊緣流蘇狀；頦部甚短。

　　分布於台灣全島中海拔（1,000 ～ 2,400 公尺）地區，喜好光線充足環境，常大片叢生於闊葉樹之中高層枝幹，罕見岩生。亦產於中國西南、印度東北及緬甸。

莖叢生，黃綠色。

唇瓣邊緣流蘇狀

花被金黃色

鬚唇暫花蘭

屬名　石斛屬
學名　*Dendrobium comatum* (Blume) Lindl.

大型附生蘭；高達 80 公分。莖近生，多分枝，最末節膨大為假球莖，頂生一葉。葉橢圓形，先端圓。花序短縮且為宿存之鞘狀苞片包覆，花漸歇性開放。花壽命僅一日，白色略帶黃暈，唇瓣三裂，中裂片先端長流蘇狀條裂。

在台灣分布於花蓮至恆春半島海拔低於 500 公尺山區，多生長於溪谷兩側樹冠層光線充足處。亦廣泛分布於東南亞至太平洋島嶼及澳洲東北。

唇瓣先端有長流蘇狀條裂

花壽命僅一日，白色略帶黃暈。

莖多分枝，頂生一葉。

鴿石斛

屬名　石斛屬
學名　*Dendrobium crumentum* Sw.

附生蘭；莖近基部 2～3 個節間膨大為紡錘狀假球莖，中段具二列互生之硬革質葉片，末段無葉。花序短縮；花漸歇性開放，白色，具香氣，壽命僅一日，唇盤上具一黃色斑塊及數條縱脊。

在台灣僅紀錄於綠島，多發現於海岸陡峭岩壁上，海拔 50 公尺以下。此外廣泛分布於東南亞地區。

唇盤上具一黃色斑塊及數條縱脊

莖近基部 2～3 個節間膨大為紡錘狀假球莖

花生長於無葉之末段莖節，壽命僅一日。

燕石斛

屬名　石斛屬
學名　*Dendrobium equitans* Kraenzl.

附生蘭；莖近基部 2 ～ 3 個節間膨大為紡錘狀假球莖，中段具二列互生，二側扁壓，呈燕尾狀之葉片，末段無葉。花序短縮；花漸歇性開放，白色，壽命僅一日，唇瓣中裂片兩側邊緣呈流蘇狀。

在台灣僅紀錄於蘭嶼，生長於突出海岸之垂直岩石崖壁及海拔 400 公尺以下雨林內之中高層枝幹。亦分布於菲律賓群島。

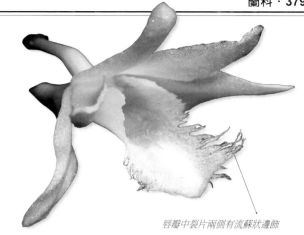

唇瓣中裂片兩側有流蘇狀邊飾

葉二側扁壓，燕尾狀排列。

附生或岩生植物

新竹石斛 特有種

屬名　石斛屬
學名　Basionym: *Dendrobium falconeri* Hook. f. var. *erythroglossum* (Hayata) T.C. Hsu, *comb. et stat. nov.*

Dendrobium erythroglossum Hayata, Icon. Pl. Formosan. 4: 36. 1914.

附生蘭，植物體懸垂，莖多分枝，其間由 2 ～ 3 個節間膨大為紡錘狀；葉線形。花莖短，僅具 1 ～ 3 朵花。花徑約 3.5 公分，開展，白色而帶有紫色、黃色斑塊，頗為豔麗。

本變種為台灣特有，散生於全島中海拔（1,200 ～ 2,400 公尺）山區。原名變種（*D. falconeri* var. *falconeri*）莖較長，於節處膨大形成念珠狀，分布於中國南部、喜瑪拉雅山區、中南半島及印度。

花瓣先端淡紫色

唇瓣中央有紫色及黃色斑塊

植物體懸垂，莖多分枝。

雙花石斛 特有種

屬名	石斛屬
學名	*Dendrobium furcatopedicellatum* Hayata

附生蘭，莖叢生，草桿狀，不膨大，基部為黑褐色；葉草質，線狀披針形，寬 4 ～ 6 公釐。花芽由一對具殼狀之宿存總苞包覆，花二朵，僅開一日，且同一地區所有植株之花朵均集中於一、二日內同時開放。花黃色，常帶紅斑，花被長於 5 公分，先端呈長尾狀；唇瓣中裂片被毛。

　　台灣特有種，零星紀錄於北部、東部及南部海拔 100 ～ 1,000 公尺山區，喜好通風良好，水氣充沛之環境，多生長於溪谷兩側樹木枝幹，偶見於風衝稜線上。

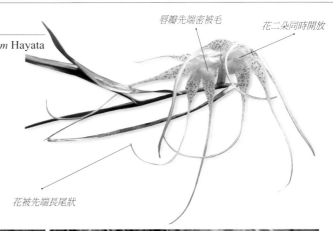

唇瓣先端密被毛

花二朵同時開放

花被先端長尾狀

植物體狀似禾草

具黑褐色葉鞘

紅花石斛

屬名	石斛屬
學名	*Dendrobium goldschmidtianum* Kraenzl.

附生蘭；莖叢生，中段加粗而兩端較細；葉二列互生。花序多生於落葉之老莖，甚短縮，花多朵聚生，紫紅色帶紫色脈紋，徑約 1.5 公分，側萼片基部具短頦。

　　台灣僅紀錄於蘭嶼，普遍分布於海拔 400 公尺以下之雨林內。亦產菲律賓北部。

花被紫紅色帶紫色脈紋

唇瓣不明顯分裂，全緣。

莖中段較粗，花序生於無葉之莖節。

細莖石斛 特有種

屬名	石斛屬
學名	*Dendrobium leptocladum* Hayata

岩生或近地生，植物體狀似禾草；莖叢生，斜昇或下垂，常有分枝；葉線形，長 5 ～ 10 公分，寬約 5 公釐。花序甚短，多生於莖下部，花 1 ～ 3 朵，白色或略帶淡紫暈，半展；唇瓣不明顯三裂，唇盤被一紫斑且密被長柔毛。

　　台灣特有種，分布於中、南部海拔 300 ～ 1,500 公尺山區，常大片生長於溪谷兩側之濕潤岩壁或土坡。

唇瓣不明顯分裂，
表面被毛。

大多生長於岩壁或土坡。

櫻石斛

屬名	石斛屬
學名	*Dendrobium linawianum* Rchb.f.

附生蘭；莖叢生，中段較粗，黃棕色，節間略呈倒圓錐形，稍歪斜；葉長橢圓形，革質。花序甚短，2 ～ 3 朵花，多生於落葉老莖。花開展，徑 4 ～ 5 公分，花被白色，先端帶紫暈；萼片長橢圓形；唇瓣不明顯三裂，唇盤上有兩個暗紫斑塊。

　　零星分布於新北烏來至苗栗南庄一帶，海拔 200 ～ 1,000 公尺之山區，生長於溪谷兩側闊葉林木中高層枝幹。亦產中國廣西。

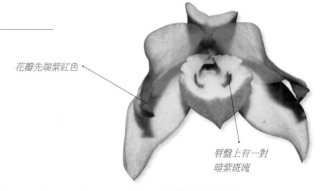

花瓣先端紫紅色

唇盤上有一對
暗紫斑塊

生長於闊葉林中高層枝幹（余勝焜攝）

花序生長於落葉之老莖

呂宋石斛

屬名　石斛屬
學名　*Dendrobium luzonense* Lindl.

附生蘭，莖草桿狀，不膨大；葉二列互生，寬 8 ～ 10 公釐。花芽由一對貝殼狀之宿存總苞包覆，花二朵，僅開一日，且同一地區所有植株之花朵均集中於一、二日內同時開放。花萼及花瓣黃綠色不具斑點，先端鈍尖或漸尖，不呈長尾狀，唇瓣明顯三裂且表面無毛，具紫色斑紋。

在台灣目前僅紀錄於台東一帶，生長於低海拔溪畔，成片叢生於大樹中高層枝幹。亦分布於菲律賓群島。

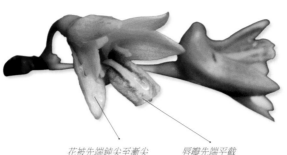

花被先端鈍尖至漸尖　　唇瓣先端平截

莖叢生，不膨大。（鐘詩文攝）

花成對而生，壽命僅一日。（鐘詩文攝）

白石斛

屬名　石斛屬
學名　*Dendrobium moniliforme* (L.) Sw. var. *moniliforme*

附生蘭，營養形態變化大；莖叢生，直立至懸垂，長 10 ～ 80 公分，黃綠色或紫黑色，肉質，葉線狀披針形。花序短縮，多生於落葉之莖節，有 1 ～ 3 朵花。花近白色，常帶有粉紅、淡紫或黃綠色暈；花萼長 1.5 ～ 2.5 公分；唇瓣長 1.2 ～ 2.3 公分，唇盤上有一肉突。

在台灣常見於中海拔（1,000 ～ 2,500 公尺）山區，於北部及東北部則可下降至 700 公尺左右，生長在闊葉林、混合林及柳杉人工林內之樹木大小枝幹上。廣泛分布於日本、韓國、中國至不丹、尼泊爾、印度東北、緬甸及越南北部。

花被近白色

唇瓣不明顯分裂，喉部被毛。

低海拔族群莖常為綠色，下垂。

中海拔族群莖多為紫黑色，近直立。

琉球石斛

屬名　石斛屬
學名　Basionym: *Dendrobium moniliforme* (L.) Sw. var. *okinawense* (Hatus. & Ida) T.C. Hsu, *comb. & stat. nov.*

Dendrobium okinawense Hatus. & Ida, J. Geobot. 18: 77. 1970.

與白石斛（*D. moniliforme* var. *moniliforme*，見 382 頁）非常接近但花較大，花萼長 3 ～ 4 公分，唇瓣長 2.3 ～ 2.5 公分。

　　分布於琉球群島及台灣。台灣目前已知分布以東部地區為主，生長於海拔 1,000 公尺左右稜線附近或溪畔大樹枝幹。

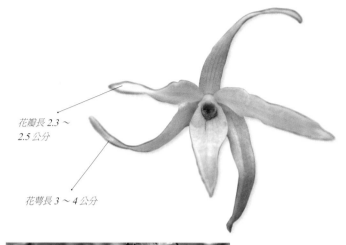

花瓣長 2.3 ～ 2.5 公分

花萼長 3 ～ 4 公分

花淡黃綠色（鐘詩文攝）

植物體常略大於白石斛（鐘詩文攝）

臘石斛 特有種

屬名　石斛屬
學名　*Dendrobium nakaharae* Schltr.

假球莖下部匍伏，歪紡錘狀，具稜角；葉單生，長 2 ～ 5 公分。花單生於假球莖頂部，開展，黃棕色，徑約 2.5 公分；唇瓣紅棕色，表面具強烈蠟質光澤。

　　台灣特有種，普遍分布於全島海拔 800 ～ 2,000 公尺山區，多生長於中高層枝幹，偶岩生，喜好陽光充足且通風良好之環境。

植物體略似豆蘭屬物種

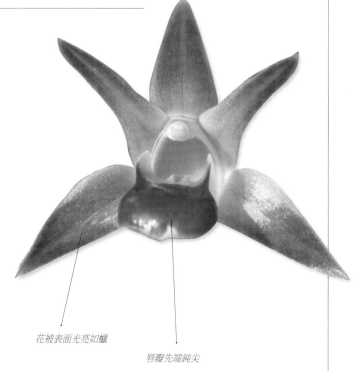

花被表面光亮如蠟

唇瓣先端鈍尖

世富暫花蘭

屬名　石斛屬

學名　*Dendrobium parietiforme* J.J. Sm.

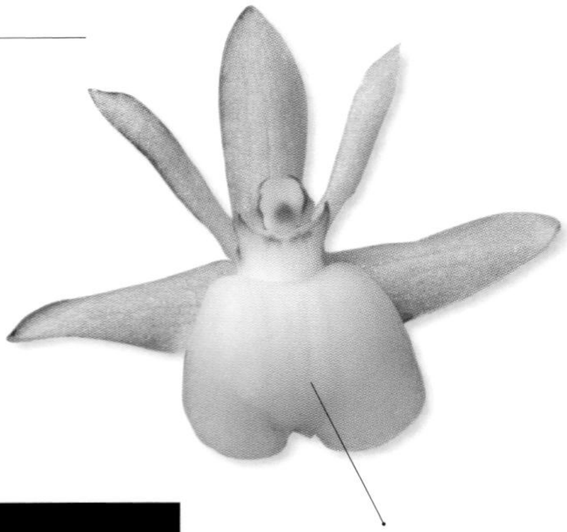

唇瓣向下延展，基部有一橫向肉突。

附生蘭。植物體懸垂狀。莖叢生，長 5 ～ 30 公分，多分枝，最末節膨大為假球莖，頂生一葉。假球莖長紡錘狀，長 2 ～ 3 公分，直徑約 3 ～ 4 公釐。葉橢圓形，長約 4 公分。花序短縮於葉基部腹面之鞘狀苞片內，花漸歇性開放。花白色，開展，徑約 1 公分；萼片及花瓣長 5 ～ 6 公釐；唇瓣菱狀卵形，長約 5 公釐，基部具一橫向肉突包覆蕊柱；距半球形；蕊柱長約 2 公釐。

　　台灣僅紀錄於屏東霧台鄉小鬼湖附近海拔約 1,200 公尺山區。亦分布於印尼及菲律賓。

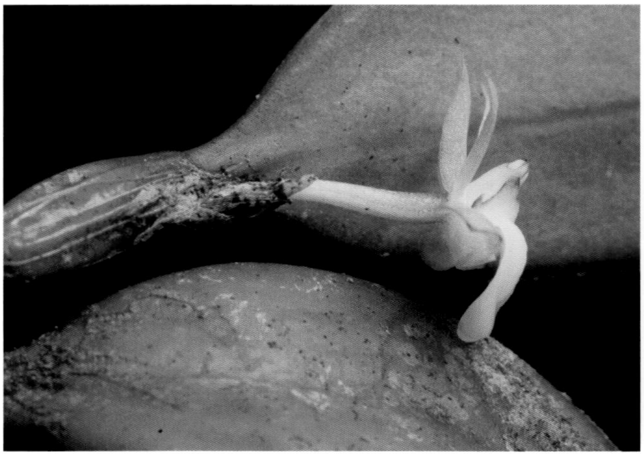

距甚短，呈半球狀。

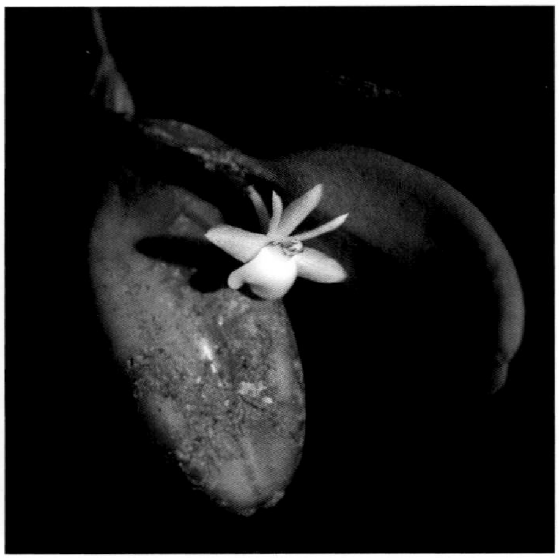

植物體懸垂，葉厚革質。

著頦蘭 特有種

屬名　石斛屬

學名　*Dendrobium sanseiense* Hayata

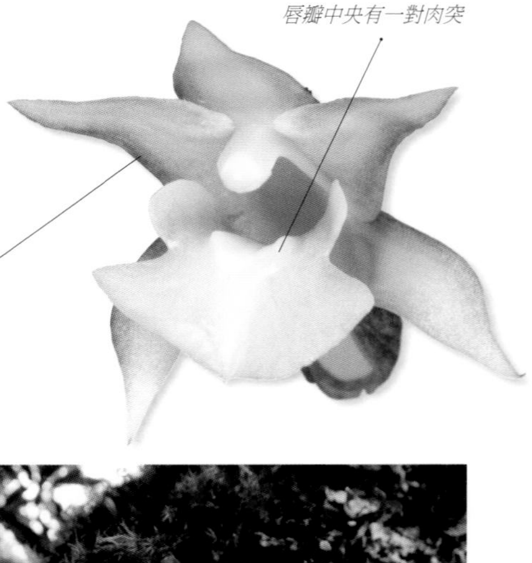

唇瓣中央有一對肉突

花被內面白色帶紫暈

植物體近似蠟石斛（*D. nakaharae*，見 383 頁）但較小，葉長 1 ～ 2 公分。花白色帶淡紫暈，半展，具甚長之頦。

　　台灣特有種，分布於全島海拔 1,500 ～ 2,500 公尺山區，多附生於大樹中高層枝幹。

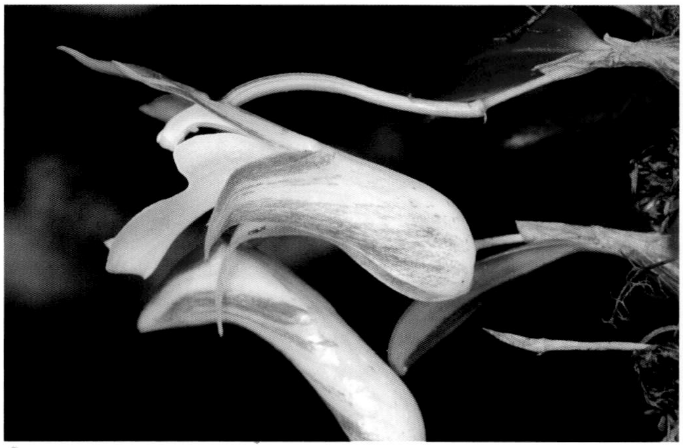

具甚長之頦部

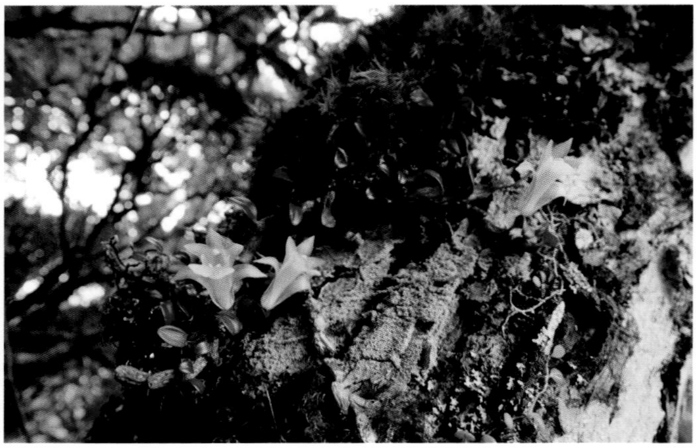

植物體近似蠟石斛但較小

小雙花石斛 特有種

屬名	石斛屬
學名	*Dendrobium somae* Hayata

附生蘭，莖叢生，草桿狀，不膨大，黃綠色；葉草質，線狀披針形，寬4～6公釐。花芽由一對貝殼狀之宿存總苞包覆，花二朵，僅開一日，且同一地區所有植株之花朵均集中於一、二日內同時開放。花淡黃色，花被長約3公分，先端呈尾狀；唇瓣基部帶橙紅暈。

　　台灣特有種，零星紀錄於北部、東部及南部海拔100～900公尺山區，喜好通風良好，水氣充沛之環境，多生長於溪谷兩側樹木枝幹，偶岩生。

花被淡黃色無斑點，先端短尾狀。唇瓣邊緣流蘇狀。　生長於低海拔闊葉林內，植物體狀似禾草。　　葉鞘綠色；花成雙，壽命僅一日。

尖葉暫花蘭（輻射暫花蘭）

屬名	石斛屬
學名	Basionym: *Dendrobium tairukounium* (S.S. Ying) T.C. Hsu, *comb. nov.*

Ephemerantha tairukounia S.S. Ying, Quart. J. Chin. Forest. 11(2): 103. 1978.

植物體與淺黃暫花蘭（*D. xantholeuca*，見386頁）相同。花朵不具蕊柱足部及頦；唇瓣卵形，不裂，略大於花瓣。

　　零星分布於台灣東部至恆春半島低海拔200～800公尺山區，生長於溪谷或風衝稜線。亦曾紀錄於菲律賓群島。

唇瓣卵形，不裂。
無頦

柄狀子房及花被外側被有黑色小鱗片。　花甚小，漸歇性開放，壽命僅一日。　　假球莖位於分枝最末節，頂生一葉。

淺黃暫花蘭

屬名　石斛屬

學名　*Dendrobium xantholeucum* Rchb. f.

附生或岩生；莖叢生，多分枝；分枝頂端之單節膨大為扁壓紡錘狀之假球莖。假球莖頂有葉一枚，長 4 ～ 10 公分，頂端尖。花序短縮，位於葉背面之假球莖頂端，花漸歇性開放。花淡黃綠色，半展，具發育良好之頦；唇瓣三裂，中裂片頂端二瓣狀，唇盤具二條龍骨。

　　廣泛分布於東南亞地區，但在台灣目前僅確認分布於恆春半島海拔 300 ～ 500 公尺處，生長於開闊溪谷兩側之岩壁或樹幹上。

假球莖為壓扁紡錘狀，頂生一葉。

唇瓣三裂，中裂片先端二瓣狀。具發育良好之頦。

植物體與尖葉暫花蘭難以區辨

穗花蘭屬 DENDROCHILUM

附生植物，具叢生之假球莖，頂生一葉；總狀花序，花通常較小，排成二列。

黃穗蘭

屬名　穗花蘭屬

學名　*Dendrochium uncatum* Rchb. f.

附生蘭；假球莖長卵球狀，密集叢生。葉長橢圓，兩端尖，長 10 ～ 15 公分。花序與新葉同時抽出，彎垂，花二列互生，鮮黃色，徑約 8 公釐。

　　分布於台東達仁至恆春半島北側海拔 800 ～ 1,000 公尺，及蘭嶼海拔 200 ～ 600 公尺山區之熱帶霧林環境。亦產於菲律賓群島。

唇瓣中央有兩條稜脊

唇瓣側裂片較小，耳狀。

花朵二列互生

鮮黃花序在密林中相當醒目

錨柱蘭屬 DIDYMOPLEXIELLA

小 型真菌異營植物，形態與鬼蘭屬（*Didymoplexis*）接近，其區別為花瓣下緣與側萼片上緣不相連，蕊柱近頂處之雄蕊體特別發達，呈錨鉤狀。

錨柱蘭

屬名	錨柱蘭屬
學名	*Didymoplexiella siamensis* (Rolfe *ex* Downie) Seidenf.

真菌異營草本；地下莖紡錘狀。花莖 10 ～ 20 公分，花朵密生，逐次開放。花白色帶藍紫暈，上萼片與花瓣基部約 1/2 合生成罩狀；側萼片基部約 2/3 合生；唇瓣棍棒狀，表面具一對稜脊；蕊柱末端具有一對下延之雄蕊體。

在台灣紀錄於新北市及恆春半島海拔 100 ～ 500 公尺地區，生長於闊葉林或柳杉人工林下。亦分布於琉球群島、中國海南及泰國。

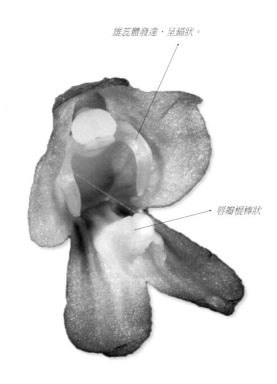

雄蕊體發達，呈錨狀。

唇瓣棍棒狀

小型的真菌異營植物，花序為黑褐色。

上萼片與花瓣基部的 1/2 合生成罩狀

鬼蘭屬 DIDYMOPLEXIS

小型真菌異營植物，植物體多呈褐色，花白色或近白色，除唇瓣外之五枚花被多少合生，唇瓣基部具關節，唇盤中央多具一條縱向，表面不規則之肉突；蕊柱棍棒狀，柱頭位於近頂處之腹側。

小鬼蘭

屬名	鬼蘭屬
學名	*Didymoplexis micradenia* (Rchb. f.) Hemsl.

真菌異營草本；地下具紡錘狀塊莖，塊莖頂端常具數條細根。花序長 5 ～ 15 公分，花莖淡褐色，花 8 ～ 15 朵，依序開放。花白色帶淡褐色暈，花被相連形成略呈歪斜之筒狀，長約 8 公釐；上萼片與花瓣基部約 1/2 ～ 3/4 相連，側萼片基部約 2/3 ～ 4/5 相連，花瓣與側萼片基部約 1/3 ～ 1/4 相連；唇瓣倒卵形，中央具不規則之肉色突起，先端邊緣齒狀；蕊柱半圓柱狀。果柄長達 5 ～ 20 公分。

在台灣本島零星紀錄於中部、南部及東南部山區海拔 250 ～ 500 公尺乾濕季較明顯之區域，生長於次生林或竹林內；在蘭嶼則普遍分布於海拔 250 公尺以下濕潤之闊葉林底層。亦產於東南亞至南太平洋一帶。

唇瓣邊緣鋸齒狀，中央有不規則之肉突。

小型真菌異營植物，花序為淡褐色。　　果梗明顯伸展

吊鐘鬼蘭

屬名	鬼蘭屬
學名	*Didymoplexis pallens* Griff. var. *pallens*

真菌異營草本，高 10 ～ 40 公分；地下具紡錘狀塊莖。花序淡褐色；花白色，半展，上萼片與花瓣約 2/3 合生，側萼片彼此約 1/2 合生；唇瓣倒廣卵形，寬大於長。果柄長 10 ～ 30 公分。

分布於台灣中、南部低海拔（100 ～ 700 公尺）山區之次生林、竹林底層、灌叢內或開闊草坡。亦廣泛分布於琉球群島至東南亞地區。

上萼片與花瓣約 2/3 合生

唇瓣中央有黃褐色肉突

結果時果梗伸展以利種子傳播

無葉之真菌異營植物

南投鬼蘭 特有種

屬名　鬼蘭屬
學名　*Didymoplexis pallens* Griff. var. *nantouensis* T.C. Hsu, *var. nov.*

Close to *Didymoplexis pallens* var. *pallens* but different in having adaxially sparsely warty (vs. glabrous) petals, shorter free lobes of connate lateral sepals (1.5–2 vs. 3–4 mm), and lips ca. as broad as long (vs. broader than long). —Type: Taiwan, Nantou, Chingshuikou Stream, 300–400 m elev., 18 May 2007, *T.C.Hsu 805* (holotype: TAIF), here designated.

與吊鐘鬼蘭（見 389 頁）相較，此種花瓣裂片寬於上萼片，末端稍外捲，且中肋內側有一排不規則的黃色突起；側萼片超過 3/4 合生；唇瓣倒三角形，長寬近相等。

　　台灣特有種，僅發現於南投山區，生長於竹林底層。

花瓣中肋內側有一排不規則的黃色突起。

花被基部相連形成花冠筒

形態與吊鐘鬼蘭相近

蘭嶼鬼蘭

屬名　鬼蘭屬
學名　*Didymoplexis* sp.

真菌異營草本，高 6 ～ 20 公分；根莖紡錘狀。花序淡灰褐色，表面具瘤突。花白色略帶淡紅褐暈，不甚開展；上萼片彼此超過 3/4 合生；側萼片彼此超過 2/3 合生；唇瓣倒卵形，全緣，先端平，中央有一長條狀肉突，肉突表面有許多淡黃色之小突起；蕊柱棒狀。果柄長 5 ～ 15 公分。

　　僅發現於蘭嶼山區，生長於陰暗之雨林底層。

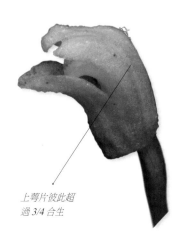

上萼片彼此超過 3/4 合生

唇瓣中央有淺黃色肉突

生長於濕潤之雨林底層

無耳沼蘭屬 DIENIA

本屬包含傳統分類系統之軟葉蘭屬（*Malaxis*）中假球莖多節，葉 2 至多枚，葉面摺扇狀，唇瓣三裂，中央具橫向肉突之類群。

廣葉軟葉蘭

屬名	無耳沼蘭屬
學名	*Dienia ophrydis* (J. Koenig) Ormerod & Seidenf.

地生草本，冬季落葉。假球莖長卵形至圓錐狀；葉 3 ～ 5 枚。花密生，不轉位，黃綠色隨即轉為紫紅色；唇瓣平伸，與蕊柱平行，三裂，裂片均為尖頭。恆春半島及蘭嶼有另一族群，其植物體通常較小，花淡黃褐色，此類群曾先後被發表為壽卡小柱蘭（*Malaxis shuicae* S.S.Ying）、南仁山小柱蘭（*M. latifolia* var. *nana* S.S. Ying）及三伯花柱蘭（*M. sampoae* T.P. Lin & W.M. Lin）。在「*D. ophrydis*」實際指涉之類群能清楚釐清之前，難以進行細緻之分類處理，因此本書仍將台灣不同花色之族群歸入此種之變異範圍內。

常見於台灣全島低至中海拔山區，及龜山島、蘭嶼，生長於林下及林緣土坡，亦偶見於草生環境。此外極廣泛地分布於東南亞地區。

唇瓣位於花朵上方，三裂。

淡色族群的花朵特寫

常見地生蘭之一，有時可見大片群生之景緻。

恆春半島及蘭嶼的族群有較小的植物體及較淡的花色

蛇舌蘭屬 DIPLOPRORA

形態見物種之描述。

黃吊蘭

屬名	蛇舌蘭屬
學名	*Diploprora championii* (Lindl. *ex* Benth.) Hook f.

附生蘭;莖懸垂;葉二列互生,長橢圓形,革質,葉緣有時呈波浪狀。花序側生,下垂,花數朵疏生。花黃色,開展,花被肉質,徑約1.5公分;下唇淺盤狀,內有一縱向肉突;上唇尾狀,末端二叉如蛇舌狀。

　　在台灣北部、中部及南部局部區域相當普遍,多附生於中低層枝幹或岩石壁。亦分布於中國南部、中南半島、喜馬拉雅地區至印度及斯里蘭卡。

花被黃色,肉質。唇瓣先端二岔呈蛇舌狀。

莖懸垂,葉二列互生。

花序總狀,下垂。

雙袋蘭屬 DISPERIS

形態見物種之描述。

雙袋蘭

屬名	雙袋蘭屬
學名	*Disperis neilgherrensis* Wight

地生蘭，冬季休眠，具球形塊莖，徑 5 ～ 8 公釐。葉 2 枚遠生，葉心形，尖頭，略肉質，上表面淡綠，下表面淡紫色。花序頂生，花 1 ～ 3 朵，白色帶淡紫色暈；上萼片與花瓣貼合為盔狀；側萼片約 1/3 合生；唇瓣十字形，被毛。

在台灣僅分布於蘭嶼及恆春半島海拔 400 公尺以下山區林下；此外亦廣布於琉球群島至東南亞一帶。

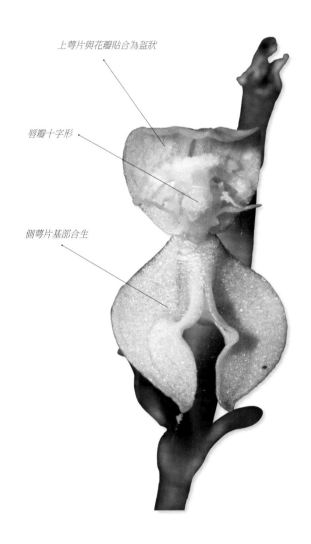

上萼片與花瓣貼合為盔狀

唇瓣十字形

側萼片基部合生

生長於濕潤之熱帶森林底層

中名索引

六劃

學名索引